U0155776

资产评估与管理专业
人才培养及教学改革研究

戴小凤　周姗颖/著

ZICHANPINGGU YU GUANLI ZHUANYE
RENCAI PEIYANG JI JIAOXUE GAIGE YANJIU

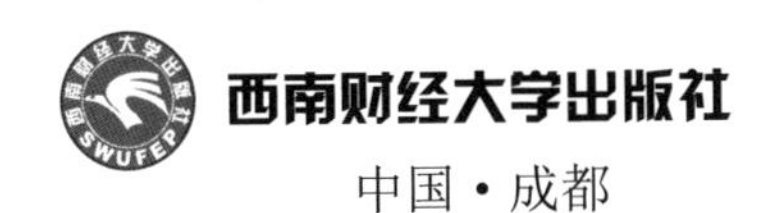

西南财经大学出版社
中国・成都

图书在版编目(CIP)数据

资产评估与管理专业人才培养及教学改革研究/戴小凤,周姗颖著.—成都:西南财经大学出版社,2022.12
ISBN 978-7-5504-5526-9

Ⅰ.①资… Ⅱ.①戴…②周… Ⅲ.①电子计算机—高等教育—人才培养—研究—中国②电子计算机—高等教育—教学改革—研究—中国 Ⅳ.①TP3

中国版本图书馆 CIP 数据核字(2022)第 163790 号

资产评估与管理专业人才培养及教学改革研究

ZICHAN PINGGU YU GUANLI ZHUANYE RENCAI PEIYANG JI JIAOXUE GAIGE YANJIU

戴小凤 周姗颖 著

责任编辑:雷 静
责任校对:高小田
封面设计:墨创文化
责任印制:朱曼丽

出版发行	西南财经大学出版社(四川省成都市光华村街 55 号)
网 址	http://cbs.swufe.edu.cn
电子邮件	bookcj@swufe.edu.cn
邮政编码	610074
电 话	028-87353785
照 排	四川胜翔数码印务设计有限公司
印 刷	四川五洲彩印有限责任公司
成品尺寸	170mm×240mm
印 张	16
字 数	293 千字
版 次	2022 年 12 月第 1 版
印 次	2022 年 12 月第 1 次印刷
书 号	ISBN 978-7-5504-5526-9
定 价	96.00 元

前　言

本书是2021年安徽审计职业学院“资产评估与管理特色高水平高职专业”（2021sjgzzy001）、2020年安徽省高等学校省级质量工程支持疫情防控期间高校线上教学工作特需项目——重大线上教学改革研究项目“‘互联网+教育’时代背景下高职税务专业线上教学改革研究——以安徽审计职业学院税务专业为例”（2020zdxsjg130）、2020年省级教学示范课“资产评估基础与实务”、2020年高职院校承接提质培优行动计划项目“资产评估与管理高水平专业群”“资产评估与管理教学创新团队”“课堂革命 化危为机——后疫情时代‘双线混融’教学的优化实践”的研究成果。

安徽审计职业学院资产评估与管理专业2011年获批安徽省“省级特色专业”，同年获批“中央财政支持高等职业学校提升专业服务产业发展能力项目”，资产评估教学团队2013年获批安徽省“省级教学团队”。校企共建取得丰硕成果，2017年获批安徽省“省级校企合作实践教育基地”。本专著的作者均为安徽审计职业学院的骨干教师，分别为教研室主任、专业带头人。她们在长期的教学与科研过程中，结合专业的教育教学特点，开展了系统的理论研究与具体实践，取得了丰硕的研究成果。全书共分“专业建设与人才培养”“课程建设与教学改革”“典型案例与教学成果”三部分，内容丰富、重点突出、结构合理、构思完整，既有专业建设与改革、课程建设与改革过程中的理论探索，又有实用可行的对策建议。

本专著可作为高职院校资产评估专业建设的指导书，也可以作为相关教学人员的参考用书。本书不仅为开设同类专业的高职院校教学管理部门和相关教师开展专业建设和教育教学改革理论研究提供了参考，而且对相关专业人才培养方案的修订与完善、人才培养质量的提高具有借鉴意义。

本专著的撰写，得到了学院领导、老师们的关心、支持和帮助，在此一并衷心感谢。由于时间仓促和水平所限，不当之处在所难免，敬请批评指正！

作者

2022 年 9 月

目　录

第一部分　专业建设与人才培养

第二部分　课程建设与教学改革

第三部分　典型案例与教学成果

第一部分

专业建设与人才培养

第一章　专业建设

第一节　安徽审计职业学院资产评估与管理专业教学标准

一、专业名称（专业代码）

本专业和专业名称是资产评估与管理（530102）。

二、入学要求

本专业的入学要求有两点：一是普通高等学校全国统一考试招生对象；二是高级中等教育学校毕业或具有同等学力人员。

三、基本修业年限

本专业的学制是 3 年。

四、职业面向

本专业主要面向资产评估和房地产评估行业。学生毕业后主要从事资产评估、房地产估价及二手车估价等相关工作，也可以从事企事业单位会计、审计、工程造价等相关岗位工作。具体从事的就业岗位如表 1-1 所示。

表 1-1　资产评估与管理专业职业面向

所属专业大类（代码）	所属专业类（代码）	对应行业（代码）	主要职业类别（代码）	主要岗位群类别（或技术领域）举例	职业技能等级证书、社会认可度高的行业企业标准和证书、“1+X”证书举例
财经商贸大类（53）	财政税务类（5301）	商务服务业（72）	评估专业人员（2-06-06-01）	资产管理、资产评估师助理	资产评估师、初级会计师、初级审计师、智能估值（“1+X”）、智能财税（“1+X”）、智能审计（“1+X”）

五、培养目标

本专业旨在着力培养高素质劳动者和技术技能人才。具体而言就是为银行、保险公司、证券公司、资产评估事务所及其他企事业单位培养掌握扎实的资产评估理论，熟悉资产评估与管理专业的基础性知识，达到一定的外语和计算机应用水平，具备较强的综合分析与决策能力，具有良好的职业道德和敬业精神，以及区域发展亟需的“以评估精神立身、以创新规范立业、以自身建设立信”的高素质技术技能人才，并且帮助他们成为德智体美劳全面发展的社会主义建设者和接班人。

六、培养规格

本专业所培养的人才应具有以下素质结构、知识结构与能力结构：

（一）素质

（1）热爱祖国，拥护党的基本路线；

（2）了解中国特色社会主义理论体系的基本原理；

（3）具有爱国主义、集体主义、社会主义思想和良好的道德品质；

（4）遵纪守法，有良好的社会公德；

（5）具有创业精神、良好的职业道德、服务意识和团结协作精神；

（6）具有从事本专业工作的安全生产、环境保护、职业道德等意识，能遵守相关的法律法规；

（7）树立以社会主义和集体主义为核心的人生观和价值观；

（8）拥护党的各项路线、方针、政策，有较强的主人翁意识；

（9）树立社会主义民主法制观念；

（10）具有较高的文化素养，较强的文字写作、语言表达能力，健康的业余爱好，掌握社会科学基本理论、知识和技能，有较强的逻辑思维能力；

（11）具有正确的学习目的和学习态度，养成勤奋好学、刻苦钻研、勇于探索、不断进取的良好学风；

（12）掌握学习现代科学知识的方法，积极参加社会实践和专业技能训练，善于了解专业发展动态；

（13）树立科学的强身健体和终身锻炼的意识；

（14）具有自尊、自爱、自律、自强的优良品质；

（15）具有较强的适应环境的心理调适能力；

（16）具有不畏艰难、不惧挫折、坚韧不拔、百折不挠的毅力和豁达开朗的乐观主义精神。

（二）知识

现代社会是一个法制化、信息化和全球化的社会。了解法律知识，熟练掌握计算机等基础知识是学生融入社会时必须具备的基本文化素养；在此基础上再熟练掌握专业知识才能更快更好地融入社会。为此，资产评估与管理专业为学生设置了相应的知识结构要求。

（1）了解中国特色社会主义理论体系的基本原理知识；

（2）了解国家的政治经济形势与政策；

（3）熟练掌握计算机应用基础知识；

（4）掌握必备的英语与高等经济数学基础知识；

（5）掌握必备的体育知识、必要的法律知识和国防教育知识；

（6）掌握资产评估基础理论知识；

（7）熟悉并掌握和资产评估与管理相关的法律知识、行业法规、监管规章；

（8）掌握每个职业岗位所必需的职业理论知识、操作技能；

（9）了解国内外资产评估与管理的新理论、新动向、新成就。

（三）能力

本专业学生在全面掌握资产评估与管理基本理论和业务知识的基础上，还要具有以下能力：

（1）具备制订工作计划、撰写工作总结等常用的应用文的能力；

（2）具备运用马克思主义基本原理分析和解决问题的能力；

（3）具备一定的英语听、说、读、写、译能力；

（4）具备计算机应用能力及信息的获取、分析与处理的能力；

（5）具有从事实际业务工作的能力，具备相应的职业技能；
（6）具有独立搜集、处理信息的能力；
（7）具备撰写资产评估报告的能力；
（8）具有独立获取知识的能力；
（9）具备提出问题、分析问题和解决问题的能力及较强的创造能力；
（10）具有较强的社会活动能力、协调组织能力和社会交往能力。

七、课程设置与学时安排

（一）课程设置

（1）课程体系。

结合资产评估与管理专业人才培养特点，本专业既重视第一课堂的学习，又重视第二课堂的实践。为了开阔学生的专业视野，提高学生的专业素养，提升学生未来职场竞争力，本专业开展形式多样、丰富多彩的第二课堂活动。第二课堂活动把扩大学生知识面、培养创新意识与创新能力、提高职业素养和能力作为重点。

第一，以行业标准为依据，继续遵照国家支持高等职业院校提升专业服务能力的精神，围绕区域经济发展，大力推进政府、行业、企业和学校“四方联动”，做好资产评估与管理企业类型需求调研，重构课程体系。

第二，以企业岗位需求为依据，规范课程应知、应会、典型项目的具体内容。

第三，引进职业资格证书制度，形成以职业能力为核心的“双证融通”教学模块。

第四，完善和资产评估与管理相关岗位的职业能力培养的模块化课程体系的建设。针对所对应的职业岗位需求，本专业以项目任务和工作流程为引领、以岗位需求和职业技能要求为依据，按照职业教育的特点，构建以学生为中心，以工作任务驱动为导向，以职场典型的真实任务为主要教学内容，功能相对独立又相互耦合的模块化专业课程体系。

表 1-2 为本专业详细的课程体系。

表 1-2　安徽审计职业学院资产评估与管理专业课程体系

序号	课程类别	课程名称	备注
1	公共基础课程	(1) 思想道德与法治	必修
		(2) 毛泽东思想和中国特色社会主义理论体系概论	必修
		(3) 形势与政策	必修
		(4) 党史国史	限定选修
		(5) 军事理论	必修
		(6) 军事技能	必修
		(7) 心理健康教育	限定选修
		(8) 职业发展与就业指导	限定选修
		(9) 高等数学	必修
		(10) 英语	必修
		(11) 信息技术基础	必修
		(12) 体育	必修
		(13) 大学语文	限定选修
		(14) 建筑美学鉴赏	限定选修
		(15) 劳动教育	限定选修
		(16) 大学生国家安全教育	限定选修
		(17) 大学生创新基础	限定选修
		(18) 大学生防艾健康教育	限定选修
		(19) 大学生创业基础	限定选修
2	专业基础课程	(1) 基础会计	必修
		(2) 统计基础	必修
		(3) 经济法基础	必修
		(4) 管理学基础	必修
		(5) 初级会计实务	必修
		(6) 建筑技术和计量	必修

表1-2(续)

序号	课程类别	课程名称	备注
3	专业核心课程	(1) 资产评估基础与实务	必修
		(2) 资产评估案例	必修
		(3) 资产评估专业模拟实训	必修
		(4) 纳税实务	必修
		(5) 财务管理	必修
		(6) 审计基础	必修
4	专业拓展(实践)课程	(1) Excel 在财务中的应用	限定选修
		(2) 应用文写作	限定选修
		(3) 房地产开发与经营	限定选修
		(4) 财政与金融	必修
		(5) 公共关系与商务礼仪	限定选修
		(6) 会计手工综合实训	必修

本着以育人为中心，以能力为本位的原则，根据专业培养目标和典型工作任务要求，本专业课程体系主要包括公共基础课程和专业（技能）课程。

（2）公共基础课程。本专业的公共基础课程包括以下内容：

①思想道德与法治。

本课程是一门公共基础课程，是高等职业学校专科课程设置中“思想政治理论课”必修课程之一。该课程的核心内容是“三观”教育。这里的“三观”指的是思想观、道德观、法治观。思想观方面主要阐述：创造有意义的人生，坚定崇高的理想信念，弘扬民族精神和时代精神，践行社会主义核心价值观。道德观方面主要阐述：传承中华传统美德，发扬中国革命道德，借鉴人类文明优秀道德；遵守社会公德、职业道德、家庭道德，养成高尚的个人品德。法治观方面主要阐述：建设中国特色社会主义法治体系，走中国特色社会主义法治道路，培养法治思维，依法行使权利并履行义务。同时，基于学院的办学特色，课上会适当安排一些关于审计核心价值、会计伦理等职业道德教育的相关内容。

该课程主要讲授符合马克思主义的思想观、道德观、法治观，以及社会主义核心价值观与社会主义法治建设的关系，帮助学生筑牢理想信念之基，培育和践行社会主义核心价值观，传承中华传统美德，弘扬中国精神，尊重和维护宪法法律权威，提升思想道德素质和法治素养；结合高等职业学校的自身特点，注重加强对学生的职业道德教育。

②毛泽东思想和中国特色社会主义理论体系概论。

本课程是一门公共基础课程，是高等职业学校专科课程设置中“思想政治理论课”必修课程之一。该课程的核心内容是三大部分：第一部分主要阐述毛泽东思想，涉及毛泽东思想的总体概述、新民主主义革命理论、社会主义改造理论、中国社会主义建设道路初步探索的理论成果；第二部分主要阐述邓小平理论、“三个代表”重要思想、科学发展观各自形成的社会历史条件、形成发展过程、主要内容和历史地位；第三部分主要阐述习近平新时代中国特色社会主义思想及其历史地位、坚持和发展中国特色社会主义的总任务、“五位一体”总体布局、“四个全面”战略布局、全面推进国防和军队现代化、中国特色大国外交、坚持和加强党的领导。

该课程主要讲授中国共产党把马克思主义基本原理同中国具体实际相结合产生的马克思主义中国化的理论成果，帮助学生理解毛泽东思想、邓小平理论、“三个代表”重要思想、科学发展观、习近平新时代中国特色社会主义思想是一脉相承又与时俱进的，引导学生深刻理解中国共产党为什么能、马克思主义为什么行、中国特色社会主义为什么好，从而坚定“四个自信”。

③形势与政策。

本课程是一门公共基础课程，是高等职业学校专科课程设置中“思想政治理论课”必修课程之一。该课程主要讲授党的理论创新最新成果、新时代坚持和发展中国特色社会主义的生动实践、马克思主义形势观和政策观、党的路线方针政策、基本国情、国内外形势及其热点难点问题，帮助学生准确理解当代中国马克思主义，深刻领会党和国家事业取得的历史性成就、面临的历史性机遇和挑战，引导大学生正确认识世界和中国发展大势，正确认识中国特色和国际比较，正确认识时代责任和历史使命，正确认识远大抱负和脚踏实地。

④党史国史。

本课程是一门公共基础课程，是高等职业学校专科课程设置中“思想政治理论课”选择性必修课程之一。该课程主要讲授中国共产党自诞生以来领导中国人民为了实现中国梦的探索史、奋斗史、创业史和发展史。帮助学生正确认识党的历史、新中国的历史，从中汲取新的智慧和力量。该课程引导大学生深刻认识我们党先进的政治属性、崇高的政治理想、高尚的政治追求、纯洁的政治品质，深刻认识中国从站起来、富起来到强起来的艰辛探索和历史必然，深刻认识党的执政使命和根本宗旨，引导大学生增强“四个意识”、坚定

"四个自信"、做到"两个维护"。

⑤军事理论。

本课程是一门公共基础课程，也是我院各专业开设的一门网络通识课程。该课程以国防教育为主线，以军事理论教学为重点，通过军事理论教学，让学生掌握基本军事理论与军事技能，增强国防观念和国家安全意识，强化爱国主义、集体主义观念，加强组织纪律性，促进综合素质的提高，为中国人民解放军训练储备合格后备兵员和培养预备役军官打下坚实基础。该课程从"思想路径"入手抓核心、抓关键，积极着眼于"实践路径"，以促进当代大学生对思想政治教育和军事理论课程的主动认可。大学生通过对该课程的学习，可以提升人格素养，完备知识体系，强化国防意识，养成国家责任感和民族自豪感。

⑥心理健康教育。

本课程是一门公共基础课程、健康教育课程，也是培养学生综合素质的必修课程。该课程主要阐述大学生心理健康的基本理论和知识，自我心理保健的基本方法和技能，具体包括：心理健康导论、人格发展、异常心理等基本理论；生涯规划、学习心理、人际交往、性心理及恋爱心理、生命教育等基本知识；自我意识培养、心理困惑疏解、情绪管理、压力管理与挫折应对、心理危机应对等基本方法和技能。该课程有助于增强大学生心理素质，促进学生全面发展。该课程培养学生自尊自信、理性平和、积极向上的社会心态，提升学生的社会适应能力、团队合作能力等职业素养。

⑦职业发展与就业指导。

本课程是一门公共基础课程，是一门帮助大学生规划未来发展，掌握自我探索、环境探索、生涯决策方法，提高求职技能，撰写职业化简历，有效应对面试，提升职场素质，增强生涯管理能力的课程。学生通过对该课程的学习，能增强职业规划意识，明确学习目标；增强自主学习的能动性，潜心关注目标行业的生产现状和科技成果。该课程把学生的思想政治教育融入职业素质培养中，最终实现人职匹配，个人目标与社会目标协调一致。

⑧高等数学。

本课程是一门公共基础课程。该课程内容以三年制高等职业教育的培养目标为依据，注意与中学数学课程的衔接，按照"考虑学生基础，注重实际运用，强化能力培养"的原则，确定教学内容。教学内容按模块设置。学生通过该课程的学习，为今后学习专业课程和满足工作需要打下必要的数学基础。学生通过相关知识的学习，可以初步认识极限的思想和方法，初步掌握微积分的基础知识，建立变量的思想，形成辩证唯物主义观点，并掌握运用变量数学方法来解决简单的实际问题的能力。高等数学类教学不仅培养学生较强的抽象思维、逻辑思维和创新思维能力，而且使其养成认真严谨的作风。

⑨英语。

本课程是一门公共基础课程，该课程兼具工具性与人文性。本课程以中等职业学校和普通高中的英语课程为基础，与本科教育阶段的英语课程相衔接，旨在培养学生学习英语和应用英语的能力，使其具备必要的英语听、说、读、看、写、译技能，进一步促进学生英语学科核心素养的提升。这里的英语学科核心素养主要包括职场涉外沟通、多元文化交流、语言思维提升和自主学习完善四个方面。通过本课程的学习，学生应该能够达到课程标准所设定的具备四项学科核心素养的目标，能够在日常生活和职场中用英语进行有效沟通，为未来继续学习和终身发展奠定良好的英语基础。学生通过本课程的学习，能够拓展思维能力，提升独立自主的意识及合作学习的能力，提升文化修养，培养职业精神与职业技能，形成正确的价值观，成为有文明素养和社会责任感的高素质技术技能人才。

⑩信息技术基础。

本课程是一门公共基础课程。该课程包含文档处理、电子表格处理、演示文稿制作、信息检索、新一代信息技术概述、信息素养与社会责任等内容。学生通过理论知识学习、技能训练和综合应用实践，能够增强信息意识和计算思维、提升数字化创新与发展能力、形成正确的信息社会价值观和责任感，为职业发展、终身学习和服务社会奠定基础。

⑪体育。

本课程是一门公共基础课程，也是一门以身体锻炼为主要手段、以增进大学生健康为主要目的的必修课程。该课程分为理论篇和实践篇，阐述体育与健康的基本理论知识、各体育项目基本技术，具体包括：体育的目标、体育对人身心健康的作用、体质和健康标志与体育保健、职业体能、运动损伤、《国家学生体质健康标准》与监控方法等；田径、篮球、排球、足球、乒乓球、网球、武术、跆拳道、健美操、体育舞蹈、瑜伽等。该课程是实施素质教育和培养德智体美劳全面发展人才不可缺少的重要方式。实施体育课堂的教育，有助于将运动技能与思想教育有效衔接，帮助学生把握体育人文精神，积极营造良好的校园体育文化，树立“健康第一”的理念，使他们自觉养成锻炼身体的习惯，以达到增进健康、培养兴趣、全面发展的目标。

⑫大学语文。

本课程是高职院校的公共基础课，具有审美性、工具性和人文性，具有传播人文精神、进行道德熏陶和加强思想教育的功能。该课程主要学习中外文学史、各时期的文学热点、各种体裁的优秀文学作品等，旨在培养大学生的观察能力、思维能力、审美能力、表达能力、写作能力和创造能力等。该课程立足于对学生文学兴趣、审美素养和阅读习惯的培养，从而提高大学生的人文素养，塑造大学生的健全人格，培养大学生的问题意识和探究精神，增强大学生的文化自信和责任担当。

⑬建筑美学鉴赏。

本课程是学院建筑类专业的公共基础课程，旨在使学生领略多种多样的建筑风格之美，了解建筑美的本质、功能、特征及艺术规律，认识建筑在人类精神生活中的地位，发掘建筑的内涵，寻找属于自己的共鸣。通过对该课程的学习，学生能在一幅幅建筑画卷中进一步理解“工匠精神”，加深对建筑行业的热爱，激发工作热情，践行社会主义核心价值观，努力为国家、为社会贡献青春力量。

⑭劳动教育。

本课程是一门公共基础课程。该课程涵盖劳动科学不同领域的基础知识，围绕劳动主题，按时间脉络完整勾勒出劳动科学的基本样貌，包括劳动的思想、劳动与人生、劳动与经济、劳动与法律、劳动与安全、劳动的未来等17章内容。本课程的学习能使学生掌握与自身未来职业发展密切相关的通用劳动科学知识，使其理解和形成马克思主义劳动观，树立正确的劳动价值取向和积极的劳动精神面貌。对该课程的学习有助于引导学生确立马克思主义劳动观和幸福观，涵养劳动情怀，厚植劳动精神，确立劳动最光荣、劳动最美丽的价值认同；培育学生知行合一、脚踏实地的实践精神；引导学生坚定理想信念，培育创新精神；增强学生服务国家、服务人民的社会责任感，锻炼学生服务社会的能力和激发他们追求向上向善价值的活力。

⑮大学生国家安全教育。

本课程是一门公共基础课程，也是我院各专业开设的一门网络通识课程。该课程以习近平总书记提出的总体国家安全观为主线，全面介绍国家安全战略、国家安全管理和国家安全法治等内容，向大学生展现一幅宏伟的国家安全蓝图，激发大学生的爱国主义情怀。主讲教师团队通过案例教学，以鲜活的安全案例来阐述国家安全理论，让大学生从生动的案例中学习国家安全知识，培养大学生维护国家安全的责任感与能力。该课程将思政育人融入课程教学，引导大学生树立正确的价值取向，有助于提升学生的综合能力和道德素养，不断推进科教兴国与人才强国战略的实施。

⑯大学生创新基础。

本课程是一门公共基础课程，也是我院各专业开设的一门网络通识课程。该课程立足于新世纪大学生的创新通识教育，采用“理论+方法+应用”三位一体的方式，引导学生了解创新本质，探究创新性思维原理，培养学生的创新思考方式。本课程通过对几种常用创新思维工具的应用训练，提升学生创新实践应用的感知深度，从而开阔创新视野，启发及增强大学生群体的创新实践能力。该课程融入社会主义核心价值观，让社会主义核心价值观入脑入心，帮助学生明确创新本质，理解创新的重要性，开拓创新思维，了解创新在社会各个领域的实践运用情况。

⑰大学生创业基础。

本课程是一门公共基础课程，也是我院各专业开设的一门网络通识课程。该课程主要介绍了大学生应怎样创业及创业的具体方法，并用一些案例来说明，同时对国内外创业情况进行了比较，对大学生创业有很好的借鉴和指导作用，并指导学生以团队形式开展一些项目化的实践训练。该课程融入社会主义核心价值观，让社会主义核心价值观入脑入心，引导学生尽早树立创业意识，开拓创新性思维，了解企业创建和运行管理的基础知识，提升实践创新能力。

⑱大学生防艾健康教育。

本课程是一门公共基础课程，也是我院各专业开设的一门网络通识课程。该课程在普及艾滋病防治知识的基础上，从大学生性健康教育着眼，以大学生喜闻乐见的形式，引导学生在性道德、性责任方面形成明确认知，引导学生建立正确的性观念。该课程的学习，有助于增强大学生对艾滋病的认识，引导学生提高自我防护能力，帮助学生正确面对并科学预防艾滋病。

（3）专业（技能）课程。

①基础会计。

本课程是会计、资产评估与管理和其他经济类专业学生必修的专业基础课。其主要内容是学习会计的基本理论、基本技巧与方法和基本的操作。本课程的重点是使学生掌握会计等式的概念、复式记账和借贷记账法的使用方法、生产经营过程的核算方法，以及会计凭证、账户、账簿、财产清查、记账程序和会计信息的编制方法等。资产评估与管理专业的学生通过学习，为学习后续专业课程夯实基础，能够领会会计特殊的思维方式、会计的各种经济指标及生产经营过程，能够识读会计报表。本课程可培养学生诚信、严谨的职业素养。

②管理学基础。

本课程是一门系统地研究管理活动普遍规律、基本管理和一般方法的专业基础课，具有一般性、多学科性、杂复性和很强的应用性。本课程旨在使学生理解组织内部的运作方式，掌握管理活动的基本原理、理论、方法和技巧，通过理论联系实际，培养他们观察管理活动现象、分析管理活动本质、解决管理实践问题的能力。本课程旨在培养学生的团队协作能力。

③统计基础。

本课程是会计、资产评估与管理和其他经济类专业学生必修的专业基础课。本课程是研究如何应用科学的方法搜集、整理、分析社会经济现象的实际数据，并通过特有的统计指标，反映社会经济现象发展的一门学科。本课程教学中不仅要对统计学的概念、基础知识、基本理论和统计分析方法进行必要的讲授，还要在教学中注重理论联系实际。本课程旨在通过必要的案例讨论、上网检索和课后作业等，启迪学生的思维，帮助他们掌握统计分析方法，提高学生分析问题和解决问题的能力。本课程旨在培养学生的逻辑思维能力和严谨的职业素养。

④经济法基础。

本课程是一门专业基础课程，也是初级会计师、初级审计师等职称考试涉及的课程。该课程内容包括经济法总论、市场主体法、市场运行法、市场管理法和社会保障法等。本课程的学习旨在让学生掌握经济法的基本概念和原理，培养学生具备运用所学经济法理论知识解决经济纠纷的能力、运用经济法理论解决经济活动领域的相关法律问题的能力。该课程的学习能够完善学生的知识结构，培养其法制意识，使其形成正确的世界观、价值观和人生观，成为具有当代社会责任感的大学生。

⑤初级会计实务。

本课程是会计、财务管理、资产评估与管理专业的一门必修课，属于专业知识结构中的主体部分。本课程主要介绍财务会计的基本理论和实务处理方法，使学生掌握从事财务会计工作所应具备的基本知识、基本技能和操作能力，为后续课程的学习打下良好的基础。本课程以财务会计的目标为导向，以对外报告的会计信息生成为主线，以四项会计假设为前提，以基本原则为依托，在阐述财务会计目标、特征的基础上，对会计要素的核算方法进行详细说明，最后总结出财务会计报告。本课程以对外提供会计信息为主，同时兼顾企业内部经营管理的需要。课程旨在使学生能够领会会计特殊的思维方式、会计的各种经济指标及生产经营过程，能够识读会计报表。本课程旨在培养学生诚信、敬业的职业素养。

⑥建筑技术和计量。

本课程是资产评估与管理专业学生必修的专业课之一。本课程教学内容主要以工业成本为例讲述各生产费用要素的归集、分配与核算，辅助生产费用、制造费用、废品损失的核算，累计生产费用的分配和成本计算法以及成本分析方法、成本报表的编制。为拓宽视野，学生还应该学习标准成本法、变动成本法以及除工业以外的其他行业成本的计算方法。本课程旨在使学生熟悉成本会计的基本概念、理论和技术，并能对行业会计的成本进行科学的计算和账务处理。本课程旨在培养学生严谨、客观、公正的职业素养。

⑦纳税实务。

本课程是会计专业、财务管理专业、资产评估与管理专业学生必修的专业课之一。本课程介绍了企业所涉及的主要税种纳税筹划的基本思路、方法和技巧，并详细列举企业在纳税筹划的过程中可能用到的相关政策的索引，对于企业所得税、增值税和消费税在实务操作中遇到的主要问题和疑难进行了解析，帮助学生了解和掌握主要税种纳税筹划的基本思路、方法和技巧。本课程旨在强化学生税收“有法可依，有法必依，执法必严，违法必究”，以及公平、诚信的理念。

⑧财务管理。

本课程是会计专业、财务管理专业、资产评估与管理专业学生必修的专业课之一。本课程主要研究企业在一定的理财环境下，如何正确地进行投资决策、筹资决策、营运资金管理、收益分配管理决策及财务分析等实务工作，并处理好各方面的财务关系，以实现企业价值最大化的一门应用性课程。本课程的教学旨在使学生了解财务管理在整个企业管理中的重要地位，理解和掌握财务管理学的基本理论、基本知识、基本技能，并能将其应用于企业管理的实践活动，以便在实际工作中能有效地处理和解决各种财务管理分析、决策等问题。此外，通过本课程的学习，学生还可以为学习的其他相关知识打好基础，也为今后从事理论研究和实践工作提供必要的理论支撑。教学中不仅要对财务管理的概念、原理和方法进行必要的讲授，还要在教学中注重理论联系实际，通过必要的案例讨论、上网检索和课后作业等，启迪学生的思维，使其了解财务管理理论和实践发展的最新动向，提高学生分析问题和解决问题的能力。培养学生爱岗敬业、吃苦耐劳的工匠精神。

⑨审计基础。

本课程是会计专业、财务管理专业、资产评估与管理专业学生必修的专业课之一。本课程主要阐述了审计的定义、本质、产生和发展，审计的职能、作用、对象、目标和种类，审计机构与审计人员，以及审计规范、准则、法律关系与法律责任，审计依据，审计证据和审计工作底稿，审计程序，审计方法，审计报告等基本审计理论体系和方法体系。本课程旨在使学生掌握审计程序和审计方法，培养学生的理想信念、爱国情怀、品德修养、奋斗精神和综合素养。

⑩Excel 在财务中的应用。

本课程是会计专业、财务管理专业、资产评估与管理专业学生必修的专业课之一。本课程概述了电算化会计应掌握的计算机知识、系统安装和系统初始化、财务处理系统、报表处理系统、工资管理系统、固定资产管理系统、往来账款核算系统、购销存系统、采购管理系统、销售管理系统和库存管理系统。本课程旨在使学生掌握会计电算化操作方法，培养学生团队协作能力和严谨的职业素养。

⑪资产评估基础与实务。

本课程是会计专业、财务管理专业、资产评估与管理专业学生必修的专业课核心之一。本课程主要阐述了资产评估的基本理论和基本方法、资产评估实务、资产评估的操作与管理。本课程教学过程要注重理论联系实际，强调基本技能的训练。本课程旨在培养学生正确分析、解决资产评估问题的能力，以较好地适应市场经济条件下相关工作的需要。本课程旨在培养学生严谨、诚信、客观、公正的职业素养。

（二）学时安排

本专业的总学时为 3 182 学时，每 16~18 学时折算 1 学分。公共基础课学时一般不少于总学时的 25%。实践性教学学时原则上不少于总学时的 50%，其中，岗位实习累计时间一般为 6 个月，可根据实际集中或分阶段安排实习时间。各类选修课程学时累计不少于总学时的 10%。

八、教学基本条件

（一）师资队伍

（1）校内专业教师任职资格。

①具有本专业或相关专业大学本科及以上学历；

②具有高校教师资格证书，中级及以上职业资格证书或相应技术职称，具备双师资格或双师素质；

③具有良好的思想道德及品德修养，遵守职业道德，为人师表，热爱关心

学生；

④具备本专业教学需要的扎实的专业知识和专业实践技能，并能在教学过程中灵活运用；

⑤具备基于工学结合的课程开发和教学组织设计的能力，以及教学研究能力；

⑥熟悉所任教专业与对应的产业、行业、企业、职业（岗位）、就业的相互关联程度，熟悉行业发展趋势，能及时将企业各项新方法和企业管理新理念补充进课程，近3年中应有不少于6个月的企业实践经历（工作不足3年的教师可适当放宽要求）；

⑦符合学校人事和教学管理部门规定的其他条件。

（2）校外兼职教师的任职资格。

①兄弟院校的教师资格要求与校内教师相同；

②校外行业企业的专业技术人员要求具备中级以上职称；

③校外行业企业的管理人员要求具有3年以上的管理工作经验；

④行业、企业技能比赛的优胜选手可以作为兼职技能课教师，不受学历和管理经验限制；

⑤在读硕士或博士来本专业授课，必须是本专业方向，优先聘用有行业工作经历、有相关职业资格证书的在读研究生；

⑥符合学校人事和教学管理部门规定的其他条件。

（3）专业教学团队要求。

①有双专业带头人，其中1人应为来自行业企业的专业技术人员或专家；

②每门课程都有讲师及以上职称的教师担任课程负责人；

③专业教师的数量和结构能满足专业办学规模，其中，实践教学中来自企业一线的兼职教师应占专业教师总数的50%。

（二）教学设施

系统设计实训和岗位实习，探索建立“校中企”“企中校”等形式的实践教学基地，推动实践教学改革。强化教学过程的实践性、开放性和职业性，学校提供场地和管理，企业提供设备、技术和师资，校企联合组织实训，为校内实训创建真实的训练岗位、职场氛围和企业文化；将课堂延伸至企业，在实践教学的方案设计与实施、指导教师配备、协同管理、实习实训安全保障等方面与企业密切合作，提高教学水平。

通过分析职业岗位能力要素，本专业已构建了单项实训、专项实训、校内综合实训、校外岗位实习的实训体系，实训内容主要侧重学生综合职业能力和素质培养；同时，建设了较为完善的校内外实训基地（表1-3），增强了学生的动手实践能力。现阶段本专业将整合校内外实训资源，在满足企业不同岗位需求的基础上，有针对性地提升学生的适岗力及迁移能力，不断改善实习实训条件。

表1-3　实习实训基地一览

项目分类	实训基地名称	功能
校内实训室	资产评估综合模拟实训室	用于资产评估情境教学，培养学生的实践技能
	会计综合实训室	用于会计实训教学，培养学生的实践技能
	审计综合实训室	用于审计实训教学，培养学生的实践技能
校外实习基地	安徽宝申会计师事务所	接收学生实习，培养学生的实践技能
	国信证券股份有限公司合肥马鞍山路证券营业部	接收学生实习，培养学生的实践技能
	安徽中辉会计师责任有限公司	接收学生实习，培养学生的实践技能
	安徽中辉资产评估有限公司	接收学生实习，培养学生的实践技能
	华普天健会计师事务所	接收学生实习，培养学生的实践技能
	安徽安平达会计师事务所	接收学生实习，培养学生的实践技能
	北京中证天通会计师事务所安徽分所	接收学生实习，培养学生的实践技能
	安徽金泉会计师事务所	接收学生实习，培养学生的实践技能
	安徽蓝天会计师事务所	接收学生实习，培养学生的实践技能
	安徽阳光会计师事务所	接收学生实习，培养学生的实践技能
	安徽淮信会计师事务所	接收学生实习，培养学生的实践技能
	安徽中城会计师事务所	接收学生实习，培养学生的实践技能
	颍上天勤会计师事务所	接收学生实习，培养学生的实践技能
	安徽建英会计师事务所	接收学生实习，培养学生的实践技能

本专业将以建设校外实践基地为主，充分利用校内已有设备，确保把实践性教学落到实处。本专业将利用资产评估综合实训室模拟机电设备评估、房地

产评估项目等。同时，学院由于具有与企业和会计师事务所密切联系的优势，将充分利用以上资源，建立校外实践基地，为学生提供可以从事实践活动的机会；并且在整个实践过程中给学生以充分的指导，包括待人接物、工作态度、团队精神等方面，确保学生在实践过程中不仅专业能力得到锻炼，而且工作态度、职业道德能被初步规范。

（三）教学资源

1. 教材选用基本要求

（1）必须选用国家统编的思想政治理论课教材、马克思主义理论研究和建设工程重点教材。

（2）学院专业核心课程和学院公共基础课程教材原则上从国家和省级教育行政部门发布的规划教材目录中选用。

（3）国家和省级规划教材目录中没有的教材，可在职业院校教材信息库中选用，优先选用近几年省级及以上优秀获奖教材。

（4）优先使用经审核批准的，除上述三点外的学院学科专业团队和个人编写的反映自身特色的校本教材，或校企合作共同开发的“双元”教材。

（5）不得以岗位培训教材取代专业课程教材。

（6）选用的教材必须是通过审核的版本，擅自更改内容的教材不得选用，未按照规定程序取得审核认定意见的教材不得选用；不得选用盗版、盗印教材。若选用盗版、盗印教材，将按照教材订购合同追究教材采购公司的相关责任。

2. 数字资源配备

充分利用专业教学资源库平台、在线开放课程及网络课程平台，结合资产评估与管理专业特色，采用网络教学手段，大力加强数字化教学资源建设，鼓励教师线上教学、学生在线学习。

九、质量保障

1. 全面加强党的领导

在院党委的领导下，坚持以习近平新时代中国特色社会主义思想为指导，切实加强党对专业人才培养方案制定与实施工作的领导，根据学院总体发展规划及专业建设规划，结合行业发展趋势，定期研究专业人才培养方案的制定与实施，确保高质量地制定符合职业人才培养规律和符合时代要求的专业人才培养方案。

2. 组织开发专业课程标准和教案

根据专业人才培养方案总体要求，制定（修订）专业课程标准，明确课程目标，优化课程内容，规范教学过程，及时将新技术、新工艺、新规范纳入课程标准和教学内容。教师准确把握课程教学要求，规范编写、严格执行教案，做好课程总体设计，按程序选用教材，合理运用各类教学资源，做好教学组织实施工作。

3. 深化教师、教材、教法改革

建设符合项目化、模块化教学需要的教学创新团队，不断优化教师能力结构。健全教材选用制度，选用体现新技术、新工艺、新规范等的高质量教材，引入典型生产案例。普及项目教学、案例教学、情境教学、模块化教学等教学方式，广泛运用启发式、讨论式等教学方法，推广翻转课堂、混合式教学等教学模式，推动课堂教学革命。

4. 推进信息化技术与教学有机融合

全面提升教师信息技术应用能力，推动现代信息技术在教育教学中的广泛应用，加快建设智能化教学支持环境，建设能够满足多样化需求的课程资源。

5. 改进学习过程管理与评价

加大过程考核、时间技能考核成绩在课程总成绩中的比重，严格考试纪律，健全多元化考核评价体系，完善学生学习过程监测、评价与反馈机制，引导学生自我管理、主动学习、提高学习效率。强化实习、实训、毕业设计（论文）等实践性教学环节的全过程管理与考核评价。

第二节　安徽审计职业学院资产评估与管理专业建设规划

一、专业现状和基础

资产评估与管理专业始建于2006年，是学院重点打造的优势专业之一，是中央财政支持项目和省级特色专业。经过多年教改实践与建设，本专业取得明显成效和阶段性成果。

（一）服务现代服务产业，打造资产评估行业特色专业

安徽省是我国发展现代服务业的重要基地，培养区域经济和社会发展需要的具有现代职业精神的高素质技术技能人才十分必要。本专业形成了一套与区域和行业特点配套的人才培养方案，创新了具有行业特色的人才培养模式，是资产评估行业特色专业。本专业有在校学生207人，近三年来就业率均达到

95%以上，毕业生深受企业欢迎和社会好评，招生就业双丰收。

（二）名师引领，建成省级教学团队

本专业通过师资培养，不断改进团队教育教学理念和教学方法，以培养“带头人、骨干、双师”为重点。本专业现有专兼职教师20余人，其中正教授2人，副教授10人，企业兼职教师14人，团队成员具备相关专业执业（职业）资格，主要是注册会计师、资产评估师、税务师、注册造价工程师、监理工程师、注册电气工程师、一级建造师、注册咨询（投资）工程师、高级会计师、高级经济师、高级审计师、律师；有省级教学名师3人，省级教坛新秀4人。本专业实施教学团队建设计划，2014年，资产评估与管理教学团队获批“省级教学团队”。

（三）深化“三教改革”，取得系列成果

教学团队近年来取得了显著的教学成果：教学团队成员主持和参与国家级、省级课题30项，其中服务安徽省审计行业的重点课题8项；教学团队成员发表论文40多篇。2020年资产评估基础与实务课程获批省级示范课。2020年“新冠疫情下‘双线混融’教学的优化实践”获评安徽省线上教学成果一等奖。团队教师参加2021年、2020年安徽省高职院校教学能力大赛，获得一等奖、二等奖，实现我院在该赛项零的突破。在2020年安徽省大学生财税技能大赛中，3位老师获评优秀指导教师。

校企共建体验式学习案例资源库，校企双元开发的新形态一体化活页教材，教材植入二维码和图文识别码，实现交互式资源学习。

团队教师及时调整教学策略、组织形式，完善线上线下混合式教学方式，教学活动贯穿“理、虚、实”三阶段，拓展了传统课堂教与学的时空；有优质数字化资源支撑：采用腾讯课堂、腾讯会议同步直播、微课、企业连线等信息化手段突出教学重点，采用评估软件、动画、抖音小课堂等多种方式，以及引入行业和企业标准攻克教学难点；充分利用国家精品在线开放课程学习平台“e会学”中的丰富资源；“1+X”证书智能估值数据采集与应用平台、职教云在线平台、移动端App、微信群、QQ群等多工具并用，使沟通无处不在。多方发力，重构传统课堂教学，优化教学过程。

《新冠疫情下“双线混融”教学的优化实践》获评安徽省线上教学成果一等奖，教学成果入选2020年全国高职高专校长联席会议优秀案例。课堂革命成果入选教育部2021年职业教育提质培优增值赋能典型案例。

（四）完善校内校外实训体系，建成省级实训基地

本专业根据人才培养模式和课程改革要求，创设真实工作情境，“政、

校、行、企”四方协同，共建提升资产评估与管理专业服务能力及中央财政支持的国家级实践教育基地。本专业拥有资产评估综合实训室、案例讨论室、情景模拟实训室、虚拟仿真中心、评估培训中心、17 个校企合作实践基地，为课程的项目化教学提供了强大的教学环境保障。

2017 年，安徽审计职业学院安徽中永联邦资产评估事务所有限公司实践教育基地获批“省级校企合作实践教育基地”。社会对资产评估人才的迫切需求，使该专业在校企合作、工学结合方面具有得天独厚的优势。该专业已与安徽宝申会计师事务所、安徽审计职业学院安徽中永联邦资产评估事务所有限公司、安徽中辉资产评估有限公司、安徽中永联邦资产评估事务所有限公司、国信证券股份有限公司合肥马鞍山路证券营业部等 14 家企业签订了“安徽审计职业学院校外实习实训基地合作协议”，实现了松散式订单培养。本专业在与合作企业开展校企联合育人的过程中，与企业共同制定人才培养方案，从实际生产岗位职业能力的需要出发设置课程，初步形成了突出学生职业能力培养的课程体系。

（五）注重创新创业与技能大赛，省赛取得突破

在人才培养过程中，本专业通过校企共育方式，完善能力培养体系，促进创新能力与专业能力培养相结合。将学生竞赛项目培训纳入人才培养方案，定期举办院级、省级技能大赛，在专业课程中设计创新环节等，这些方式帮助学生实现从会计核算到资产评估报告撰写，从内容较为复杂的课程设计、毕业设计，到参加省级的技能竞赛。在专业教学中实现学生创新能力的提升。

资产评估与管理专业坚持以赛促训，以赛强技，开展课程与竞赛融合，学生在全国和安徽省各类专业技能大赛中，共获得 9 个一等奖、25 个二等奖、29 个三等奖。该专业学生在 2019 年、2020 年、2021 年安徽省大学生财税技能大赛案例赛（高职组）获得多个一等奖、二等奖和三等奖。2018 年、2019 年、2020 年、2021 年该专业学生参加安徽省教育厅主办，安徽财经大学承办，国元证券股份有限公司、浙江核新同花顺网络信息股份有限公司协办的安徽省“国元证券杯”金融创新投资大赛，屡创佳绩，获得多个一等奖、二等奖和三等奖。2021 年本专业学生参加安徽省大学生服务外包创新创业大赛 A 赛道，作为全省唯一的专科队伍，在与众多本科院校的对决中，荣获两个二等奖，实现了我院在该赛项的突破。通过参赛，学生更好地掌握证券投资规则，提升投资技巧，增强就业竞争力，从而达到“以赛促学、以赛促教”的目的。

二、专业建设指导思想

以习近平新时代中国特色社会主义思想为指导，贯彻落实《国家职业教

育改革实施方案》《中国教育现代化2035》《加快推进教育现代化实施方案（2018—2022）》《职业教育提质培优行动计划（2020—2023年）》和《安徽省“十四五”教育事业发展规划》等文件精神，按照《安徽审计职业学院“十四五”事业发展规划》、学校地方技能型高水平大学建设要求和“双高”计划建设目标，以“补短板、激活力、提质量”为主线，落实立德树人的根本任务，聚焦深化产教融合和高素质技术技能型人才培养模式改革，探索职业教育本科层次人才培养新模式，坚持问题导向、需求导向、目标导向，努力提升教学科学研究、社会服务的能力和水平，全面落实学校事业发展规划，全面提高人才培养质量，助力职业高等教育内涵式发展。

坚定不移贯彻创新、协调、绿色、开放、共享的新发展理念，坚持立德树人，深化产教融合、校企合作，促进教育链、人才链与产业链、创新链有效衔接，进一步完善系统化资产评估与管理专业人才培养体系；积极探索研究专业教学标准；整合校内外优质教学资源；以培养德智体美劳全面发展的高素质技术技能人才为目标，积极探索“政、校、行、企”培养模式，修订培养方案、课程标准、教学标准；积极探索新的教学方法、教学手段、教学设计方案。增加技术层面知识与能力课程，重视隐性技能培养，摒弃过时的知识与技能，加强信息化能力培养，强化知识交叉、能力复合培养力度，注重学生自主学习能力的培养。

三、专业建设目标

以资产评估与管理专业建设思想为指导，以培养德智体美劳全面发展的高素质技术技能人才为目标，根据对资产评估行业特点和评估人员的能力要求的分析，结合财经类高职院校的特点和优势，即经济学、管理学等学科的教学力量和师资力量相对较强，将专业建设总体目标定位为“建立校企合作、实境教学的人才培养模式；构建基于资产评估工作过程的课程体系；打造一支专兼结合的优秀教学团队；完善实习、实训基地建设；确定分段式教学组织模式；培养综合型评估人才和企业价值评估、以财务报告为目的的评估、无形资产评估、金融资产评估等高端技能型专门人才，使资产评估专业在全国同类高职院校中具有示范带动作用”。

（一）人才培养目标

资产评估与管理专业为银行、保险公司、证券公司、资产评估事务所及其他企事业单位培养掌握扎实的资产评估理论基础，熟悉资产评估与管理专业的基础性知识，有一定的专业外语和计算机应用水平，具备较强的综合分析与决策能力，具有良好的职业道德和敬业精神、较强的市场经济意识和社会适应能力的高素质技术技能人才。

（二）创新人才培养模式

依托资产评估工作现场和校内生产性实训基地，建立“校企合作、实境教学”的人才培养模式，在真实的工作环境中培养学生的职业能力，提高人才培养质量。

（三）构建基于资产评估工作过程的课程体系

根据资产评估职业岗位（群）的任职要求，参照资产评估行业职业资格标准，重构课程体系，改革教学内容。重点建设2门核心课程，其中1门达到省级精品课标准；同时开发3门核心课程的校企合作教材及与之配套的课件；与企业和同类院校合作，建设共享型资产评估与管理专业教学资源库，实现专业教学资源共享。

（四）建设结构合理、专兼结合的优秀专业教学团队

培养1名专业带头人和2名骨干教师，专任教师达到20名，“双师”素质教师占70%以上；聘用企业兼职教师20名，形成结构合理的优秀专业教学团队。

（五）建设突出学生职业能力培养的校内外实习实训基地

与国家标准对接，针对行业岗位需求，校企共建全国先进水平的实践基地，构建“学、研、赛”一体化的开放共享型智慧财经工场、智能评估共享中心、资产评估职业技能鉴定中心、移动云教学平台、资产评估综合服务云平台；加强实习、实训基地内涵建设，建立与完善实习、实训基地的管理与运行机制，形成实习、实训教学管理体系和评价体系，开发配套的实习标准和实训指导手册。

（六）提高社会服务与辐射能力

发挥专业群师资团队、智慧财经工场、智能评估共享中心、资产评估职业技能鉴定中心、移动云教学平台、资产评估综合服务云平台和校企合作实践基地优势，搭建学校、企业、行业公共服务平台，加强应用技术研发、科技成果转化和社会培训服务，计划完成教学成果奖1项、省级以上科研成果1项、专利2~4项。

建立大学生劳动素养与技能发展均衡的课程体系，将劳动素养、美育课程纳入课程体系，确保在校大学生每学期参加劳动及社会实践不少于32学时，年均参与人数实现专业群所含专业全覆盖。

在现有开设课程的基础之上，积极开展优质核心课程建设和精品课程建设

工作，同时进行部分课程标准的修订及编写。建成教学资源库，建设1~2门省级优秀在线课程，完成新形态校企合作教材。

充分发挥专业群师资队伍建设示范作用，带动专业群内相关专业发展。完成教学团队教育教学科研成果展示，力求在教学科研、实践上对全校教师起到示范、引领作用。举行名师培养对象课例展示活动，加强网络平台建设，实现教学资源共享。

（七）深化产教融合，落实产业学院建设

在前期校企合作的基础上，借力现代学徒制试点，与企业进行深度校企合作，引入企业标准和培训资源，组织专业教师与企业技术人员共同对核心课程进行改革。建设智能估值评价中心，积极落实产业学院建设。

（八）建成校企双赢的实验实训基地

根据人才培养模式和课程改革要求，与行业企业联合，针对资产评估行业技术升级的迫切需求，校企共建10个综合性实训基地，使本专业实训条件达到国内先进水平。

四、专业建设举措

（一）推进校企深度融合，创新人才培养模式

1. 借助“1+X”试点项目和提质培优项目，推行“校企共育”育人机制

在产教融合的基础上，借助专业入选“1+X”试点，新开发中联集团等2家以上合作企业，开展“联合策划课程建设、联合制定人才培养方案、联合打造校企共育模式、联合推行产教融合、联合实施书证融通和课证融通、联合建设智能估值评价中心、联合构建校企合作人才共育”的活动。

2. 联合财经类知名企业，开展深度校企合作

与中联集团教育科技有限公司进行深度校企合作，引入企业标准和培训资源，组织专业教师与企业技术人员共同对核心课程进行改革，依据行业技术状况及相应工种、岗位或岗位群要求，从职业资格标准中汇集典型能力组群，形成德智体美劳全面发展的能力目标，以项目任务为驱动，形成相应的项目过程考核机制。

3. 学院对接行业（企业），完善资产评估与管理专业教学指导委员会职能

专业教学指导委员会研讨校企合作途径、方法，提出人才合作共育建议；审定资产评估与管理专业人才培养方案，分析资产评估行业发展需求和职业岗位对人才的要求，确定专业培养目标及其岗位（群）所需的知识和能力；共建校外实习基地，协同安排实践教学，负责双师型教师培养；校企双方员工实

行互兼互聘，共同修订实习教学计划；共同制定人才培养质量的评价标准。

4. 专业对接职业，校企共拟资产评估与管理专业人才培养方案

校企共建资产评估与管理专业，对高职资产评估与管理专业人才培养目标与规格进行准确定位，发挥培养对象在专业建设中的目标引领作用。

5. 课程对接岗位，校企共同开发专业课程

以岗位职业能力标准和国家统一职业资格等级证书制度为依据，以培养学生的职业道德、职业能力和可持续发展能力为出发点，把岗位职业能力标准作为教学核心内容，与行业企业合作开发与生产实际紧密结合的核心课程和实训教材。根据职业能力导向改革教学方式，在教学过程中突出实践技能的培养，注重实践操作能力的考核。

6. 构建校企双向服务机制，推进校企深度合作

构建“主动服务、项目合作”的校企双向服务机制，企业利用学院的师资、场地、设备、人员等方面的条件，以项目合作的方式与学校开展技术咨询、继续教育、培训等方面的合作。

（二）构建技能型人才系统培养的制度

职业教育人才的系统培养，当前亟待解决的是中职与高职脱节的问题，因此做到中职和高职统筹规划，才能为中职学生提供继续学习的途径。在职业教育内部，要科学布局，保证人才培养的系统性。中等职业教育是职业教育的重要组成部分，重点培养技能型人才，发挥基础性作用；高等职业教育是高等教育的重要组成部分，重点培养优秀高端技能型专门人才，发挥引领作用。为实现中职、高职人才培养衔接，必须坚持“遵循规律、服务需求、明确定位、系统思考、构建体系、分类指导、分步实施”的原则，明确中职、高职的合理定位，构建完整的中职、高职衔接职教体系。

根据社会需要和职业岗位的要求，按照职业分类和职业标准，确定技能型人才从初级到高级的职业能力标准和层次结构，明确各自的目标及规格，即中职培养技能型人才，高职培养高端技能型专门人才，避免中职、高职培养目标出现职业能力水平和教育层次的重复和错位，科学构建中高职衔接的人才培养体系。

（三）继续建设突出学生职业能力培养的校内外实习实训基地

系统设计实训和岗位实习，探索建立“校中企”“企中校”等形式的实践教学基地，推动实践教学改革。强化教学过程的实践性、开放性和职业性，学校提供场地和管理，企业提供设备、技术和师资，校企联合组织实训，为校内实训创建真实的岗位训练、职场氛围和企业文化；将课堂延伸至企业，在实践

教学方案设计与实施、指导教师配备、协同管理、实习实训安全保障等方面与企业密切合作，增强教学效果。

通过分析职业岗位能力要素，本专业已构建了单项实训、专项实训、校内综合实训、校外岗位实习的实训体系，实训内容主要侧重于对学生综合职业能力和素质的培养。同时，我们建设了多个校外实训基地，提升了学生的动手实践能力。如何整合校内外实训资源，在满足企业不同岗位需求的基础上，有针对性地提升学生的适岗力及迁移能力，是改善实习实训条件的重要内容。

学院将以建设校外实践基地为主，充分利用校内已有设备，确保把实践性教学落到实处。学院具有较好的会计实训室，资产评估专业将利用这些实验室设备模拟流动资产评估、企业价值评估等。同时，学院由于具有与企业和会计师事务所密切联系的优势，将充分利用以上资源，建立校外实践基地，为学生提供可以从事实践活动的机会。并且在整个实践过程中给学生的充分的指导，指导的内容除了专业知识还包括待人接物、工作态度、团队精神等，确保学生在实践过程中不仅得到专业能力的锻炼，而且接受初步的工作态度、职业道德的规范。

（四）建设结构合理专兼结合的优秀专业教学团队

1. 培养和聘任专业双带头人

在本专业现有教师中选拔 1 至 2 名骨干教师作为专业带头人培养对象，通过采取到企业实践、到国内著名高校进修等措施强化培养；对现任 1 名专业带头人采取以上措施，继续培养。

2. 培养双骨干教师

选拔 2 至 3 名业绩突出的教师作为专业骨干教师重点培养对象，分批出国进修或到国内著名高校研修，学习先进职教理念，跟踪专业发展动态，掌握先进技术；到知名企业顶岗锻炼，开展技术合作，加强实践技能培养。

3. “双师素质”教师队伍建设

制定相关政策，建立专业教师轮岗实习制度，规定专任教师 3 年内必须到企业学习锻炼、接受企业培训、与企业合作项目，到企业锻炼的教师达到 10 人。

4. 兼职教师队伍建设

树立不求所有、但求所用的理念，坚持从资产评估企业选聘一些专业技术人员、管理人员，从事兼职教学或实践工作，建立多元化的兼职教师管理模式。

大力引进或聘请资产评估行业的能工巧匠，设立专项经费，着重引进有事务所专业技术工作经历、取得突出业绩、有突出实践操作能力并被同行认可、有专业核心课程的教学与建设工作能力的骨干人才，完善教师队伍结构。

实施“校中企”“企中校”结合模式，聘请会计师事务所所长担任客座教授，更好地了解市场需求和产业发展方向，以就业为导向，开展资产评估专业的教育教学改革。

建立兼职教师的教学激励机制，妥善安排兼职教师利用业余时间进行分段式弹性教学，以解决其工作与教学在时间上的冲突。根据教学安排，兼职人员可以用多种身份参与教育教学活动，可以作为资产评估与管理专业某一门实践课程的教师，也可以作为专业实习实训项目的项目教师，还可作为资产评估与管理专业建设、课程建设的顾问或指导。

系部建立动态的由资产评估企业及社会实践经验丰富的技术人员、管理人员及能工巧匠组成的兼职教师资源库，及时在每学期期末提出下学期的兼职教师需求情况表，加强对兼职教师教学能力的培训，构建相应的教学质量监督体系，按照优胜劣汰的机制，管理兼职教师队伍。

5. 突出教学团队梯队建设

专业带头人和骨干教师需承担培养青年教师的任务。他们每学期至少开展2次示范性公开课教学，每学期至少听6次青年教师的课，带领青年教师参与教材编写和公开课建设，申报教科研项目，指导青年教师参加实践锻炼等。通过这些活动充分发挥他们在教学团队中的专业带头人和骨干教师“传、帮、带”的作用。

6. 创新机制助力师资水平提升

教师到企业一线参加实践锻炼，考取职业资格证书，推行“双师”素质教师培养机制；聘请企业高级技术人员、能工巧匠为兼职教师，建立专业建设“双带头人”、课程建设“双骨干”、顶岗实习“双导师”制度；建立教师××等专项工作室，完善配套制度。这些措施有助于整体提升团队教学、科研与服务能力。

（五）建立利益相关方共同参与的第三方人才培养质量评价制度

确立专业建设目标、人才培养目标和教学质量目标及监测指标，建立一个涵盖用人单位、行业协会、学校、学生的第三方综合评价系统。建立常规评价体系，这一体系主要通过对调查问卷的设计、发放、回收、统计、分析等工作落到实际。探索应用web技术开发的网上第三方综合评价系统，打破时空界限，更好地与各合作方实现信息互动，快速、准确、方便地完成评价的各项工作。

（六）课程体系优化与课程改革

1. 对接岗位标准，优化课程体系

依据新修订的专业岗位职业标准，本专业融入创新创业教育，以企业真实活动和岗位职业能力分析为基础，以培养学生职业能力、职业道德及可持续发展能力为基本点，突出“综合素养”，把“职业素养”渗透到专业认识实习和专业基本技能训练过程中，把“劳动素养”渗透到校内专项实习、生产性实训和企业顶岗实习过程中，构建以学生为本位的项目导向型、任务型、专业技能模块化、业务流程进阶式等新型专业课程体系。

2. 巩固示范成果，升级专业核心课程

在6门专业核心课程的基础上，同步最新技术、紧跟产业变化、融入国家标准，更新教学载体和教学内容，修订对应教材和网络资源，完成2门精品课程向精品在线开放课程的升级。

3. 服务产业升级，建设资产管理课程群

瞄准社会对资产评估人才培养的新要求，将升级后的专业核心课程分类打包，新建2个课程群：瞄准校企共育，联合中联集团建设包含校企共育的资产管理实训课程群。

4. 支撑实境教学，加快课程改革

按照最新技术成果及真实生产工艺或实务流程设计教学项目，更新教学内容，推行项目化教学改革；规范教学基本环节；参照企业员工培训方式，按照项目驱动的企业化工作路径实施教学，推行培训式一体化现场教学改革；引入信息化技术，搭建智能化教学平台，建立网络化教学环境，应用信息化教学手段，推进课程信息化改革。

（七）模块化课程体系的开发

资产评估与管理专业建设需要适用性强的课程体系做保障。适用性课程体系的设置是建立在满足专业人才培养目标，充分考虑学科特点、社会需求并结合评估师考试要求等多方面因素的基础上的。第一，科学合理划分课程类型，安排课时比例，本着实用性、渐进性、效率性和能动性四大原则设计专业教学课程体系，分别从公共课、专业课和实践课三个方面开设相关课程。第二，在应用型人才培养课程体系设计中，需根据师资情况，进一步加大专业选修课、实践课和实验学时的比例，完善学生知识结构，为培养复合应用型资产评估专门人才服务。

课程体系是高校制订教学计划、组织教学、编写教学大纲、选用教材和教学参考资料的基本依据，是人才培养的总体设计和实施方案。资产评估与管理专业课程体系的设置将在满足专业培养目标的基础上，充分考虑学科、专业和社会需求等多方面的因素，课程体系设置主要体现以下几个特点：

（1）加强工科课程，突出专业特色。

资产评估专业既不是会计专业，也不是财务管理专业，其横跨管理学、工学两大门类。在财经类院校开设资产评估专业，必须加强工科教育，开设机电设备基础、建筑工程基础等课程，突出专业特色，使学生具备坚实的基础知识。

（2）加强实践教学，提高学生动手能力。

人类认识和发现真理的过程遵循“实践—认识—再实践—再认识”这一循环往复、不断上升的过程，没有实践就无法真正实现知识创新，实践是创新的源泉。在现代教育过程中，实践是探究知识的重要方式，实践教学中应当使学生充分发挥学习的自主性，再现获取知识的过程。资产评估与管理专业将加强实践教学，保证足够的实践课程和教学时间，并建立稳定的实践教学基地。综合实践能使学生综合运用两门以上理论课程中所学的知识，极大锻炼学生综合掌握知识的能力。课外实践环节能够在培养学生的实际动手能力的同时不增加学时并提高学生的感知能力。

（3）加强资产评估信息化教学。

随着现代信息技术与网络技术在高职院校专业教学领域日渐广泛的运用，资产评估专业计算机模拟实践教学模式开始萌生与发展，显示出强大的生命力，在资产评估专业人才培养方面发挥了巨大作用。资产评估信息化教学包括两方面含义：教学手段信息化和教学内容信息化。

（八）实践教学建设

1. 对接国内先进标准，支撑课程建设，联合优势企业共建“智能估值评价基地”

按照专业特色和专业定位，结合人才培养的需要，支撑课程体系建设，与行业企业联合，针对财务、资产评估、金融等服务行业技术升级的迫切需求，建设1至2个设备先进，共享性强，辐射面广，能满足学生生产性实训需要，产学研结合，服务区域经济发展能力突出，达到国家级标准的公共技术服务平台和重点实训基地。

以智能估值作为主攻方向，建成智能估值评价示范实训中心，形成以资产评估基础与实务为主干课程的制造过程智能化模块。

2. 更新教学内容，构建职业化氛围，完善配套实训教学资源

改革实训教学内容，减少理论教学内容，增加评估、财务实训教学，以满

足专业人才培养方案中实训教学的需要；基于智能化评估实训的开展，配套建立资产评估实训资源和智能估值评价实训中心，构建具有我院特色、信息化元素丰富的专业实训室。按“企中校”“校中企”的建设思路，营造与评估、会计、审计等一线工作现场相一致的职业环境，使校内实训基地成为学生职业技能训练中心和职业素质培养中心。

（九）教材与优质教学资源建设

1. 更新2本特色教材，新开发2套培训手册

组织专业教师与企业技术人员对核心课程进行研究，以典型工作任务和项目任务为驱动进行教材开发，形成内容不断更新的“书证融通”“课证融通”式系列校本讲义。通过实践总结经验，及时修改和完善，以教材形式固化成果，完成2门专业优质核心课程校本教材建设。对接智能估值评价中心实训基地，满足校内生产性实训任务及开展社会培训、师资培训、技能鉴定需要，开发2套实训和培训指导手册。

2. 建成共享型专业教学资源库

发挥专业技术和资源优势，整合企业资源，建成融合资产管理专业群教学平台、智能估值评价中心、教学示范课网站等功能于一体的专业教学资源库；集成本专业优秀教学资源（包括培养方案、课程标准、微课、慕课、教学项目、电子教案、实训指导、考核标准、试题库、视频资料库、教学管理资料、虚拟实践中心、虚拟化技术体验中心等）、企业相关技术标准、典型案例等内容，对内为教师和学生提供专业学习和研究平台，对外向合作企业及社会开放。

3. 开展2个课程群的信息化教学改革

与企业合作，针对资产管理大课程群，借助微课、慕课及教学资源库，将教学内容结构化、动态化、形象化；构建××教学系统，根据学生的特点和需求进行定制化教学，实现差异化教学；利用“互联网+”教育环境开展线上线下混合式教学。

（十）创新创业与技能大赛

1. 学生创新能力培养

为了面向区域优势产业，满足服务业产业升级改造需求，本专业开发包括就业指导等在内的创新创业课程模块，利用开放“智能估值评价中心实训室”，定期举办智能估值、创新创业大赛，在专业课程中开发创新创业类教学项目、完善创新激励制度等方式，帮助学生以专业知识为起点，到完成课程设计、毕业设计，再到参加全国的技能竞赛，循序渐进地加强学生创新能力培养。

2. 以赛促教、以赛促学、以赛促建、以赛促改

对接国赛项目，以竞赛为抓手，增强指导教师运用理论知识和实践经验解决生产问题的能力、统筹和协调的能力，培养团队教师的协作精神；结合专业核心能力培养和岗位职业资格标准需要，积极开展校内各项技能大赛，采用学分转换制度鼓励学生参加各类技能大赛；教师积极参加教学能力大赛，力争实现国赛获奖的突破；以专业的大赛项目为载体，联合行业企业，组建项目化试点班，开展课程教学内容、教学方法及实验实训建设等专业建设与课程改革，推进教学改革；建立系统化大赛设计、组织、培训体系，完善配套管理和激励制度，形成长效机制，成为专业“培育招牌教师、培养名片学生、打造品牌专业、展示教学成果”的重要抓手。

（十一）对口支援与社会服务能力建设

充分发挥学生专业实践能力，通过“BIM 协会”“会计协会”等学生组织加强对外交流、提供免费社区服务；指导中小型企业进行转型中的技术升级、方案改进，加快企业技术转型和生产加工能力的提升，发挥中小企业支援中心作用，加大科技服务和技术开发力度；建设区域性的公共技术研发平台，新技术、新工艺的生产力促进中心，科研成果产业化的解化中心；拓展资产评估师等技能鉴定培训和取证考核培训服务，对外员工培训项目每年培训不少于 100 人次，对外职业技能考核鉴定每年不少于 100 人次；发挥专业群师资团队、智慧财经工场、智能评估共享中心、资产评估职业技能鉴定中心、移动云教学平台、资产评估综合服务云平台和校企合作实践基地优势，搭建学校、企业、行业公共服务平台，加强应用技术研发、科技成果转化和社会培训服务，计划完成教学成果奖 1 项、省级以上科研成果 1 项、专利 2~4 项。

建立大学生劳动素养与技能发展均衡的课程体系，将劳动素养、美育课程纳入课程体系，确保在校大学生每学期参加劳动及社会实践不少于 32 学时，年均参与人数实现专业群所含专业全覆盖。

第三节　安徽审计职业学院资产评估与管理专业课程建设规划

一、指导思想

课程教学作为高职院校人才培养的关键环节，其目标的实现是高职院校人才培养目标实现的基本保证，与人才培养的质量息息相关。专业和课程建设的

根本指向是培养何种类型和规格的人才以及如何快速、有效地培养既定品质的人才。结合资产评估与管理专业的实际情况，我们将通过课程建设全面提高教育教学的质量，并围绕课程建设制订相应的配套计划，完善具体实施的措施和步骤，力争通过几年的努力，使资产评估与管理专业课程建设取得初步成效，资产评估与管理专业教学质量上一个新台阶。

二、建设目标

通过相关课程的综合改革，本专业拟建设专业核心课程6门，不断提高本专业教师队伍整体素质，建设实验室2个，跟踪前沿新技术，对包括课程内容、教学方法、教材、课程考核办法等的课程综合内容进行改革，积极探索校企共育、线上线下混合式教学模式，加强包括教材建设在内的课程配套资源建设，强化数字化在线资源建设和教学手段改革，使课程的教学内容密切结合企业岗位实际、使线上线下混合式的教学方法得以推行，打破“一张试卷定终身”的考试方式，将能力培养融入教学全过程，真正实现“知识+能力”“过程+结果”的评价方式。不断拓宽研究领域，进一步改善教学条件，提高先进教学手段的使用程度，改进和改善实践性教学，狠抓教学科研工作，加大对实训基地和实训室的建设力度，建设一批综合改革效果好的课程，发挥这些课程的示范和辐射作用，进而推进全院的课程改革和建设工作。

三、专业课程体系

资产评估与管理专业课程体系结构和内容的设计如下：

第一，职业课程体系包括基本素质课程模块和专业能力与素质课程模块两部分；

第二，依据“双模块原则”，职业能力与素质课程模块下设资产评估、资产管理两大课程模块；

第三，依据“厚基础”“有特色”“重实践”的原则，每一课程模块又分为基础课程、特色课程、实践课程三个模块；

第四，基础课程模块所涵盖的课程一般大致统一，实践课程模块所涉及的课程可以有所差异，而特色课程模块的课程应自主设置。

上述设计内容具体如图 1-1 所示。

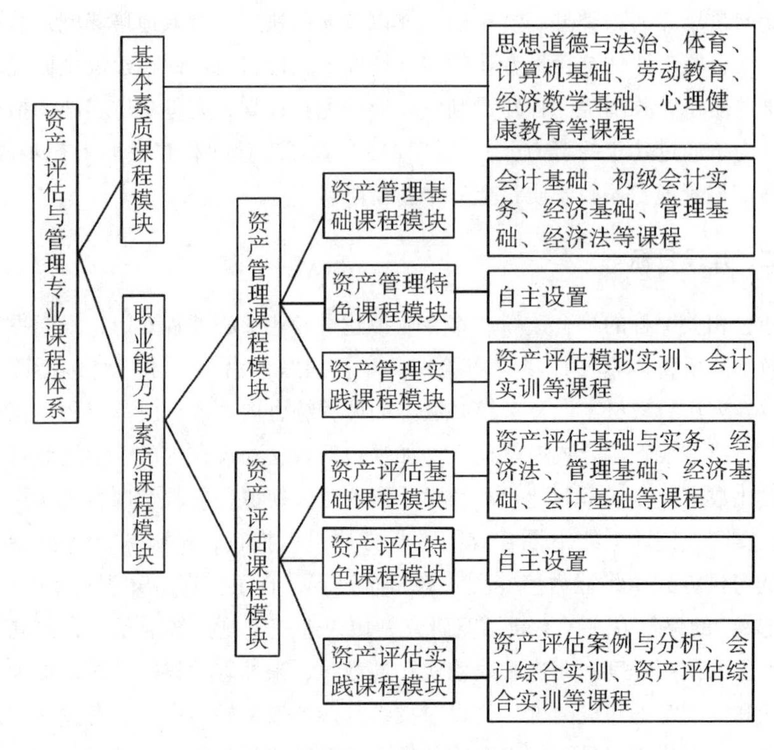

图 1-1　资产评估与管理专业课程体系图

四、建设内容和措施

（一）课程内容建设

课程内容建设是课程建设的核心，对整个教学工作有重要影响。在今后3~5年,课程内容建设主要完成以下工作：

（1）根据资产评估与管理专业综合性的特点，构建起完善的理论教学、实践教学环节课程体系。

（2）依托教材建设加强对本专业相关课程内容建设的力度，不断更新完善课程内容。

（3）力争每3~5年使本专业核心课程内容更新一次，结合本专业产业发展及社会需求分析，淘汰落后技术课程3门，增加新技术课程3门。

（4）不断修订课程标准，争取专业课程涵盖所有企业使用的主流技术和未来1~2年的主流技术。

（二）课程标准建设

课程标准是教师教学的重要文件、纲领性文件，对规范教学内容至关重要。在未来3~5年，课程标准建设主要完成以下工作：

（1）根据资产评估与管理专业课程体系要求，制定（完善）6个课程标准，以对课程教学内容进行规范和界定。

（2）每3年根据技术发展的需求，对课程标准进行一次更新。

（3）制定资产评估与管理专业课的理论、实训等考试标准，并制定相应的实施细则，以规范考试行为。

（三）教材建设

课程建设要以教材建设为依托，教材是课程建设的基础，二者相辅相成。在未来3~5年，教材建设主要完成以下工作：

（1）制定本专业教材建设规划，对未来5年的教材建设工作进行规范。

（2）结合本专业相关产业的发展情况，密切关注行业企业的技术热点和发展动向，争取3年更新一次教材。

（3）出版校级以上教材2本，其中，争取省级优秀教材1本，教育部“十四五”规划教材1本。

（4）根据教学需要，每年自编教材1本。

（四）数字化教学资源建设和在线教学开展

充分利用我院专业教学资源库平台、在线开放课程及网络课程平台，结合资产评估与管理专业特色，采用网络教学手段，大力加强数字化教学资源建设，鼓励教师线上教学、学生在线学习。

（1）争取建成1~2门院级以上在线开放课程，参与完成院级以上课程改革3项以上。

（2）积极建设本专业数字化在线资源，参与或主持1~2个院级以上职业教育专业教学资源库建设。

（3）教师教学资料上网，包括教学计划、课程标准、课表、课件、教案、教学录像、教学参考书（电子）、案例、题库、参考网站、课外补充材料、教师个人信息、行业信息等内容，以方便在线教学的开展。

（4）学生教学资料上网，如学生名单、学生课业获奖作品、学生项目案例、学生反馈意见、学生选课信息等。

（5）积极探索翻转课堂教学模式，将课程中的一部分内容作为在线学习部分，激发学生的求知欲，锻炼学生独立分析和解决问题的能力。

（五）师资队伍建设

根据课程建设的目标，制定每位教师未来的课程建设规划，明确教师自身的任务，培养一批专业带头人和骨干教师，提升本专业课程教学效果。

(1) 继续完善青年教学指导教师制度，对新引进教师加强指导和帮助，使他们尽快成长，适应教学工作。

(2) 加强对教师的培训力度，通过采取举办各种讲座、听课、到企业培训等方式，使其迅速掌握行业新技术。

(3) 鼓励教师参加各种教学比赛，争取在教学能力大赛及各类教师大赛中获省级以上奖励2项以上。

(4) 协助教师全面发展，力争培养院级以上教学名师1人。

(5) 实行政策倾斜，激励教师投身骨干课、核心课、实训课教学。

(六) 教学环境建设

(1) 充分利用数字化教学资源，根据教学实际，开设课程原则上应开展多媒体教学，专业核心课程原则上采用在线开放课程、网络课程等在线方式进行教学。

(2) 加大实训室建设力度，在未来2年主要建成1个资产评估综合实训室、1个智能估值评价中心。

(七) 教学方法改革

为适应课程建设需要，教研室要组织教师加强学习，建构科学、先进的教学方法与手段，积极探索新的考试模式，提高教学质量。

(1) 教学方法及内容的改革：加强慕课、微课、翻转课堂教学，项目驱动教学，案例式教学，讨论式和场景式相结合的多模式教学方法的实施力度。

(2) 规范实践教学环节，完善各种监督考核措施，增强实训效果。

(3) 加强第二课堂的建设和对学生的课外指导，以技能大赛为抓手，把学生的精力引导到专业学习上来。

(4) 探索在线考核与课堂考核相结合的考核方式，以及机试与笔试相结合的考试方式。

(八) 考试改革和建设

(1) 加大考试改革力度，注重对学生学习和发展过程的评价，如教师要更加关注对学生日常学习和发展的评价，即关注学生发展的过程，从而对学生给出科学的评价。

(2) 改革传统笔试模式，增加开卷考试课程数量，更加侧重对学生技能和综合运用知识能力的考核。

(3) 增加上机考试课程数量，学生除通过理论考核外，还要通过上机考核，要通过完成一定的项目来考核学生的动手能力和综合运用技术的能力。争取上机考试课程达到30%。

（4）开发在线考试系统，通过自动出题、自动阅卷、学生在线阶段测验和统一考试等方式提高考试效率。

（5）实行教考分离。为了切实提高教学质量，增强学校竞争力，强化任课教师的责任心，营造公平、公正的学习环境，大力推进教考分离，即承担考试课程教学任务的教师不为自己的授课对象出考试试题，而由有关部门指定的教师出题或从题库抽题的一种考试形式。经教研室批准，也可由任课教师组成出题小组出题。

（九）实践教学建设

（1）加强对实践教学环节的管理和监督。

（2）加强专业核心课程的实训力度，选派得力教师，采用经典案例对学生进行实训。

（3）增加阶段设计的项目，使学生在完成一定阶段的学习后，在教师指导下独立或合作完成一个项目的评估。

（4）加强对学生岗位实习的管理和指导，使学生能适应企业文化，强化就业技能。

（5）加强对学生业余项目开发的指导力度，激发学生学习专业的热情和兴趣。

（6）组织本专业技能大赛，围绕专业知识和项目开发，通过学生喜闻乐见的文化活动加强对学生专业学习的引导。

（十）教学科研建设

教学科研工作是课程建设的基石，能有效地推动课程教学建设工作的不断进步。未来3年，教学科研建设主要完成以下工作：

（1）根据资产评估与管理专业课程的需要，培养一批精于教学科研的骨干教师，力争做到每名教师都有科研开发能力，都能指导学生进行项目开发和综合实践。

（2）教研室每年完成3篇论文。

（3）教研室每年获得2项院级以上课题立项。

（4）教研室每年承担社会培训50人次。

第四节　安徽省高职院校承接提质培优行动计划项目——资产评估与管理高水平专业群建设方案

一、项目基本情况简介

（一）对应不同行业评估人才需要，专业组群建设成为可能

企业改制、资产重组、上市公司年度报告审计、家庭资产管理等都需要进行资产评估，资产评估事务所更急需大量的资产评估与管理人才；金融行业的投融资决策、风险管理、金融保险等同样要求从业人员具备相应的资产评估知识与技能；从价计税的国有土地使用权出让、土地使用权出售、房屋买卖等也需要对标的物进行资产估价。所有这一切，都使资产评估与管理、金融管理、投资与理财、税务等专业组群建设成为可能。

（二）对应评估职业分工逻辑关系，专业协同发展成为必要

资产评估事务所需要的是资产评估与管理综合性人才，金融和税务行业需要的是资信及从价计税等方面的专项评估人才。资产评估专业群内的资产评估与管理、金融管理、投资与理财、税务等专业之间的关系体现了不同行业职业分工的逻辑关系，在职业岗位群中任务分工比较明确，能够最大限度地满足评估职业岗位群对不同层次和类型的人才的需求。各专业方向能够体现出学生的职业生涯发展路径，体现出相关职业之间对胜任能力的综合培养路径，还能够实现专业群内教学资源和就业资源的优化配置，进而形成优势互补、协同发展的建设机制。

（三）对应经济社会发展人才需求，专业兼具稳定性和灵活性

1. 稳定性

根据经济发展对高素质专业技术技能人才的需求，学院分别于2004年、2009年、2015年、2019年设置资产评估与管理、金融管理、投资与理财、税务等专业，并于当年开始招生，各专业招生规模每年稳定在100人左右，入校报到率超过90%，学生专业思想稳定，专业学习兴趣浓厚，毕业生就业率超过95%。其中，资产评估与管理专业2011年被批准为省级特色专业，以及“中央财政支持高等职业学校提升资产评估与管理专业服务产业发展能力项目”，学生就业对口率、用人单位满意度、学生就业满意度高。

2. 灵活性

从专业人才需求面来看，随着经济社会的发展，资产评估服务领域不断拓展，几乎涵盖了国民经济的所有行业及社会经济的各个领域，对复合型、技术技能型资产评估专业人才的需求也不断增加。从专业设置来看，群内四个专业在高职高专专业目录里属于财经商贸大类，而资产评估与管理、税务两个专业属于财政税务小类，金融管理、投资与理财两个专业属于金融类。不管是大类还是小类，专业设置都有相当大的拓展空间。在保持专业相对稳定的前提下，要灵活设置相关专业，主动适应产业发展的多样化需求，不断优化专业群结构。

（四）师资队伍数量充足且结构优化，充分满足专业教学需要

1. 师资数量

校内专任教师 58 人，校内兼职教师 20 人，校外兼职教师 12 人，校外兼课教师 10 人，充分满足教学需要。由于 2020 年 5 月专业群整合，资产评估与管理专业新增 3 个专业：房地产智能检测与估价、房地产经营与管理、现代物业管理，新增 8 名专业教师。

2. 师资结构

①学历结构：具有研究生学历或硕士学位的教师占 80%以上。

②职称结构：教授 2 人，副教授 14 人，讲师 8 人。

③双师结构：高级双师 15 人，中级双师 8 人，初级双师 2 人。

④年龄结构：中青年教师占比为 70%。

3. 教学团队

省级教学团队：金融管理教学团队、资产评估与管理教学团队均为省级教学团队 。资产评估名师工作室为院级名师工作室。

4. 名师新秀

本专业有省级教学名师 1 人，省级教坛新秀 3 人，省级线上教坛新秀 1 人，校级教学名师 1 人。

（五）实习实训设施软件配套齐全，基本满足实践教学需要

1. 校内实训

本专业拥有金融、理财、资产评估、税务技能 4 个综合实训室。

2. 校外实习

本专业拥有 17 个校企合作校外实践教学基地。

（六）技能大赛科研成果初步显现，赛教赛学与教研科研相互促进

1. 技能大赛获奖

近 5 年来，本着以赛促训、以赛强技、课赛融合的原则，本专业积极组织

学生参加各级各类比赛，共获得10个一等奖、32个二等奖、42个三等奖。

戴小凤、李娜、王佳、李程妮等老师2018年、2019年、2020年指导学生参加“国元证券杯”安徽省大学生金融投资创新大赛，获得6个一等奖、12个二等奖、29个三等奖。戴小凤、李娜、周姗颖老师指导学生参加2020年安徽省大学生财税技能大赛，获得3个一等奖、7个二等奖、2个三等奖，3位教师获评优秀指导教师。王佳等老师2019年指导学生参加安徽省职业院校技能大赛银行综合业务项目，两支队伍均获团体二等奖；2018年指导学生参加安徽省职业院校技能大赛银行综合业务项目获团体二等奖。李程妮等老师2019年指导学生参加“安徽省职业学院银行综合业务技能大赛”，获得了2个二等奖；2019年指导学生参加“2019年全国高等职业院校银行业务综合技能大赛”获得三等奖。高洁老师指导学生参加第四届安徽省“互联网+”大学生创新创业大赛，获得就业组铜奖。王宏莹等老师指导学生在2018年安徽省职业院校技能大赛工程测量中获得4个团体三等奖。高洁等老师在2018年安徽省职业院校技能大赛识图比赛中指导学生获得团体二、三等奖。王宏莹等老师在2018年安徽省职业院校技能大赛中指导学生获得数字测图三等奖、一级导线三等奖、二等水准三等奖、工程测量二等水准三等奖。高洁等老师在第四届全国高等院校工程造价技能及创新竞赛工程计量中指导学生获得软件应用一等奖、团体三等奖。

2. 教研科研成果

近5年来，教学团队成员主持和参与国家级、省级课题30项，其中服务安徽省审计行业的重点课题8项；教学团队成员发表论文40多篇。2020年资产评估基础与实务、统计基础、纳税实务、理财规划与实务、经济学基础五门课程获批省级示范课。2020年“新冠疫情下‘双线混融’教学的优化实践”获评安徽省线上教学成果一等奖，教学成果在全国高职高专校长联席会议中入选优秀案例。在2020年安徽省高职院校教学能力大赛中，戴小凤等3位教师获得二等奖，高洁、王佳等老师获得三等奖2项。团队成员参加了高等职业教育金融专业国家教学资源库的建设工作和互联网金融专业国家教学资源库互联网证券课程建设。

（七）产教融合校企合作不断深入，工学结合双元育人持续推进

投资与理财、金融管理两个专业与黄埔控股集团和深圳国诚投资有限公司开办了“安审黄埔订单班”和“国诚班”两个订单班，并开展了“企业高管进课堂”“看盘技巧”“期货投资与实务”“互联网金融”等教学活动。

2019年1月，资产评估专业与安徽安铝科技发展有限公司签订了产学研

合作协议，明确校方为企业提供财务咨询和资产评估等服务，企业为学生提供实习实训指导，并为资产评估专业毕业生提供相关就业岗位。

二、项目建设目标

（一）总体目标

总体目标是，围绕建设高水平高职院校和专业群建设的新要求，遵循高等职业教育发展规律和学生成长规律，根据学院规划与专业群建设的要求，结合各专业特点，以资产评估与管理专业为龙头，以金融类专业、税务专业为两翼，以“产教融合、校企合作、工学结合、知行合一”的人才培养模式创新为主线，健全对接产业、动态调整、自我完善的专业群建设发展机制，促进专业群资源整合和结构优化，发挥专业群的集聚效应和服务功能，实现资产评估人才培养供给侧和产业需求侧结构要素全方位融合；支撑区域支柱产业发展，在校企合作、专业联动、专业发展、教学条件、课程建设、双师队伍、三教改革、学生成长等方面获得提高，努力把资产评估专业群建设成为在省内具有示范引领作用的高水平专业群。

（二）具体目标

1. 专业设置

（1）产业匹配。

根据区域经济社会发展对资产评估人才的需求，力争再申报一个新专业，或优化其他相关专业加入资产评估与管理专业群。

（2）学生就业。

在提高专业群毕业生就业率的同时，注重在大学生的就业教育过程中，培养大学生个体积极的心理状态，提高毕业生在未来职业生涯中的竞争力。

2. 人才培养

（1）重点专业建设。

一是力争把资产评估与管理专业打造成国家级高水平专业；二是积极争取把金融管理专业打造成省级特色专业。

（2）现代学徒制试点。

积极争取把资产评估与管理专业群建成省级现代学徒制试点。一是加强实践教学基地建设，筹建智慧财经工场—资产评估中心、智能评估共享中心和资产评估职业技能鉴定中心；二是加强技术技能平台建设，筹建移动云教学平台和资产评估综合服务云平台。

（3）“1+X”证书制度试点。

在校生取得“X”证书人数力争达到50%。

（4）精品课程建设。

一是建成1~2门省级在线开放课程；二是建成4~5门省级示范课；三是参与开发1个专业教学资源库。

（5）教材与教法改革。

一是校企合作开发具有评估特色、基于信息技术并配套数字化资源的教材1~2部；二是充分运用线上教学平台，开展个性化教学；三是运用现代信息技术，采用线上线下相结合的混合式教学方法；四是“三阶段”实践教学改革。

（6）教学能力大赛。

积极参加省级及以上教学能力大赛，争取获奖3项，力争获一等奖或二等奖1次。

（7）创新创业。

加强创新创业教育，校友毕业三年内创业率争取达5%以上。

（8）教学成果。

积极申报教学成果奖，争取获省级教学或社科成果一等奖1项，力争在国家科技进步奖上实现零的突破。

（9）技能大赛。

积极参加专业技能大赛，力争在B类赛事中多获奖项，其中省级技能大赛获奖不少于2项，力争一等奖1项。积极参加全国职业技能大赛，力争获奖，实现零的突破。

3. 师资队伍

（1）制度建设。

加强制度建设，参与制定“双师型”师资队伍建设规划。

（2）师德师风建设。

加强党的领导，强调立德树人。

（3）名师打造。

主要是提升群和群内各专业带头人的知识能力和水平，培育1名省级教学名师。

（4）教学团队建设。

实施“名师培育工程”，打造教学创新团队。一是制定教学团队建设规划；二是积极引进技能大师1~2人；三是努力培养骨干教师2~4人；四是积极开展学术交流研究或专业培训；五是按规定选派老师到企业锻炼；六是团队成员至少主持或参与1项省级教研科研项目。

（5）“双师型”队伍建设。

专业课教师“双师型”比例达80%以上，其中高级双师占30%左右。

4. 研发服务

一是积极参加课题研究或公益培训，技术服务到款项每年争取1万元；二是专业培训鉴定争取达到每年100人次；三是继续教育规模争取达到每年150人左右；四是力争申报省级评估职业教育师资培训基地。

三、项目建设方案（含项目成果在全省高校示范推广计划）

（一）立德树人，牢牢把握意识形态工作领导权

全面贯彻党的教育方针，落实立德树人根本任务，围绕“培养什么人、怎样培养人、为谁培养人”这一教育根本问题，加强社会主义核心价值观教育。牢牢把握意识形态工作领导权、管理权和话语权，德技并修，努力培养德智体美劳全面发展的社会主义建设者和接班人。

（二）产教融合，建立动态优化的专业结构

在专业群建设过程中，资产评估人才培养的基础定位相对稳定，为群内专业发展打下良好基础。专业群在建设发展过程中，持续聚焦、面向服务，以利于办学传统的形成和特色文化的积淀。伴随区域经济新产业、新业态的不断出现，专业群建设依托校内外的办学和教学资源，动态调整专业构成或专业方向，新设或调整相关专业，使整个系统更富有弹性和生命活力。

（三）校企合作，建立开放共享的基地平台

1. 加强校内实训基地建设

一是各专业在原有实训室的基础上，增加资产评估实训功能；二是新建资产评估与管理专业群综合实训室。

2. 加强校外实践基地建设

在原来的基础上再联系10～15家资产评估事务所、税务师事务所和金融单位作为校外实践教学基地。

3. 校企共建共享实训培训综合平台

在服务企业资产评估技术进步和创新等方面，联合企业积极承接有关科研项目，开展课题研究，协助解决企业技术难题，促进技术应用成果转化，助力企业提高生产效益，增强企业活力和竞争力，使校企双方在服务过程中都获得价值提升。充分发挥资源集聚优势，强调人才培养与培训服务一体化，聚焦区域经济社会发展，服务区域中小企业人力资源开发，共建共管企业职工培训中心，面向企业职工开展岗前、在岗和轮岗培训，面向社会合作开展职业技能培

训和鉴定，校企合力打造区域人才培养和培训服务品牌。

（四）工学结合，重构系统完备的课程结构

专业群建设最核心的任务就是以群入手，重构课程体系。根据资产评估专业能力需求，结合社会资产评估机构、金融和税务等行业对资产评估能力的素质要求，专业群建设在产教融合人才培养模式下，对专业课程进行分类和整合，将专业课程分为可共享、可融合、可互选三个层次，把学生过去很少涉猎的专业外知识纳入课程体系，以利于学生了解职业整体情况，形成创新思维和综合素养，进而影响其职业生涯的岗位迁移与持续发展。

1. 专业群课程结构

专业群课程体系重构坚持底层可共享、中层可融合、上层可互选的有机组合原则。

底层可共享课程主要是指群内各专业所共同必须有的知识、技能和素质，面向群内所有专业学生开设，主要是帮助学生形成对职业领域的整体认知，掌握职业通用能力的课程，如经济学基础、会计基础、金融基础、资产评估概论等专业基础课。中层可融合课程主要是指依据各专业所对应的职业岗位所需的核心职业能力确定课程安排，面向本专业学生开设，使学生具备从事专业领域内各岗位的职业能力，如理财规划实务、银行综合业务、保险实务、资产评估案例等。上层可互选课程是指密切跟踪产业发展和市场需求，实时开发和更新模块课程，供学生根据个人兴趣和职业规划选择学习的专业拓展课程，如纳税筹划等。新的专业课程体系实现从宽口径职业领域到专门化就业岗位的人才培养，为学习者构建起通往某一种职业岗位的学习路径，将学习者的学习路径与就业目标及职业生涯发展联系起来，使学习与工作对接。

2. 专业课程结构

一是积极申报省级精品课程或MOOC，针对专业核心课、专业基础课、专业拓展课等不同类型课程，努力争取每个专业基本具备国家级、省级、院级精品课程的三阶梯模式。二是通过课件、案例、习题、动画和视频制作，不断更新教学内容，提升课程教学品质。三是推进课程主讲教师制度，由主讲教师完成课程资源，并在专业群内实现课程资源共享。

（五）知行合一，实行“1+X”证书培训考试

联合中联集团教育科技有限公司，依托大数据、云平台等高科技，结合“1+X”证书制度试点，支持社会共享教学资源建设。社会共享教学资源建设是依托大数据、云平台等企业化真实办公平台，将企业业务引入校园，通过校内实训、实习，积累教学资源，将优质核心课程建成信息化课程。同时引入

“1+X”证书制度试点，通过互联网化的思维，引进“1+X”优秀教学资源。面向校内师生供其学习，面向校外提供培训，打造社会共享的教学资源。

每一批次“1+X”证书培训都安排专业教师先参加培训，后续再指导学生参加培训考试，使学生毕业时有超过30%的同学具有与本专业相关的1个职业资格证书或技能等级证书。

（六）系统思考，打造高水平结构化教学团队

人才培养，教师是关键。资产评估与管理专业群将四个不同的专业按照职业联系组合在一起，既资源共享、相互融合，又各有定位、系统完整地实施人才培养。根据专业群内各专业教师的专业结构，结合专业群服务面向的职业岗位方向，整体优化师资队伍结构，打造结构化的教学团队。

一是打破专业界限，创新教学团队。改变传统专业教研室组织方式，面向不同职业岗位方向，根据不同课程模块组合，优化教师结构，选择同一方向、模块的教师组成教学创新团队。

二是加快师资培育。充分发挥教学名师、技能大师等专业带头人和专业骨干教师在教育教学中的领头雁作用。

三是发挥教师团队协作优势，提升教育教学水平。团队协作能更加有效地开展教育教学研究、技术创新和技术服务，从而提升教师队伍整体水平。

四是专业组群建设为教师轮流参与企业实践提供了可能。有计划地安排教师轮流到企业实践锻炼，使他们能够及时掌握产业发展动向，提升企业一线生产实践能力。

五是让教师走出去多参加教学能力提升培训。鼓励年轻教师每年参加校内教学能力比赛的选拔，对已获奖的教师不断完善参赛作品，争取提高获奖等级。

六是提升团队成员系统思考能力。专业群是一个系统，不仅要向系统外输送高素质人才满足用人需求，同时也要及时从系统外汲取能量信息，使群内各专业结构关系、培养模式、课程体系、实践条件等要素不断完善，而师资是其中的关键，团队成员必须具备系统思考能力，既要考虑到专业内部课程之间能力培养的逻辑关系，又要考虑专业之间、专业群之间、产教工学之间、教师个人与团队之间的融合和协同。

（七）课堂革命，积极推进教材、教法与考法改革

1. 教材建设方面

鼓励教师与企业合作，共同编写适合学生、紧贴岗位的应用型教材；探索编写新型活页式、工作手册式教材；规范教材选用制度，及时修改调整教材内容，保证教材的前沿性和先进性；积极参与规划教材编写。

具体来说，资产评估专业群依托校企合作实践基地，编写2本特色教材，分别为《资产评估与管理》《智能估值数据采集与应用》（“1+X”证书培训教材）；开发2门共享课程，分别为资产评估与管理、管理学；投资与理财专业和金融管理专业努力打造1门省级精品在线开放课程；税务专业建设省级精品在线开放课程1门，打造MOOC示范课程1~2门。

2. 教学方法改革方面

授课教师要不断收集和开发课程电子教学资料，改进和完善已有的多媒体课件；组织有关教师进行调研，探讨与现代高等教育相适应的本课程教学方法；采用现代化教学手段综合运用案例教学、项目化教学、启发式教学、讨论式教学等教学方法，强化教学与实训的融合，不断提升教育教学质量。

3. 考核方法改革方面

一是加强过程考核，探讨以证代考制；二是针对参加专升本考试的同学，尝试以校内实训代替顶岗实习或毕业实习。

（八）健全机制，努力提高专业技能竞赛水平

课程建设分阶段进行，逐步推进精品课程。继续探索课程主讲教师制度，由主讲教师完成课程资源，并在专业群内实现课程资源共享。在此基础上通过优化资源配置，逐渐建设一批校级及省级精品课程。

投资与理财专业争取省级技能大赛至少获奖2个，力争一等奖1个，全国职业技能大赛力争获奖1个，实现零的突破。金融管理专业积极参加各类技能竞赛，努力提高获奖比例及等级。省级技能大赛至少获奖2个，力争一等奖1个。全国职业技能大赛力争获奖1个，实现零的突破。

（九）多方协同，建立可持续发展的运行机制

1. 建立适应专业群建设的组织架构和管理运行机制

主要任务是妥善处理好校内各专业、专业群之间的关系。

2. 建立专业群及内部专业动态调整机制

及时跟踪区域经济社会发展变化，随着企业人才需求的不断变化，及时调整专业群和群内各专业的方向设置。

3. 建立基于专业群的教学诊断与改进机制

持续提高专业群与产业、教学过程与生产过程、课程内容与职业资格的对接程度，提高专业群人才培养目标与企业岗位需求的吻合度、教学资源对人才培养的保障度，以及学生、家长、企业、社会等各方对教学质量的满意度。

4. 建立评估技术推广应用机制

发挥资产评估专业群的引领带动作用，探索高职教育由传统的办学模式向

政府、行业、企业和社会共同参与的模式转变的路径，通过采用办学模式和产教融合、校企合作的人才培养模式，积极推进资产评估技术的应用与推广，为促进经济社会发展提供优质人才资源支撑。

四、项目建设进度安排

项目建设进度安排见表 1-4。

表 1-4　项目建设进度安排

内容	建设任务		2021 年	2022 年	2023 年
1. 专业设置	产业匹配	申报一个新专业或优化专业群	调研：区域经济发展行业企业和高职院校	撰写材料	召开论证会 组织申报
	学生就业	提高本地就业率	就业创业教育	岗位实习	自荐推荐相结合
2. 人才培养	重点专业	资产评估与管理专业申报国家骨干专业	学习调研	准备材料	论证申报 国家骨干
		金融管理专业打造成省级特色专业	学习调研	准备材料	论证申报 省级特色
	校企合作	深化企业合作	学习调研 联系企业	制定校企合作相关文件	在课程建设、学生培养、教学资源等方面深度合作
		智慧财经工场—资产评估中心			建成智慧财经工场—资产评估中心。通过把资产评估事务所的真实业务以及各类现代财经服务任务引入校园，再现真实工作场景和工作流程，引入行业专家，建设以规范性实践教学体系
		智能评估共享中心	建成智能评估共享平台，引入“智慧评估云平台”真实工作平台，支撑岗前业务训练	构建校企共营事务所工作中心。将企业真实时效性工作任务，通过业务系统推送到学校，满足学生校内实习的需求	建成智能评估共享中心，服务于区域评估值业务，投资决策分析等业务，支撑学生自主创业就业
		资产评估职业技能鉴定中心		建成资产评估职业技能鉴定中心。实现资产评估类“X”证书认证	
		移动云教学平台			建成智能互联网教育生态系统平台，打通教育链与产业链，实现学生学习与老师授课的立体化全覆盖体系，引入新科技数字经济时代价值估值典型业态内涵
		资产评估综合服务云平台			建成智慧评估云平台

表1-4(续)

内容	建设任务		2021 年	2022 年	2023 年
2. 人才培养	"1+X"证书制度	毕业生取得"X"证书人数达到40%	安排教师培训 参编培训教材	鼓励学生 参加培训	提高毕业生 "X"证书通过率
	精品课程建设	开发2门省级在线开放课程	1. 组建课程建设团队 2. 制定课程建设规划	1. 完成课程内容梳理 2. 校企联合完成基础资源建设	校企联合完成 1. 30条以上微课视频 2. 1门慕课等信息化资源建设
		开发1门专业教学资源库	1. 搭建1个专业教学资源库框架 2. 制定1个专业资源库建设方案	1. 校企联合进行专业标准、调研报告等专业资源库的建设工作 2. 校企联合进行行业标准、就业信息等企业资源库的建设工作	完成3门信息化课程的资源库的建设工作
	教材与教法改革	校企合作开发具有财经特色、基于信息技术的教材及配套数字化资源	制订教材编写计划	完成1本教材的编写及配套资源建设	完成2本教材的编写及配套资源建设
		运用线上教学平台，开展个性化教学改革	制定在线开放课程个性化教学改革方案	完成1~2门专业基础课程的个性化教学改革	完成1~2门专业核心课程的个性化教学改革
		运用现代信息技术，采用线上线下相结合混合式教学方法	制定专业课混合式教学改革方案	完成1~2门专业核心课程混合式教学改革与实践	完成1~2门专业核心课程混合式教学改革与实践
		"三阶段"实践教学改革	制定实践教学改革方案	完成2~3门课程的课内实践教学设计、实施与评价	完成学期综合实践教学改革项目1~2个
	教学能力大赛	打造团队 积极参赛	组队参赛，争取获奖	争取二等奖	争取一等奖
	创新创业	校友毕业三年内创业率争取达5%	1. 加强创新创业教育 2. 宣传创业政策扶持	加强创新创业教育宣传和创业政策扶持	加强创新创业教育宣和传创业政策扶持
	教学成果	争取省级教学或社科成果一等奖1项	三等奖	二等奖	一等奖
	技能大赛	力争省级一等奖		二等奖或一等奖	二等奖或一等奖

表1-4(续)

内容	建设任务		2021 年	2022 年	2023 年
3. 师资队伍	制度建设	“双师型”教师队伍建设规定	学习调研 参与起草	完成评估专业群“双师型”教师队伍建设制度	
	师德师风	加强师德师风建设	1. 专题讲座2次 2. 交流研讨会2次	1. 专题讲座2次 2. 交流研讨会2次	1. 专题讲座2次 2. 交流研讨会2次
	名师打造	实施“名师培育工程”，打造高素质专业群建设带头人及专业带头人	制定专业群建设带头人培养规划	1. 培养1名省级教学名师 2. 培养1名校内专业群建设带头人 3. 培养4名校内专业带头人 4. 公派培训1次以上 5. 主持1项省级以上研究项目	1. 培养或引进2名高素质企业专业带头人 2. 公派培训1次以上 3. 主持1项省级以上研究项目 4. 完成1门课程的教学资源建设工作 5. 指导学生参加大赛获省级以上奖项 6. 参加2次以上学术交流或专业培训
	教学团队	实施“名师培育工程”，打造高素质教学团队	制定教学团队建设规划	1. 引进技能大师2人 2. 培养骨干教师4人 3. 至少2次学术交流研究或专业培训 4 按规定到企业锻炼 5. 主持或参与至少1项省级教研科研项目	1. 引进技能大师2人 2. 培养骨干教师4人 3. 至少2次学术交流研究或专业培训 4. 按规定企业锻炼 5. 主持或参与至少1项省级教研科研项目
	“双师型”师资队伍	实施“双师培养工程”，建设高水平“双师型”教师队伍	1. 引进教师1人 2. 晋级高级职称1人 3. 双师型教师比例达到70%， 4. 专任教师至少到企业锻炼1个月 5. 新聘企业兼职教师2~3人	1. 引进教师1人 2. 晋级高级职称1人 3. 双师型教师比例达到75% 4. 专任教师按规定到企业锻炼 5. 新聘企业兼职教师2~3人	1. 引进教师1人 2. 晋级高级职称1人 3. 双师型教师比例达到80% 4. 专任教师按规定到企业锻炼 5. 新聘企业兼职教师2~3人

表1-4(续)

<table>
<tr><th>内容</th><th colspan="2">建设任务</th><th>2021 年</th><th>2022 年</th><th>2023 年</th></tr>
<tr><td rowspan="6">4. 研发服务</td><td rowspan="3">技术服务</td><td>探索设立校企共建智能评估咨询服务中心</td><td>前期调研</td><td>运营探索</td><td>逐步完善</td></tr>
<tr><td>探索建立校企合作智慧财务信息化训练中心</td><td>前期调研</td><td>运营探索</td><td>逐步完善</td></tr>
<tr><td>技术服务</td><td>技术服务</td><td>技术服务</td><td>技术服务</td></tr>
<tr><td>培训鉴定</td><td>培训鉴定达300人次</td><td>与行业龙头企业合作，建设1个“1+X”证书试点</td><td>完成100人次职业资格等级鉴定</td><td>完成200人次职业资格等级鉴定</td></tr>
<tr><td>继续教育</td><td>继续教育达200人次</td><td>—</td><td>继续教育50人次</td><td>继续教育150人次</td></tr>
<tr><td>职教师资培训基地</td><td>申报省级资产评估与管理专业职教师资培训基地</td><td>调研论证</td><td>准备材料</td><td>组织申报</td></tr>
</table>

五、预期成果（含主要成果、特色）

（一）教育教学改革，建设“课证合一、第三方考核评价、持续改进”的课程体系

在专业群建设中，学院根据就业岗位群技能分析，在企业导师的指导下，落实了“课证合一、第三方考核评价、持续改进”的课程体系。每一教学模块中，根据岗位职业技能培养的要求，制定相应的知识目标、技能目标及实践训练项目。

在专业群中全面推行职业能力与教学内容相融合的模式，通过对理论与实践教学内容的全面梳理，在保证高职教育必要的文化思想素质和岗位适应能力的培养前提下，将职业资格证书要求的“应知”“应会”内容融入教学体系与教学内容中，从教学整体设计上来保证毕业生实践能力的提高和职业任职资格的落实。校企合作企业不仅要参与培养目标、教学计划、教学内容和培养方式的研究和确定，而且要承担与企业相关的培养任务。

（二）团队建设

围绕高水平专业群建设目标和评估高技能人才培养要求，结合学校名师培养工程项目，培养一批社会知名度高、行业影响大的省级教学名师、技能大师、专业带头人和骨干教师，建成一支由解决技术难题的大师、具备熟练操作技能的企业导师和一批既能熟练讲授专业理论，又能传授专业实践技能的教学能手组成的专兼结合的高水平师资队伍。

（三）专业特色

通过深化校企合作，深度与合作企业推进“双元合作、协同育人”机制，落实校企深度合作，实施“学、研、产”三位一体的创新人才培养模式，全方位、多途径提升学生自主学习、终身学习、团队协作、创新创业的能力。与国家标准对接，针对行业岗位需求，构建以核心职业能力培养为主线，“基础通用、模块组合、各具特色”的专业课程体系，开发具有特色的人才培养标准和课程标准。围绕专业群建设目标，建成教学资源库，建设1~2门省级优秀在线课程。

（四）校企合作实践基地建设

与国家标准对接，针对行业岗位需求，校企共建全国先进水平的实践基地，构建“学、研、赛”一体化的开放共享型智慧财经工场、智能评估共享中心、资产评估职业技能鉴定中心、移动云教学平台、资产评估综合服务云平台。

（五）社会服务

发挥专业群师资团队、智慧财经工场、智能评估共享中心、资产评估职业技能鉴定中心、移动云教学平台、资产评估综合服务云平台和校企合作实践基地的优势，搭建学校、企业、行业公共服务平台，加强应用技术研发、科技成果转化和社会培训服务，计划完成教学成果奖1项、省级以上科研成果1项、专利2~4项。

建立大学生劳动素养与技能发展均衡的课程体系，将劳动素养、美育课程纳入课程体系，确保在校大学生每学期参加劳动及社会实践不少于32学时，年均参与人数实现专业群所含专业全覆盖。

（六）辐射带动

1. 优质核心课程建设

在现有开设课程的基础之上，积极开展优质核心课程建设和精品课程建设工作，同时进行部分课程标准的修订及编写。建成教学资源库，建设1~2门省级优秀在线课程，完成新形态校企合作教材。

2. 师资队伍建设

充分发挥专业群师资队伍建设示范作用，带动专业群内相关专业发展。完成教学团队教育教学科研成果展示，务求在教学科研、实践上对全校教师起到示范、引领作用。举行名师培养对象课例展示活动，加强网络平台建设，实现教学资源共享。

六、所在单位支持与保障措施

（一）加强领导，落实责任，建立健全组织机构

成立项目建设领导小组、工作小组、监控小组。工作小组下设具体项目组，责任落实到人。加强对项目建设的领导、监督，及时协调解决项目建设中遇到的困难和问题，为项目建设提供组织保障。

领导小组由学院领导担任。各具体项目小组负责人由各专业教研室主任、专业带头人担任，成员包括专业群教师，负责整合各专业资源，保障项目进行。

项目建设监控小组包含财务、纪检等部门，主要保障项目任务质量及资金安全。

（二）规范管理，建立高效运行机制

采用项目分级管理方式，把专业群建设项目分解为几个子项目，各子项目再划分为若干个任务，每个任务再划分为若干个建设点。每个子项目负责人制订进度计划，总负责人进行跟踪，确保各子项目按照既定的质量标准按时、按量完成。

（三）加强培训，打造一流项目团队

组建项目团队及子项目建设团队，制订培训计划，对项目负责人和团队成员进行项目管理、实施等方面的培训。通过培训，提高项目负责人对项目的整体操作能力，及时跟踪项目进展，有效监督项目计划和预算，增强质量和控制意识，降低风险，最大限度地发挥建设项目的效用。在项目建设中，团队成员明确自身在其中的职责，提升团队成员的工作效能，确保项目的顺利实施。

七、经费预算

项目建设的经费预算见表1-5。

表1-5　经费预算

序号	支出科目	金额/元	计算根据及理由	使用年度
1	人才培养模式改革	500 000	人才培养方案、专业标准、课程标准的调研、论证、制定	2021—2023
2	教育教学改革	500 000	教材、教法、教师的改革，混合式教学模式的研究与实践，课堂革命	2021—2023

表1-5(续)

序号	支出科目	金额/元	计算根据及理由	使用年度
3	师资队伍建设	500 000	教师培训学习、企业实践等费用	2021—2023
4	校内实训基地、校外实践基地	1 500 000	智慧财经工场、智能评估共享中心、资产评估职业技能鉴定中心、移动云教学平台、资产评估综合服务云平台和校企合作实践基地建设费用	2021—2023
5	新形态教材、共享课程、教学资源库建设	300 000	新形态教材、共享课程、教学资源库建设费用	2021—2023
6	全国、省级各类大赛	200 000	组织团队教师参加教学能力大赛，指导学生参加比赛的费用	2021—2023
7	社会服务能力建设	300 000	社会服务能力建设支出	2021—2023
8	相关成果的撰写、出版	200 000	论文、课堂革命案例的撰写、出版、宣传等费用	2021—2023
	合计	4 000 000		2021—2023

第五节　中央财政支持高等职业学校提升资产评估与管理专业服务产业发展能力项目建设方案

一、专业建设基础

(一) 资产评估行业发展现状

党的十七届五中全会审议通过的《中共中央关于制定国民经济和社会发展第十二个五年规划的建议》，从全局和战略的高度，对“十二五”时期加快经济和社会发展提出了明确要求。国家“十二五”规划提出规范提升商务服务业，大力发展会计、审计、税务、工程咨询、认证认可、信用评估、经纪代理、管理咨询、市场调查等专业服务，为资产评估行业的发展带来了新的机遇和有利条件。

资产评估是政府实施宏观经济管理的重要工具。资产评估行业经过 30 多年的发展，在经济社会中发挥着不可替代的作用，肩负着服务国有企业改革和维护国有资产安全的重任，在推动产权交易、规范资本运作、维护经济秩序、促进经济发展、有效预防腐败等方面发挥了重要作用。国家已赋予资产评估行业经济鉴证类服务重要职责，评估行业是社会主义市场经济的重要组成部分，是社会监督体系中的一支不可忽视的重要力量，是政府有效实施宏观经济管理的重要手段，也是市场配置资源的重要工具。

党的十六届三中全会提出要“积极发展独立公正、规范运作的专业化市场中介服务机构”。党的十七大报告中强调要“规范发展市场中介组织”。近年来，多位中央领导同志多次对评估业和评估工作做出重要批示，要求理顺管理体制，加强行业监管，加快评估立法。近两年来，财政部对资产评估工作也非常重视，出台了一系列推动行业规范发展的政策措施。谢旭人等财政部领导多次对评估行业和评估工作提出具体要求。这充分表明党中央、国务院对推进市场经济体制改革的坚强决心，体现了对社会中介机构的高度重视，为资产评估行业的发展指明了方向。

（二）人才需求

中国资产评估行业是在 20 世纪 80 年代末，伴随着改革开放大潮诞生的。经过 30 多年的发展，资产评估服务对象已由国有产权主体扩展为多种所有制产权主体，业务领域涉及企业价值评估、金融资产评估、无形资产评估、房地产评估等诸多新兴领域，尤其是在上市公司重大资产重组、关联交易、收购与出售资产、资产减值测试等业务及其信息披露、公允价值计量等领域。资产评估行业扮演了价值发现、价值判断、价值实现的重要角色。

中国的资产评估业从 1989 年正式诞生到现在，无论从行业规模还是从完成的业务量来看，都呈现出蓬勃发展的良好态势。据统计，从 1990 年到 2007 年，我国以企业兼并为目的的资产评估价值达到 7 483.68 亿元，以企业破产清算、拍卖出售、结业清算为目的的资产评估值达 3 216.42 亿元。然而，面对如此巨大的市场机遇，资产评估行业的从业人员数量却显得有些捉襟见肘。

随着经济活动范围的拓宽，会计师事务所、资产评估事务所等中介机构和企业事业单位、国有资产监督管理机关、司法机关、银行等机构从事资产评估、信用评估及管理咨询、产权交易、企业改制、资产抵押工作及其他经济管理工作的工作量日益增加，需要更多的从事资产评估和管理工作的实用型人才。资料显示，我国目前资产评估人才匮乏，不仅表现为专业人员数量的严重不足，同时现有资产评估从业人员的业务素质还有待进一步提高。目前，全国注册资产评估师人数为 3 万多人，其中一半以上人员同时具有注册会计师资格，他们的主要业务是审计业务而非资产评估，实际专门从事资产评估业务的人数不足 15 000 人。同时，资产评估从业人员 8 万多人，资产评估机构 3 500 多家。随着资产评估越来越广泛地介入经济生活，社会对专业评估人员的需求越来越大，行业和资产评估师在经济生活中的影响也越来越大。而产权交易、企业改制、司法实践、融资抵押、财产拍卖等活动，迫切需要大量从事资产评估业务的专门人才，现有的专业评估队伍远远不能满足社会的需要。为此，拓展资产评估与管理专业人才培养模式十分必要，培养出更多符合实际需要的复合型资产评估与管理专业人才已成为时代的需要。

（三）资产评估人员能力要求

1. 扎实的基础理论知识

资产评估的基本理论和方法是资产评估人员进行资产评估工作的基础。只有对资产评估的基本理论，如评估目的、评估原则、评估假设、价值类型等基本理论有透彻的理解和掌握，才能够应对纷繁多样的评估业务，做出恰当的理论判断，得到合理的评估结果。

2. 某专业领域较强的专业知识

由于资产评估对象种类众多，涉及众多专业领域，如机器设备、房地产、金融资产等，因此不可能要求每个评估师掌握各个专业领域的知识，但是每个评估师应该有自己擅长的某个领域，对该领域的知识有很好的掌握和理解。

3. 综合分析判断能力

资产评估对价值的评估，不仅是对其账面值的核实，还需要根据具体的市场环境和资产的使用状态等进行综合判断。这就要求评估师具备把基本理论知识应用于具体实践的能力，能够综合分析具体评估目的、资产状态，选择合理的价值类型，采用恰当的评估方法确定出资产评估价值。

对资产评估行业人才的需求与评估人员能力的要求为资产评估专业建设提供了方向。

（四）区域背景

2010 年 1 月 12 日，国务院批准实施《皖江城市带承接产业转移示范区规划》（以下简称《规划》）。这是我国第一个为促进中西部地区承接产业转移而专门制定的战略规划。《规划》明确了示范区建设的战略定位：合作发展的先行区，科学发展的试验区，中部地区崛起的重要增长极，全国重要的先进制造业和现代服务业基地。《规划》同时指出了示范区产业承接发展重点，即振兴装备制造业，加快提升原材料产业，加速壮大轻纺产业，着力培育高技术产业，积极发展与长三角联系紧密的现代服务业，建设现代农业。《规划》的颁布，对安徽来说是一个重大的发展机遇，要实施好《规划》，需要采取很多措施。其中，按照《规划》要求，立足示范区，大力发展高职教育，培养适应承接产业转移需要的高技能人才，是示范区建设的当务之急。

皖江城市带承接产业转移示范区是我国第一个国家战略层面的专门针对一个区域的产业转移示范区。安徽审计职业学院作为示范区内的高职院校，充分运用有关政策，增强办学实力，更好地服务承接产业转移。学院根据《规划》和《安徽省人民政府关于印发安徽省职业教育大省建设规划的通知》的文件精神，在示范院校、重点专业、重点实训基地建设，以及经费保障、费用减免和融资渠道等方面争取更大的政策支持。

同时，学院将根据教育部《关于以就业为导向深化高等职业教育改革的若干意见》的文件精神，坚持"以服务为宗旨，以就业为导向，走产学研结合道路"的方针，树立"以服务求支持，以质量求生存，以特色求发展"的办学理念，深化教育改革，为承接产业转移培养大批高素质的高技能人才。

学院主动适应市场需求，应对承接产业转移的新变化。根据承接产业和本地产业的需求，改进相关专业设置，扩大资产评估与管理等专业的招生规模，适应转移企业对高端技能型专门人才的需求。一方面，根据主导产业和特色产业打造骨干专业和特色专业；另一方面，根据产业结构变化和优化升级，改造"传统专业"和"夕阳专业"，开发新兴专业和"缺门专业"。

（五）现有基础

资产评估与管理专业是学院的主干专业和特色专业，现有在校生 275 名，近 3 年一次就业率达到 90%以上。近年培养的毕业生 85%以上获得职业资格证书，学生毕业后能够直接上岗，就业当年月薪均在 2 000 元以上，用人单位评价良好。

社会对资产评估人才的迫切需求，使该专业在校企合作、工学结合方面具有得天独厚的优势。该专业已与安徽宝申会计师事务所、安徽中辉资产评估有限公司、国信证券股份有限公司合肥马鞍山路证券营业部等 14 家企业签订了安徽审计职业学院经管系校外实习实训基地合作协议，实现了松散式订单培养。在与合作企业开展校企联合育人的过程中，与企业共同制定人才培养方案，从实际生产岗位职业能力的需要出发设置课程，初步形成了突出学生职业能力培养的课程体系。

该专业现有专任教师 15 人，其中，硕士研究生以上学历 9 人，副教授以上职称 4 人，有企业工作经历的 5 人，双师素质专业教师达到 60%以上；聘请了10名企业的专业人员担任兼职教师。

（六）建设优势

1. 资产评估与管理专业开设时间较长，积累了一定的办学经验

安徽审计职业学院具有26年的办学历史，其中，中专办学15年，大专和高职办学11年，在长期的办学过程中积累了丰富的办学经验。

学院的前身为安徽审计学校，1985年3月经安徽省人民政府批准成立，1989年之前主要是针对省内审计系统人员进行审计和资产评估业务培训。2004年6月，经安徽省人民政府批准成立安徽审计职业学院，为全国唯一一所高职审计院校。20世纪80年代，随着中国经济体制改革的不断深入与完善，资产评估作为我国一个独立的专业化市场中介服务行业得到长足发展，在规范资本运作、维护经济秩序、促进经济发展等方面发挥重要作用，已成为我国市场经济发展不可或缺的重要力量。2005年，经过专业调研，我院依托会计、财务管理等专业设置了资产评估与管理专业，并在当年面向全国招生50人，是安徽省为数不多的最早设置该专业的高职院校之一，积累了一定的专业建设经验。

2. 资产评估与管理专业生源好，就业前景广

由于全国只有我院一所高职审计院校，加之社会对资产评估人才的持续需求和我院良好的社会声誉，资产评估与管理专业生源素质较高。近3年来，我院招生录取分数线在全省均名列前茅，其中资产评估与管理专业生源充足，报到率高，一次就业率均在90%以上，很多用人单位纷纷来我院招聘该专业毕业生。也有部分毕业生自创资产评估事务所，在安徽省资产评估业内崭露头角。

3. 主管部门支持力度大，校企合作落实到位

我院隶属安徽省审计厅，在办学过程中得到了全省审计系统的大力支持。为了加强毕业生顶岗实习实践教学环节，2009年12月，省审计厅下发《关于建立实习生实习实训基地的通知》，直接推动了我院在全省市、县（市、区）审计机关建立审计相关专业毕业生实习实训基地，现已共建30多个校外实习实训基地，为我院实践教学打下了坚实基础。2010年9月，省审计厅下发《关于与审计职业学院共建审计实习实训中心的意见》，省审计厅和我院双方出资共建审计实习实训中心，承担全省审计人员的业务培训任务和我院学生的实习实训教学任务。近几年，我院与安徽华普会计师事务所、安徽宝申会计师事务所和安徽安平达会计师事务所等单位建立校企合作关系，实行“共建共享”的管理模式，初步实现了校企合作。

（七）主要差距

（1）师资结构不尽合理，专业带头人在资产评估行业的影响力不够，骨

干教师的企业经历少，“双师”素质教师数量不足。

（2）课程建设力度不够，基于资产评估工作过程的课程体系尚未形成。

（3）校内生产性实训基地数量少，设备配置不足，不能充分满足生产性实训的需要。

（4）学生岗位实习存在管理不到位等问题，没有形成有效的制度和管理办法。

二、专业发展与人才培养目标

（一）专业建设总体目标

安徽审计职业学院按照国家“十二五”规划和皖江城市带承接产业转移示范区规划部署，根据对资产评估行业特点和评估人员的能力要求的分析，结合财经类高职院校的特点和优势，即经济学、管理学等学科的教学力量和师资力量相对比较强，将专业建设目标定位为“建立校企合作、实境教学的人才培养模式；构建基于资产评估工作过程的课程体系；打造一支专兼结合的优秀教学团队；完善实习、实训基地建设；确定分段式教学组织模式；培养综合型评估人才和企业价值评估、以财务报告为目的的评估、无形资产评估、金融资产评估等高端技能型专门人才，使资产评估专业在全国同类高职院校中具有示范带动作用”。

（二）具体目标

1. 创新人才培养模式

依托资产评估工作现场和校内生产性实训基地，建立“校企合作、实境教学”的人才培养模式，在真实的工作环境中培养学生的职业能力，提高人才培养质量。

2. 构建基于资产评估工作过程的课程体系

根据资产评估职业岗位（群）的任职要求，参照资产评估行业职业资格标准，重构课程体系，改革教学内容。重点建设2门核心课程，其中1门达到省级精品课标准；同时开发3门核心课程的校企合作教材及与之配套的课件；与企业和同类院校合作，建设共享型资产评估与管理专业教学资源库，实现专业教学资源共享。

3. 建设结构合理专兼结合的优秀专业教学团队

培养1名专业带头人和2名骨干教师，专任教师达到20名，“双师”素质教师占70%以上；聘用企业兼职教师20名，形成结构合理的优秀专业教学团队。

4. 建设突出学生职业能力培养的校内外实习实训基地

建设资产评估仿真实训中心、单项实训室；综合实训室；加强实习、实训基地内涵建设，建立与完善实习、实训基地的管理与运行机制，形成实习、实训教学管理体系和评价体系；开发配套的实习标准和实训指导手册。

5. 提高社会服务与辐射能力

与企业合作，为合作企业培训员工，为审计系统审计人员继续教育提供支持。

（三）人才培养目标

培养德智体美劳全面发展，具有诚信品质、敬业精神和责任意识，具备较强的实践能力、创新能力和就业能力，掌握资产评估专业基本知识和操作技能，能在资产评估一线从事资产评估、房地产估价及二手车估价等相关工作，也可以从事房地产经纪、土地估价、二手车估价等相关工作的优秀高素质技能型专门人才。预期本专业在建设期内为安徽区域经济社会发展培养200名左右的资产评估行业的紧缺型人才，为区域和地方经济的发展提供人才支持，使我院成为安徽省资产评估行业高素质技能型人才的培养基地。

三、专业建设内容

（一）推进校企深度融合，创新人才培养模式

建立资产评估与管理专业校企合作专业建设委员会，在推进校企合作、工学结合、岗位实习的人才培养模式改革过程中，遵循“五个对接”的校企合作思路，即“学院对接行业（企业）、专业对接职业、课程对接岗位、教师对接师傅、学历证书对接职业资格证书”。课堂教学、校内实训、校外实习紧密结合，使职业技能培训效果更加显著，学生就业创业能力日趋增强，实现学校、企业、学生三赢。

1. 学院对接行业（企业），完善资产评估与管理专业教学指导委员会职能

专业教学指导委员会研讨校企合作途径、方法，提出人才合作共育建议；审定资产评估与管理专业人才培养方案，分析资产评估行业发展需求和职业岗位对人才的要求，确定专业培养目标及其岗位（群）所需的知识和能力；共建校外实习基地，协同安排实践教学，负责“双师型”教师培养；校企双方员工实行互兼互聘，共同修订实习教学计划；共同制定人才培养质量的评价标准。

2. 专业对接职业，校企共拟资产评估与管理专业人才培养方案

校企共建资产评估与管理专业，对高职资产评估与管理专业的人才培养目

标与规格进行准确定位，发挥培养目标在专业建设方面的目标引领作用。

3. 课程对接岗位，校企共同开发专业课程

以岗位职业能力标准和国家统一职业资格等级证书制度为依据，以培养学生的职业道德、职业能力和可持续发展能力为出发点，把岗位职业能力标准作为教学核心内容，与行业企业合作开发与生产实际紧密结合的核心课程和实训教材。以职业能力为导向改革教学方式，在教学过程中突出实践技能的培养，注重实践操作能力的考核。

4. 教师对接师傅，构建“双师”双向交流机制

校企共同制定《教师参加专业实践锻炼实施办法》《企业兼职教师实施与管理办法》《学院“双师”结构教学团队建设管理办法》，发挥各自优势，构建“责任明确、管理规范、成果共享”的“双师”双向交流机制，努力实现教师与企业人员之间的身份互换。教师与企业兼职教师以结对子的方式共同开展教学、教研活动，提升教师专业实践能力和企业管理水平。

5. 学历证书对接职业资格证书，推进实施“双证书”制度

基于学生就业和岗位准入的要求，实行“双证书”制度，使教学计划同职业资格培训与鉴定相衔接，把职业资格培训与鉴定正式纳入教学计划之中。通过调查毕业生就业情况，听取企业专家的意见，确定本专业学生可获取的职业资格证书种类，确定不同职业培训和技能鉴定的时间。学生根据自己的就业意向或兴趣爱好选择自己要参加鉴定的职业，考取相应的职业资格证书，为就业上岗创造必要的条件。

6. 构建校企双向服务机制，推进校企深度合作

构建“主动服务、项目合作”的校企双向服务机制，企业利用学院的师资、场地、设备、人员等方面的条件，以项目合作方式推进校企之间技术咨询、继续教育、培训等方面的合作。

（二）构建理论与实践、能动与受动相结合的教育模式

资产评估是一门在高度分化基础上出现的高度综合的学科，涉及的知识面广。因此，资产评估专业课程设置较为广泛，并且实践环节占有重要地位。教育模式要体现出理论与实践、能动与受动相结合的特点。在传授理论知识的同时，要建立相应的实践课程，落实实践环节，发挥学生的主观能动性，使学生将所学理论知识运用于实践，注重其学习能力的培养。

具体采用课堂实训、社会调查、毕业实习三位一体的培养模式。

（1）开展融合会计、评估等内容的综合模拟实验，强化文理渗透的力度；

（2）进行以学生为中心、为特点的教学内容服务（案例教学、情景教

学），广泛开展社会调查，对现实问题和某一特定事件进行交互式的探索，使学生以评估理论为工具解决实践中错综复杂的问题；

（3）建设实践性教学基地，促进期中、毕业实习活动的开展，培养学生的应用能力和操作能力，做到“坐下去能写，站起来能说，深入实践能干”。

（三）构建技能型人才系统培养的制度

职业教育的系统培养，当前亟待解决的是中职与高职脱节的问题，做到中职和高职统筹规划，为中职学生提供继续学习的渠道。在职业教育内部，要科学布局，保证人才培养的系统性。中等职业教育是职业教育的重要组成部分，重点培养技能型人才，发挥基础性作用；高等职业教育是高等教育的重要组成部分，重点培养优秀高端技能型专门人才，发挥引领作用。为实现中职、高职人才培养衔接，必须坚持“遵循规律、服务需求、明确定位、系统思考、构建体系、分类指导、分步实施”的原则，明确中职、高职的合理定位，构建完整的中职、高职衔接职教体系。

根据社会需要和职业岗位的要求，按照职业分类和职业标准，确定技能型人才从初级到高级的职业能力标准和层次结构，明确中职培养技能型人才和高职培养高端技能型专门人才的各自目标及其规格，避免中职、高职培养目标出现职业能力水平和教育层次的重复和错位，科学构建中高职衔接的人才培养体系。

（四）建设突出学生职业能力培养的校内外实习实训基地

系统设计实训和岗位实习，探索建立“校中企”“企中校”等形式的实践教学基地，推动实践教学改革。强化教学过程的实践性、开放性和职业性，学校提供场地和管理，企业提供设备、技术和师资，校企联合组织实训，为校内实训创建真实的训练岗位、职场氛围和企业文化；将课堂延伸至企业，在实践教学方案设计与实施、指导教师配备、协同管理、实习实训安全保障等方面与企业密切合作，提升教学效果。

通过分析职业岗位能力要素，本专业已构建了单项实训、专项实训、校内综合实训、校外顶岗实习的实训体系，实训内容主要侧重于对学生综合职业能力和素质的培养。同时，我们建设了多个校外实训基地，提高了学生的动手实践能力。如何整合校内外实训资源，在满足企业不同岗位需求的基础上，有针对性地增强学生的适岗力及迁移能力，是改善实习实训条件的重要内容。

学院将以建设校外实践基地为主，充分利用校内已有设备，确保把实践性教学落到实处。学院具有较好的会计实训室，资产评估专业将利用这些实验室设备模拟流动资产评估、企业价值评估等。同时，学院由于具有与企业和会计师事务所密切联系的优势，将充分利用以上资源，建立校外实践基地，为学生提供可以从事实践活动的机会。并且在整个实践过程中给学生充分的指导，包括待人接物、工作态度、团队精神等方面的指导，确保学生在实践过程中不仅得到专业能力的锻炼，而且接受初步的工作态度、职业道德的规范。

（五）建设结构合理、专兼结合的优秀专业教学团队

1. 完善"双师"培养制度

修订学院《教师参加专业实践锻炼实施办法》《专业带头人和骨干教师培养对象选拔及管理办法》，形成较为完善的校内师资队伍建设的制度体系；修订学院《企业兼职教师管理办法》《"双师"素质和"双师"结构教学团队建设管理办法》和《学院人才引进管理暂行规定》等，积极引进专业技术人才；拟订学院新的教师绩效管理考核评价体系，建立和健全专业技能等岗位绩效考核评价体系和机制；成立资产评估与管理专业校企合作理事会，完善校企对接联动机制。

2. 加大专业带头人培养力度

根据学院《专业带头人和骨干教师培养对象选拔及管理办法》，按"四优先"原则，在建设期内，培养资产评估与管理校内专业带头人1名。例如，支持其优先申报各级各类科研项目，资助其出版学术专著、教材及发表高水平的研究论文；优先资助其购置教学科研所必需的图书资料和设备，并为专业带头人建立个人工作室；优先选派其到行业企业参加实践，提高实践动手能力和咨询服务能力；优先安排其到国内外高等院校、行业协会参加学习考察、学术交流和研讨活动等多项举措，达到更新校内专业带头人专业建设理念、提升专业教学教改及教学团队建设与管理等方面工作能力的目的。

3. 加强骨干教师队伍建设

根据学院《专业带头人和骨干教师培养对象选拔及管理办法》，在建设期内，培养出骨干教师2名。工作重点是负责本专业人才培养方案实施，提升其专业服务能力。具体举措包括每位骨干教师一年至少两个月到企业岗位锻炼；承担2门核心课程教学及教学文件的编写；承担1~2门专业课程的实习实训；参加校内外实训基地建设，参加编写教材、校本特色教材及实习实训教材；主持1项企业科研项目或开展1项技术服务工作。

4. 突出教学团队梯队建设

专业带头人和骨干教师需承担培养青年教师的任务。例如，每学期至少开展2次示范性公开课教学，每学期至少听6次青年教师的课，带领青年教师参与教材编写和公开课建设，申报教科研项目，指导青年教师参加实践锻炼等，

通过这些活动，充分发挥教学团队中的专业带头人和骨干教师“传、帮、带”的作用。

5. 提高教师“双师”素质

依托安徽宝申会计师事务所、安徽华普会计师事务所多家资产评估企业，实施“校企互聘”，实现“角色互换”。具体措施有安排校内专业教师到校外实训基地指导学生实习；到企业进行挂职锻炼或岗位实践，接受企业组织的技能培训；接受企业聘任，担任咨询顾问等职务；参加资格培训，取得相应资格，使专任教师队伍“双师”素质达到70%以上。

6. 加强兼职教师队伍建设

树立不求所有、但求所用的理念，坚持从资产评估企业选聘一些专业技术人员、管理人员，担任兼职教学或实践工作，建立多元化的兼职教师管理模式。

大力引进或聘请资产评估行业的能工巧匠，设立专项经费，着重引进有在事务所从事专业技术工作经历并取得了突出业绩、有突出的实践操作能力，并被同行认可、有专业核心课程的教学与建设工作能力的骨干人才，完善教师队伍结构。

实施“校中企”“企中校”结合模式，聘请会计师事务所所长担任客座教授，更好地了解市场需求和产业发展方向，以就业为导向，开展资产评估专业的教育教学改革。

建立兼职教师的教学激励机制，妥善安排兼职教师利用业余时间进行分段式弹性教学，以解决其工作与教学的时间冲突。根据教学安排，兼职人员可以用多种身份参与教育教学活动，可以作为资产评估与管理专业某一门实践课程的教师；也可以作为专业实习实训项目的项目教师；同时也可作为资产评估与管理专业建设、课程建设的顾问或指导。

系部建立动态的由资产评估企业及社会实践经验丰富的技术人员、管理人员及能工巧匠组成的兼职教师资源库，及时在每学期期末提出下学期的兼职教师需求情况表，加强对兼职教师教学能力的培训，构建相应的教学质量监督体系，按照优胜劣汰的机制，管理兼职教师队伍。

（六）提高社会服务与辐射能力

改革创新管理体制，以市场需求为导向，加速校企合作，以学院的专业师资、培训机构、校内外实训基地、经济实体为基础，有效利用行业内的各类资源，发挥专业的辐射和带动作用，提高为社会服务的能力。

（七）建立利益相关方共同参与的第三方人才培养质量评价制度

确立专业建设目标、人才培养目标和教学质量目标及监测指标，建立一个涵盖用人单位、行业协会、学校、学生及家长的第三方综合评价系统。建立常规评价体系，主要通过调查问卷的设计、发放、回收、统计、分析等方式来完成。探索应用web技术开发的网上第三方综合评价系统，打破时空界限，更好地与各合作方实现信息互动，快速、准确、方便地完成评价的各项工作。

（八）根据专业建设目标，合理设置专业课程

专业课程设置是实现专业建设目标的基本保证。财经类高职院校资产评估专业课程设置中应该以专业建设目标为依据，发挥自身优势。

1. 资产评估与管理专业人才应具备的知识、技能

第一，扎实的基础知识。

资产评估是一门基础性、综合性和交叉性的学科，其业务服务和咨询所需知识量大，专业知识更新快。只有真正打好基础，牢固掌握基础理论、基础知识，才能做到厚积而薄发，并具备可持续发展的潜能。资产评估高等教育应该构筑厚实的基础知识专业教育平台，拓宽学科知识面，使学生较好地掌握相关知识，以满足资产评估多学科性的要求。

第二，良好的专业技能。

专业技能是以专业知识的掌握和领会为前提的，是在个体身上固化的行为和行为方式的概括。资产评估业作为市场经济中的新兴行业，在理论、技术和方法上表现出很强的专业性，评估中使用的参数指标等具有很强的技术性。资产评估人才只有通晓资产评估专业理论和知识，熟知国际资产评估惯例，才能满足资产评估职业的基本需要。如果没有相关的专业技能，则无法介入资产评估服务领域之中。因此，培养学生的专业技能是资产评估高等教育的重点，高校应利用和创造条件培养学生的专业技能，使学生学习专业知识、提升专业能力、锻造专业素质。

第三，较强的实务能力。

资产评估是一项技术性与实务性很强的工作，资产评估服务的特点决定了评估人才应具有较强的实践经验。实务能力的强弱是衡量评估人才是否合格的重要标准，实务能力也是资产评估专业人才培养的主要能力之一，当然，这种能力的培养是一个循序渐进的过程。通过资产评估专业教育，学生应具备的实务能力主要有：独立思考、独立操作和自我检查的能力及终身学习的意识；运用所学知识分析问题、解决问题的能力；熟练的口头和书面表达能力；一定的计划、组织和项目管理能力；运用计算机进行信息分析和数据处理的能力等。

第四，高尚的职业道德。

资产评估业的特点决定了资产评估人员不但应当具有较高的业务技能和素

质，而且必须具备很高的职业道德水准，能够依照评估准则独立、客观、公正地执业，维护当事各方的合法权益。具有高尚的职业道德是培养资产评估人才重要的价值标准，资产评估高等教育应把职业道德教育有机地渗透到专业教学中，培养学生的职业道德情感，磨炼学生的职业道德意志，砥砺高尚的职业道德行为，将外在教育的影响内化为学生自身的需要。

2. 资产评估专业定位

探索资产评估专业课程体系的构建，还必须进行专业定位，以区别于其他相关专业。资产评估是一个以会计学为基础，经管交融、文理工渗透的复合型、集成型新兴学科；是一个在高度分化基础上又高度综合，需要广泛学科基础理论、专业技能学习和扎实应用实践能力的专业。

第一，以会计学为基础。

资产评估与会计有着不可分割的渊源，资产评估最初大多是会计人员用作会计计价的依据。随着市场经济的蓬勃发展，虽然资产评估已逐渐脱离会计而成为一个独立的行业，但是会计仍然是资产评估的基础及评估结果的重要反映。例如，在对企业整体进行价值评估时，评估师基本上都是具有深厚的会计学和企业兼并与收购知识的财务分析家；在其他专项评估服务中，评估方法的选择与使用也涉及相当多的会计、财务管理知识。另外，我国的评估事务所与会计师事务所也存在执业范围交叉的现象，资产评估也是注册会计师一项重要的鉴证业务。因此，从学科建设角度看，会计、财务管理、审计和资产评估等均属于会计学科链的重要环节。

第二，经管交融。

资产评估是综合性很强的学科，与经济、管理、金融、税收、统计等学科专业密切相关，是对一系列学科知识的融合。经济学的发展对评估理论的形成与发展有着重要的影响，为资产评估专业的发展提供了理论框架和基础理念；从管理的角度看，资产评估是探索自然资源和政府公共资源有效配置的一种途径；资产评估的结果影响到会计入账成本、税收的征纳等问题；评估中会涉及一些统计的方法，等等。

第三，文理工渗透。

当今资产评估业的一个重要特点是科学、技术和服务的日益一体化、综合化，资产评估服务涉及机械电子、建筑工程、无形资产、房地产、珠宝文物等多个领域的知识与技术。资产评估学科平台应构筑在经管理论、自然科学和工程技术等基础上，需要自然科学教育与社会科学教育、科学教育与人文教育的互动与整合。资产评估反映在课程的设置上，则应构建科学人文主义教育课程体系，强调文、理、工科的相互渗透。

3. 资产评估专业课程体系的构建原则

依据上述资产评估专业定位，资产评估专业课程体系的构建应遵循以下基本原则：

第一，适应性原则。

课程体系构建必须适应社会需求。一个专业的课程体系是处在一个开放的社会需求系统中的，必须与该职业当前和未来的实践要求相匹配，社会需求是决定资产评估行业是否存在的关键因素。资产评估专业课程体系构建应加宽、加厚基础理论知识课，注重知识的通用性、灵活性、可迁移性，以及对学生未来发展的影响，培养其不断更新知识、发现新知识、创造新知识的能力。

第二，综合性原则。

课程体系构建应注重知识的系统性和全面性。资产评估职业面向的大跨度决定了评估人才的知识结构与工作技能具有综合性。现在，"通才"教育越来越成为一种趋势，在资产评估课程体系构建时应打通学科界限，文、理、工各学科课程要综合设置，拓宽专业面向，拓展知识背景，筑牢能力基础，架构相关专业共同的课程平台，培养学生综合运用知识的能力，使学生不仅掌握评估专业知识，还要系统、全面地掌握相关学科的知识。

第三，网状性原则。

课程体系构建应考虑课程结构之间的层次性和交融性。从培养目标所需要的知识结构入手，充分考虑各种知识形态之间内在的逻辑联系，建立一个科学、合理的网状课程结构，使课程"模块化"，形成通识课程与专业课程、专业基础课程与专业主干课程、必修课程与选修课程、理论课程与实践课程之间交叉融合、协调配合、相互渗透、共同发展的资产评估专业课程体系；使学生受到立体、交叉的教育与实训，以促进学生知识、能力和素质的协调发展，提升学生知识结构的复合度。

第四，实践性原则。

课程体系构建应注重理论与实践相结合。知识的转化需要实践，强调以实践活动为导向进行课程设置，让学生以直接体验的形式掌握新知识、新技术、新技能，通过职业行动获取知识的认知规律。学院将以职业活动进程为线索组织资产评估专业课程的设置和教学内容的安排，注重学用结合、学以致用，突出专门化实践能力的培养，突破重理论、轻实践，理论在先、实践在后，理论是重点、实践是附庸的传统学科型教学模式的束缚。

第五，国际性原则。

从发展观看，未来资产评估人才必须具有全球性观念、国际化视野。为了培养适应经济全球化和信息全球化、有国际交往和国际竞争力的人才，构建资产评估专业课程体系时应把国际资产评估理论与实务作为课程内容设计的基础蓝本，从观念上、原理上、技能方法上、职业判断上加以导向，增强学生知识结构的外向性特征。

4. 资产评估专业课程体系构建内容

资产评估专业课程体系的构建，必须首先确定其培养目标——培养基础知识厚实、专业技能良好、实务能力较强和职业道德高尚的复合型、应用型人才。

资产评估专业课程体系的构建，还必须进行专业定位，以区别于与其他相关专业。依据资产评估专业人才培养目标的要求，资产评估是一个以会计学为基础，经管交融、文理工渗透的复合型、集成型新兴学科；是一个在高度分化基础上又高度综合，需要广泛学科基础理论、专业技能学习和扎实应用实践能力的专业。

专业课程体系可以简单划分为：专业基础课、专业主干课、专业选修课。专业基础课要帮助学生打好理论基础，专业基础课可以包括：经济学、管理学、基础会计、财务管理、统计学等。专业主干课的特点是专、深，体现自身优势，专业主干课可以包括：资产评估基础与实务、财务会计、审计学基础与实务、证券理论及评估实务、房屋建筑工程基础与实务等。

（九）模块化课程体系的开发

资产评估与管理专业建设需要适用性强的课程体系做保障。资产评估适用性课程体系的设置建立在符合专业人才培养目标，充分考虑学科特点、社会需求并结合评估师考试等多方面因素的基础上。一是要科学合理划分课程类型，安排课时比例，本着实用性、渐进性、效率性和能动性四大原则设计专业教学课程体系，分别从公共课、专业课和实践课三个方面开设相关课程。二是在应用型人才培养课程体系设计中，需根据师资情况，进一步加大专业选修课、实践课和实验学时的比例，拓展学生知识结构，为培养复合应用型资产评估专门人才服务。

1. 资产评估与管理专业课程体系设置思路

根据学院自身资源确定专业方向，再根据专业方向设计课程体系，资产评估与管理专业课程体系设置思路如图 1-2 所示。

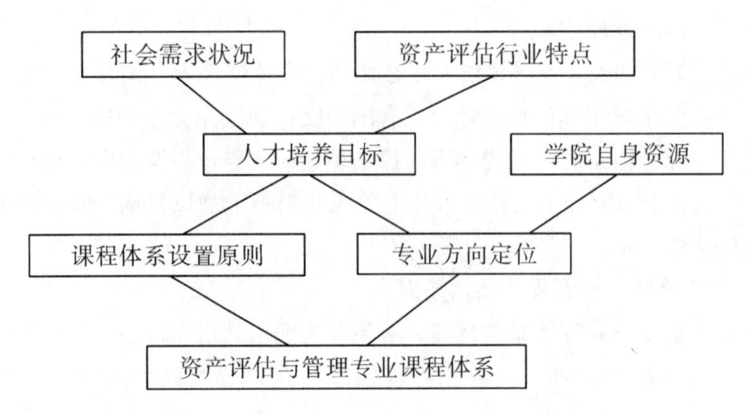

图 1-2　资产评估与管理专业课程体系设置思路

2. 课程体系设置的特点

课程体系是高校制订教学计划、组织教学、编写教学大纲、选用教材和教学参考资料的基本依据，是人才培养的总体设计和实施方案，资产评估与管理专业课程体系的设置将在满足专业培养目标的基础上，充分考虑学科、专业和社会需求等多方面的因素。课程体系设置主要体现出以下几个特点：

第一，加强工科课程，突出专业特色。

资产评估专业既不是会计专业，也不是财务管理专业，其横跨管理学、工学两大门类。在财经类院校举办资产评估专业，必须加强工科教育，开设机电设备基础、建筑工程基础等课程，突出专业特色，使学生具备坚实的知识基础。

第二，加强实践教学，提高学生动手能力。

由于人类认识和发现真理的过程遵循"实践—认识—再实践—再认识"这一循环往复、不断上升的过程，没有实践就无法真正实现知识创新，实践是创新的源泉。在现代教育过程中，实践作为探究知识的重要方式，实践教学应当充分发挥学生学习的自主性，再现获取知识的过程。资产评估与管理专业将加强实践教学，保证足够的实践课程和教学时间，并建立稳定的实践教学基地。综合实践能使学生综合运用两门以上理论课程中所学的知识，极大锻炼学生综合掌握知识的能力。课外实践环节既能培养学生的实际动手能力，又能在不增加学时的同时提升学生的感知能力。

第三，加强资产评估信息化教学。

随着现代信息技术与网络技术在高职院校专业教学领域日渐广泛的运用，资产评估专业计算机模拟实践教学模式开始萌生与发展，显示出强大的生命力，以及在资产评估业人才培养方面的巨大作用。资产评估信息化教学包括两方面含义：教学手段信息化和教学内容信息化。

3. 构建“基本能力+ 创新能力+ 多元智能”模块化课程体系

资产评估专业知识结构一般包括基础知识、应用技巧知识和专业知识，资产评估专业应用创新型人才培养的课程体系要坚持整合课程教学内容，扩大学生自主选择空间。课程体系的建构分为基本能力课程模块、创新能力训练模块、多元智能模块，三者有机结合、相辅相成、循序渐进。

第一，基本能力课程模块。

基本能力课程模块是基础，注重基础理论知识、专业应用知识、实际操作技能的学习，以及跨学科知识和素质拓展等方面，如经济学基础、管理学基础、统计学原理、经济法、会计基础、财务管理、成本会计、资产评估基础、建筑工程评估基础与实务、机电设备评估基础等课程。

第二，创新能力训练模块。

创新能力训练模块是目标，是培养学生业务操作能力，增强学生岗位适应能力的重要手段。包括思维类训练课程、能力训练课程、方法类课程、原典课程、项目课程、第二课堂系列课程，如资产评估案例研究、资产评估准则等课程。创新能力训练模块主要由案例分析、模拟评估和评估实践三大部分构成。

第三，多元智能模块。

多元智能模块是应用创新型人才充分发展个性的必要保障，如无形资产评估、企业价值评估、不动产评估、金融资产评估、税基评估等课程。

（十）创新精神与创新能力培养

创新是高等教育的灵魂，是高等教育快速发展的不竭动力。学生创新能力的培养是资产评估专业的重点；加强培养模式和课程体系的创新；不断推进教学内容和教学方法的创新。要求学生能结合理论学习，在社会实践、课程设计、实习及其他环节中取得具有创新性的成果。资产评估专业是一个集管理学与工学为一体的新兴交叉学科，与其他成熟的专业不同，其课程体系并不完善。为了培养创新型资产评估专业人才，开展资产评估专业教学研究，对该专业的课程体系做紧跟时代步伐的设计是十分必要的。

四、专业改革举措

（一）政府主导、行业指导、企业参与，创建新型校企合作机制体制

按照政府主导、行业指导、企业参与的原则，创建新型的校企合作机制体制。目前，我院已在安徽中辉资产评估有限公司、安徽中辉会计师责任有限公

司、安徽宝申会计师事务所等机构建立面向资产评估与管理专业学生的实习基地；建设期间，还将与安徽中永资产评估事务所等中介机构共建校企合作基地，发挥各自在产业规划、经费筹措、先进技术应用、兼职教师聘任（聘用）、实习实训基地建设和吸纳学生就业等方面的优势，促进双方的深度合作，增强办学活力；同时落实教师密切联系企业的责任，引导和激励教师主动为企业和社会服务。

（二）校企合作，创新人才培养模式

成立由学校与企业专家共同组成的专业指导委员会，进行深入的市场调研和就业信息反馈，引入行业企业技术标准，主动适应安徽及中部地区资产评估行业对人才的需求，按照岗位能力要求制定专业人才培养方案，将与专业相关的职业资格标准融入教学内容，实行长、短学期交替的分段式教学模式，实行“双证书”制度，专业课程教学由企业技术人员和教师按1∶1承担，实现学历证书与职业资格证书对接、职业教育与终身学习对接。学校为企业提供订单培养、技术支持、人才培训、应用技术研究、科技成果推广，企业为学校提供实训场所、实习岗位、实践课教师、资金设备，推进校企互动，实现融合。由校企合作成立的专业建设指导委员会，进行深入的市场调研和就业信息反馈，引入行业企业技术标准，主动适应安徽和区域经济对资产评估行业对人才的需求，按照岗位能力要求制定专业人才培养方案，构建“校企合作、实境教学”的人才培养模式（图1-3），确保人才培养目标的实现。

1. 校企合作

学院与资产评估企业深度融合，与企业共同研究制定人才培养方案，进行课程建设和教学改革，使企业参与人才培养全过程。学院与企业的教学、培训资源实现共享。

2. 实境教学

该模式的教学设计包括校内和校外教学。在校内学段中，主要利用校内仿真实训中心和生产性实训基地，营造学习情境，增强教学过程的实践性、职业性和开放性，使学生校内学习与实际工作一致；在现场学段中，充分利用资产评估工作最真实的生产性实训基地，使学生在真实的工作环境和素质教育环境中，通过岗位实习，学习岗位操作技能，培养职业能力，学会做人、做事，实现人才培养与社会需求、学习与工作、实习与就业的“零距离”对接。其中，重点加强现场学段的教学设计和管理，通过实行双导师制（学生在岗位实习过程中同时接受学校与企业专兼职教师的双重管理和指导）、签订实习协议和师徒协议、技能指导、网上答疑、电话跟踪、定期汇报、集中考核等方式加强岗位实习的过程管理。

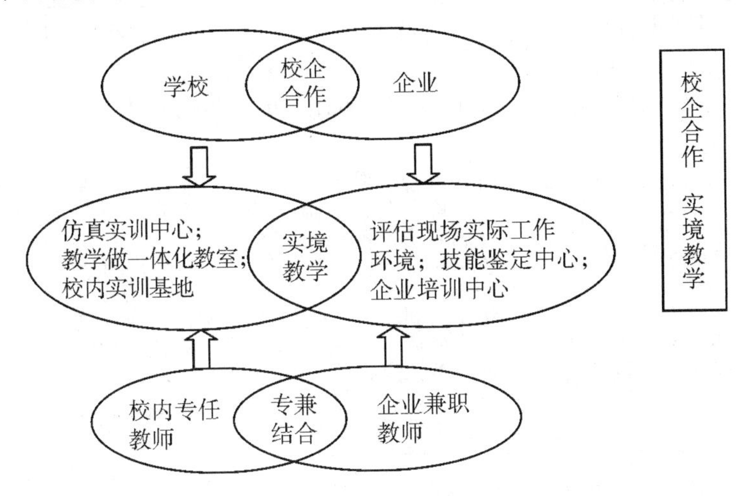

图 1-3 “校企合作、实境教学”人才培养模式

（三）专业与产业对接，建立专业标准

积极主动参与省级资产评估行业协会组织的各种活动，寻求行业在专业建设、人才培养质量标准建设等多方位的支持。建设期内，与省内外资产评估事务所加强联系，我们拟与安徽华普会计师事务所、安徽宝申会计师事务所等单位进一步加强合作，深入分析各专业的岗位典型工作任务，转换成学习领域，从而制定出专业标准。建设期内，我们拟完成资产评估专业的专业教学标准，并在人才培养中加以实施。

1. 就业范围及岗位群

具体就业岗位与范围如表 1-6 所示。

表 1-6 就业岗位与范围

职业能力	就业方向	主要业务工作
具有对机器设备、房地产、无形资产等各项资产评估的能力	资产评估事务所评估人员	资产评估业务
具有对机器设备、房地产、无形资产等各项资产评估的能力	企事业单位会计、出纳	企事业单位资产核查清理等资产管理业务、一般财务核算、成本核算、财务报告分析

表1-6(续)

职业能力	就业方向	主要业务工作
具有对被审计单位财务收支和各项经济业务审计的能力	会计师事务所审计人员	财务审计业务
具有编制房地产等各种有形资产的评估报告及无形资产评估报告的能力	商业银行资信评级、资产估价人员，保险公司公估人员，投保财产估价人员	商业银行、保险公司、证券公司等金融企业资信评级、资产估价、受损财产公估、抵押品估价
具有初步审核工程造价文件、工程预决算文件及审核基建工程的能力	建设行业（施工企业、设计单位）中的工程造价人员；房地产开发企业的工程预决算管理人员；基建审核人员	建设行业（施工企业、设计单位）中的工程造价管理；房地产开发企业的工程预决算管理；基建工程审核
具有评估国有资产的能力	国资委评估人员	国有资产产权管理、资产评估

2. 人才培养要求和知识能力素质结构

（1）招生对象与修业年限。

①招生对象：招收参加全国统一高考的全日制应届高中毕业生。

②修业年限：三年（全日制）。

（2）基本要求。

①素质要求。

第一，政治思想素质。掌握马克思列宁主义、毛泽东思想、邓小平理论、“三个代表”重要思想、科学发展观、习近平新时代中国特色社会主义思想的基本原理；拥护党的各项路线、方针、政策，有较强的参政议政意识；热爱祖国，热爱人民，有为国家富强、民族昌盛而奋斗的志向和社会责任感；树立社会主义和集体主义为核心的人生观和价值观。

第二，道德素质。养成高尚的社会主义道德品质和文明行为习惯，遵守社会公德，讲究职业道德，弘扬传统美德；树立社会主义民主法制观念。

第三，文化素质。具有较高的文化素养，较强的文字写作、语言表达能力，健康的业余爱好，掌握社会科学基本理论、知识和技能，有较强的逻辑思维能力。

第四，业务素质。具有正确的学习目的和学习态度，养成勤奋好学、刻苦钻研、勇于探索、不断进取的良好学风；系统掌握专业知识，具有认识、分析、解决实际问题的能力；掌握学习现代科学知识的方法，积极参加社会实践和专业技能训练，善于了解专业发展动态；具有参与设计、科研、组织管理、创新的能力，以及在实际工作中熟练使用外语、计算机的能力。

第五，身心素质。树立科学的强身健体和终身锻炼的意识，掌握基本的体育锻炼技能，懂得常见疾病的预防和在运动中自我保护、自我救助的基本知识；具有自尊、自爱、自律、自强的优良品质；具有较强的适应环境的心理调适能力；具有不畏艰难、不屈挫折、坚韧不拔、百折不挠的毅力和豁达开朗的乐观主义精神。

②能力要求。

第一，具有从事本专业实际业务工作的能力，具备相应的职业技能。

第二，具备查阅、翻译中英文专业资料和日常的语言交际能力。

第三，具有独立搜集、处理信息的能力。

第四，具备较扎实的资产评估与管理方面的应用文写作能力和公文处理能力。

第五，具有独立获取知识的能力。

第六，具备提出问题、分析问题和解决问题的能力和较强的创造能力。

第七，具有较强的社会活动能力、协调组织能力和社会交往能力。

③知识要求。

第一，具有面向资产评估一线的高等应用型人才应必备的外语、数学及其他文化知识。

第二，掌握资产评估基础理论知识。

第三，熟悉并掌握与资产评估与管理相关的法律知识、行业法规、监管规章。

第四，掌握每个专业岗位所必须的专业理论知识、操作技能。

第五，掌握计算机应用基础知识，并懂得简单的维护常识。

第六，了解国内外资产评估与管理的新理论、新动向、新成就。

（3）知识能力素质结构。

知识能力素质中的职业能力结构如图 1-4 所示。

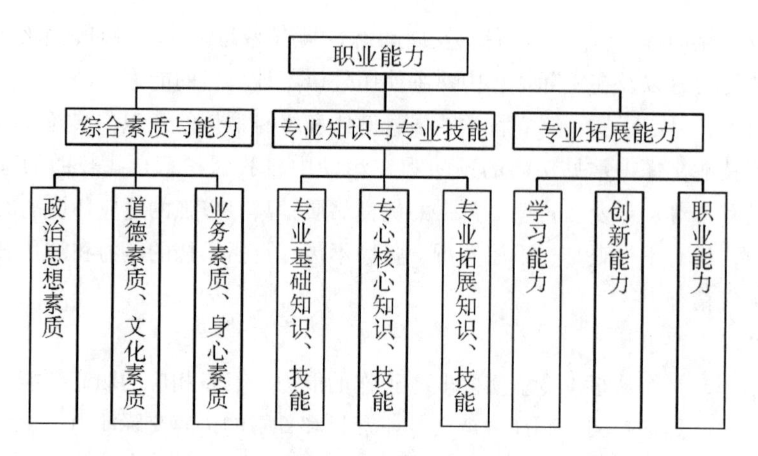

图 1-4　职业能力结构

知识能力素质中的职业技能分解如表 1-7 所示。

表 1-7　职业技能分解

职业能力	能力结构	知识和能力要求	支撑课程
综合素质与能力	政治思想素质 道德素质 文化素质 业务素质 身心素质	本专业应具备的综合素质有：政治思想素质、道德素质、文化素质和身心素质、业务素质	概论、思想道德与法律基础、各类显性与隐性课程
专业知识	专业基础知识、技能 专心核心知识、技能 专业拓展知识、技能	具备较较强的资产评估与管理方面的应用文写作能力和公文处理能力； 具有独立获取知识的能力； 具备提出问题、分析问题和解决问题的能力以及较强的创造能力	专业基础知识主要支撑课程：经济学基础、基础会计、财务会计、统计学、财务管理。专业核心知识主要支撑课程：资产评估学、建筑工程评估基础、机电设备评估基础、经济法、房地产估价理论与方法、无形资产评估、资产评估案例。专业拓展知识主要支撑课程：税法、国有资产管理、金融学基础、审计学、证券投资原理

表1-7(续)

职业能力	能力结构	知识和能力要求	支撑课程
专业技能	专业基础知识、技能 专心核心知识、技能 专业拓展知识、技能	具有编制建筑工程预、决算的能力； 具有对机器设备、房地产、无形资产等各项资产评估的能力； 具有对财务资料进行加工、整理和综合分析并提供经营决策的能力； 具有客观准确分析财务报表的能力	资产评估学、建筑工程评估基础、机电设备评估基础、房地产估价理论与方法、无形资产评估、资产评估案例、基础会计、财务会计、财务管理、审计学
专业拓展能力	学习能力 创新能力 职业能力	知识经济、学习型社会环境中，学生必须学会学习、勤于思考，善于捕捉有用新信息，为后续发展奠定基础； 具有对各项资产评估的能力； 具有对被审计单位财务收支和各项经济业务审计的能力	学习能力支撑课程是显性、隐性课程。创新能力支撑课程是各类显性、隐性课程；独立支撑课程是创新能力培训；职业生涯规划项目式也为学生提供了想象与操作空间。职业能力支撑课程是显性、隐性课程

知识、能力、素质结构如表 1-8 所示；

表 1-8　知识、能力、素质结构

知识能力素质结构	知识结构	政治理论知识	主要支撑课程：概论、思想品德修养与法律基础
		文化基础知识	主要支撑课程：外语、信息技术基础、数学及有关人文知识课程
		专业基础知识	主要支撑课程：经济学基础、基础会计、财务会计、统计学、财务管理
		专业知识	专业核心知识主要支撑课程：资产评估学、建筑工程评估基础、机电设备评估基础、经济法、房地产估价理论与方法、无形资产评估、资产评估案例
			专业拓展知识主要支撑课程：税法、国有资产管理、资产评估会计、金融学基础、审计学、证券投资原理

表1-8(续)

知识能力素质结构	能力结构	基本能力	本专业应具备的基本能力：计算机、英语应用能力、普通话
			主要支撑课程：信息技术基础、大学英语
			培养方式或途径：课堂讲授、课内实验实训、独立实验实训、综合实训项目；参加国家计算机等级考试、英语 AB 级或四六级考试、会计从业资格考试、助理会计师考试、审计师考试、房地产经纪人考试；举办资产评估专业技能大赛
		专业技能	本专业应具备的专业技能：具有编制建筑工程预、决算的能力，具有对机器设备、房地产、无形资产等各项资产评估的能力，具有对财务资料进行加工、整理和综合分析并提供经营决策的能力
			主要支撑课程：资产评估学、建筑工程评估基础、机电设备评估基础、房地产估价理论与方法、无形资产评估、资产评估案例、基础会计、财务会计、财务管理、审计学
			培养方式与途径：课堂讲授、课内实验实训、独立实验实训、综合实训项目、职业技能比赛、实训基地参观学习以及顶岗实习
		学习能力	学习能力应属基本能力。知识经济、学习型社会环境中，学生必须学会学习、勤于思考，善于捕捉有用新信息，为后续发展奠定基础。支撑课程是各类显性与隐性课程
		创新能力	支撑课程是各类显性、隐性课程；独立支撑的课程是创新能力培训；职业生涯规划项目、学分制运作模式也为学生提供了想象与操作空间
	素质结构	基本素质	本专业应具备的基本素质有：政治思想素质、道德素质、文化素质和身心素质
			主要支撑课程：概论、思想道德与法律基础、各类显性、隐性课程
			培养方式或途径：理论教学、实践教学、课外学术科技活动、学术讲座社团组织活动活动等
		业务素质	主要支撑课程：各类显性、隐性课程
			培养方式或途径：理论教学、实践教学、课外学术科技活动、学术讲座、社团组织活动等

知识能力递进如图 1-5 所示。

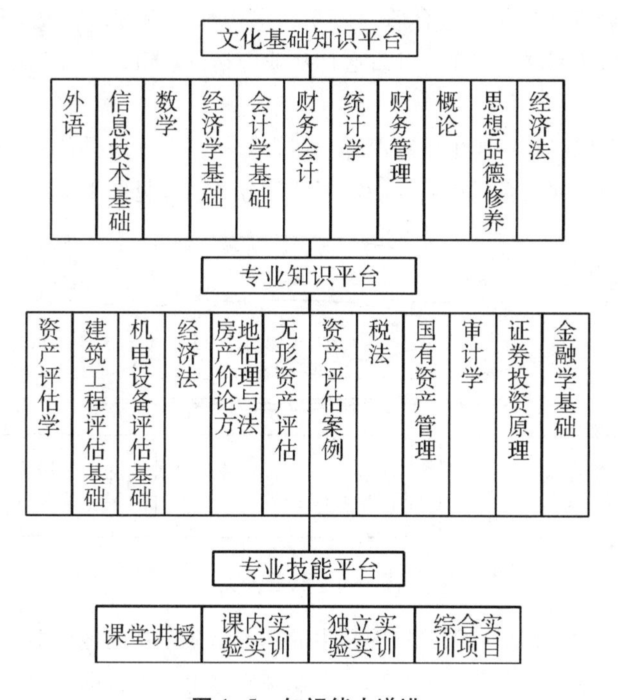

图 1-5　知识能力递进

（四）教学过程与生产过程对接，重构课程体系；课程内容与职业标准对接，建立课程标准

以“工作过程系统化”课程开发理论为指导，重构资产评估专业的课程体系，开发工作过程系统化课程，实施项目导向的教学模式，建立资产评估专业课程标准。

按照“专业建设与职业岗位对接”“教材建设与职业标准对接”“教学过程与工作过程对接”“学历证书与职业资格证书对接”的原则进行课程建设与改革。①组织建设 2 门“双证融通”式岗位模块课程，以适应资产评估专业的需求；②与企业合作开发 3 本校本教材；③建成 1～2 门按院级以上精品课程标准建设的网络课程；④改革考核与评价办法，以学习能力、职业能力和综合素质为评价核心，集传统考试、职业技能大赛和学习过程跟踪反馈等多种考核评价方式的优点，构建、完善符合资产评估专业人才培养特点的评价体系；⑤在课程建设改革过程中积极进行科研立项，形成科学合理的资产评估专业课程教学理论体系，建立课程标准与评价体系。

1. 课程体系重构与课程建设

（1）打破专业框架，整合课程体系，重构教学内容，建设基于工作岗位和学习过程的新型课程体系。开发会计从业资格证、审计实务职业技能等培训课程。

根据市场调研和毕业生跟踪调查，认真分析毕业生应具备的岗位技能，经过行业专家和老师认真讨论后，确定了课程分类，详见图1-6。

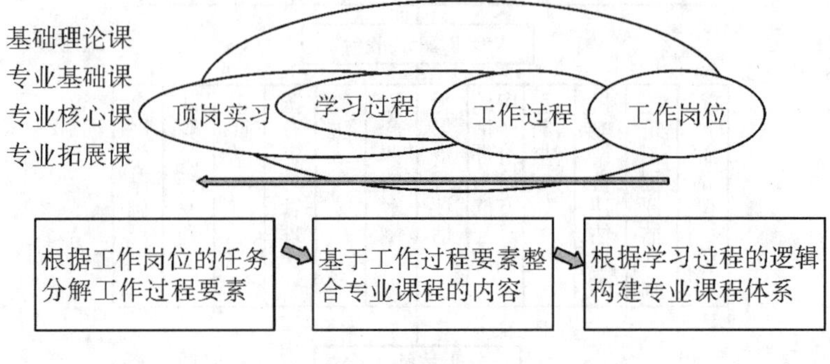

图1-6 课程分类

其中基础理论知识有助于培养学生的基本素质，帮助他们学会解决问题的基本方法，为学好专业课打好基础。专业基础理论知识有助于学生培养职业基本素质，了解专业基础理论，为进一步学习专业知识打好基础。专业知识有助于学生掌握所学专业的基本理论、基本方法，是培养职业基本技能的关键，有助于学生综合素质的培养，它在整个知识与素质体系中处于核心地位。

以订单为载体设计教学过程和教学模块，把课程学习内容与资产评估实际工作相结合，提出各种问题并形成主题任务，进行任务驱动式教学。在课程体系设计上，注重对学生基本能力素质的综合培养，加大实践教学课程的比例，将实践教学纳入教学计划，落实实践教学课程化。

（2）依据审计资格标准和职业岗位的任职要求，组织专业教师和在审计一线工作的兼职教师，研究新的会计准则和审计准则，并把准则内容融入课程体系中，更新教学内容。

（3）将考证课程直接嵌入课程体系之中。

（4）充分利用我院校内实训基地和校外产学合作实习实训基地，实施课程教、学、做一体化。

（5）加强课程基础建设，完善教学基本文件。对各门课程提出具体建设要求，包括教学大纲、教学规范的适时修订；选用获奖或推荐教材，及时编写、整理与修订讲稿、教案和课件等。除上述基本要求之外，还有课程建设规划、年度实施计划、工作总结、教学管理制度等的完成，以及编写出版教材或教学辅导资料，编制 PPT 课件，团队培养计划及科研、教研项目与成果等方面的要求。

（6）突出实务性课程，加强实验（实训）室建设和课程网络平台建设，推进教育信息化建设步伐，提高学生的实践能力和运用现代信息技术的能力。

（7）根据校外专家意见和兼职教师的建议，开发特色课程，设计与职业岗位群相符合的课程标准，优化教学内容。适当压缩纯理论教学内容，扩大技能培养内容，专业课程采取边教边做、边做边学的“工学结合”途径，提高学生的专业技能和职业岗位适应能力。

（8）加强精品课程建设，资产评估与管理专业已开发了校级精品课程基础会计，力争在三年内开发省级精品课程 1 门，校级精品课程 1~2 门。

（9）加强课程在会计与审计专业中培养学生职业能力、养成学生职业素质的主要支撑作用。

该课程体系的近期目标是获得会计从业资格，培养房地产经纪人、初级审计师；中期目标是培养土地估价师、房地产估价师；最终目标是培养注册会计师、注册资产评估师。

2. 课程改革

（1）学校、企业、行业共同参与课程体系改革与建设。

成立课程改革领导和工作小组，开展工作。课程改革以就业为导向，突出职业特性，注重学生职业道德素质教育和体能训练，思想政治、体育贯穿于教学全过程，注重实践教学，以项目为导向，制定教学目标和教学内容。课程改革突出校企合作的特点，依据现行行业技术标准和规程规范、结合技术等级要求和“双证书”制度，提高就业率。

（2）教学内容的优化整合。

将教学内容交叉部分进行优化整合，引入最新技术、行业标准、规范，结合就业岗位要求，调整课程内容。

（3）教学方法和考核手段。

实施启发、引导、研讨、参与、交互、自学式等多样化教学方法，探索新的教学方法，如现场教学法、案例教学法、小组研讨法、项目教学法、任务教学法、演示探究、操作示范等。考核方式上，采用灵活、多样的方法，如开卷、闭卷、笔试、口试、操作、论文、报告与答辩等。建立以能力考核为主，常规考核与技能测试并行的考核体系。

（4）多方参与教材建设。

对同类专业教材建设状况进行系统调研分析，与企业共同开发一批高职类专业课程教材，尤其是实训教材的开发。

（5）公共资源开发。

本着“互利互惠、资源共享”的原则，组织学校、企业骨干教师和技术人员参与公共资源的开发，建设由精品多媒体课件、试题库、在线自测试题等组成的公共资源。

（6）保障措施。

制定课程、教材、公共资源有关文件，从制度机制上确保课程建设顺利进行。制定建设规划，责任到人，加强监督与管理，落实建设经费。

（五）建设“校中企”实训基地，开发“企中校”实习基地

根据资产评估专业人才培养要求，不断完善校内外实习实训条件，按照“课程实训—综合实训—实战”的指导思想建设校内实训环境。通过模拟真实的工作环境，构建理论与实践相结合的情境教室，利用现代化信息技术虚拟真实的工作流程，使学生了解资产评估业务流程等相关知识，掌握专业岗位（群）所要求的工作技能；通过引进一线资产评估行家能手，利用实训中心培养学生的就业、创业能力；通过引入企业建立“校中企”，让学生在真实的环境中实战，完成资产评估技能的培养。

以职业岗位技能为核心，以培养学生专业能力、方法能力和发展能力为基本点，以工作过程为导向，找准企业与学校的利益共同点，建立校企合作的持续发展机制，实现互惠互利、合作共赢，实现校内实训基地的模拟性、共享性，校外实训基地的实践性、实习性，将资产评估与管理专业实训基地建设成集教学、培训、职业技能鉴定和技术服务功能于一体的省级重点实训基地。

1. 校内实训基地的建设

建设期内将建立资产评估综合实训室和企业经营管理模拟对抗（沙盘）实训室等功能齐全、设施先进的专业实习实训场所。

2. 校外实训基地的建设

进一步加强校外实训基地的建设，与更多具有代表性的资产评估企业联合，完善长效合作、保障机制，建立与专业培养目标相吻合、代表资产评估业发展方向、具有典型代表、相对稳定的校外实训基地。加强校外实训基地内涵建设，增加校企合作企业的数量，面向资产评估专业新建3个左右较为稳定的“企中校”实训实习基地。

（六）启动师资培养工程，建立教师队伍质量评价标准

吸收一线资产评估行家能手参与课程设计与实施，整合资源，形成一支校

内外结合的素质优良的“双师型”教学队伍。加强全体教师的学习与培训，全面提升教师基于工作过程的课程开发能力、基于行动导向的专业教学能力、专业实践能力及技术开发能力，形成优良的教师队伍质量评价标准。

教师队伍通过资产评估实践、社会服务等方式，获得资产评估领域的一线工作经验；启动“名师工程”“双师工程”和“新秀工程”，以引进、交流、合作等形式整合社会资源，提高教师整体实践教学水平，形成素质优良的“双师型”教学队伍，建设期内力争立项建设1支省级优秀教学团队。

建设期内对所有教师进行不同形式的培养。建立激励机制，鼓励教师成为高职称、高学历、高技能、“双师型”教师；完善兼职教师遴选和评聘办法，建立一支数量适宜、队伍稳定、专兼职结合的优秀教学团队。

校内培养1名高素质“双师型”专业带头人和2名骨干教师，专任教师达到20名，聘请若干名专业技术人员为兼职教师，使专兼职教师比例达1∶1，“双师型”教师占80%，专、兼职教师人数达到30人。

（七）社会服务能力建设

1. 建设目标

结合专业建设，积极构建融入社会主义核心价值观的学生全面素质养成体系，聘请资产评估行业的行家里手给学生做职业规划、就业、创业等讲座。继续开展职业资格认证培训服务。以服务为宗旨，积极搭建产学研结合的技术服务平台，充分发挥高等教育服务经济建设的作用，面向社会开展高技能和新技术培训，同时积极开展地区间、城乡间、东西部之间的校际合作和交流，实现优质教学资源的共享。把该平台打造成培养有助于安徽区域经济社会发展的资产评估行业的紧缺型人基地。

2. 建设内容

（1）积极搭建产学研结合的技术服务平台，开展资产评估业务咨询服务，参与地方资产评估行业发展规划、行业标准的制定，设计企业评估方案。

（2）面向社会开展高技能和新技术培训，为合作企业职工和社会成员提供多样化继续教育，为安徽审计系统审计人员培训提供服务。

（3）为县域基层资产评估建设服务，充分利用专业的人才优势、资源优势，主动为安徽省各地市、县资产评估人员开展实用技术培训。

（八）建立第三方参与的人才培养质量评价制度

改革传统的人才培养质量评价方法，将学生的就业率、家长的满意度、用人单位的称职率、社会认可度和行业评级纳入人才培养质量评价制度。制定利益相关方共同参与的第三方人才培养质量评价制度，将毕业生就业率、就业质量、企业满意度、创业成效等作为衡量专业人才培养质量的重要指标，对毕业生发展轨迹进行持续追踪，将多方获取的信息为本专业建设提供科学依据。

五、建设进度及预期绩效

建设进度及取得的绩效详见表1-9。

表1-9 建设进度及取得的绩效

指标	指标内涵	取得的绩效	
		2012年	2013年
人才培养模式改革	人才培养模式	完成人才培养模式方案，按人才培养模式设置课程教学模式，实现教学方式的创新 ①制定人才培养模式方案； ②制订专业教学计划	按"校企融合、任务驱动、顶岗实训"人才培养模式，进行以培养岗位职业能力为核心的专业课程教学改革，形成可操作的实践范式。 ①完成有特色的人才培养方案； ②资产评估与管理专业毕业生合格率>90%，其中优秀率>60%； ③85%的学生获得1项职业资格证书；④毕业生一次就业率>90%，对口就业率>80%；⑤用人单位对毕业生的满意度>85%
	教学组织形式	资产评估与管理专业"分段式"的教学总结	企业对学生专业考核管理实施方案；企业对学生专业考核管理实施总结
	将标准融入教学，"多证书"制度	参照与该专业相关的职业资格标准进行的市场调研报告	专业教学标准1套
	创新教学形态	构建1间专业教室和1间教学做一体化教室	构建1间专业教室，2间理实一体化教室，购置、开发2套专业教学软件
	校企合作教学研究	完成校企合作教改项目1项	完成校企合作教改项目1项
	职业素质教育	专业教学评价调研报告	建设教学评价题库1套

表1-9(续)

指标	指标内涵	取得的绩效	
		2012 年	2013 年
专业实训基地建设	校内实训中心建设	增加设备，改造和完善 3 个实训室：会计模拟手工实训室、会计电算化实训室 ERP 实训室	新增资产评估单项实训室、资产评估综合实训室建设工作
	评估软件及教学资源共享平台	购置资产评估软件 1 套	建成教学资源共享平台
	校外实训基地建设	研究实训基地建设，开发实训项目，建立完善学生实训和顶岗实习管理制度。 ①创新实训基地建设模式；②开发校外实训项目；③制定和修订学生实训和顶岗实习管理制度；④开展学生实训和顶岗实习；⑤校外顶岗实习实训管理指导系统正常运行，具备对学生在校外顶岗实习的监控、指导和管理条件，促进学生的实习实训工作开展，受益学生数占专业学生总数比例的 20%以上	开辟校外实训基地 ①新开辟 2 个校外实训基地；②校外顶岗实习实训管理指导系统正常运行，具备对学生在校外顶岗实习的监控、指导和管理条件，促进学生的实习实训工作开展，受益学生数≥60 人。在原有基础上增加 2 个紧密型实训基地，重点建设紧密型实训基地
师资队伍建设	专业带头人与骨干教师	启动专业带头人培养计划，确定培养对象，按专业带头人的培养规划进行培养。 ①专业带头人负责专业发展规划并对重点专业建设进行指导；②负责核心课程的建设工作；③负责骨干教师的培养工作	对培养对象的培养工作继续进行，培养对象在省内同类院校中具有一定影响力。 ①专业带头人负责的课程成为本专业的优质核心课程、精品课程，配套的教材建设完成，教材具有鲜明的工学结合特色；②培养对象到职业教育发达的国家考察并接受职业教育技术培训，时间不少于 3 个月
	兼职教师	聘请 5 名企业兼职教师，建立外聘兼职教师资源库。 ①聘用相关企业的经理、业务骨干和行业专家主要从事专业课程和实践课程的教学以及专业改革的相关事宜；②兼职教师参与学生就业的指导	形成稳定的兼职教师队伍，承担具体教学任务的行业企业专家（或技术能手）不少于 10~12 名。 ①兼职教师总数达到 10 人；②实践技能课程主要都由来自企业一线的兼职教师讲授；③专业课学时的 30%由兼职教师承担
	“双师”师资培养	引进硕士生 1 名，硕士及以上学位人数达 20 人，顶岗实践 2 人，研修 2 人，高级职称 10 人，“双师型”教师占教师比例的 60%	硕士及以上学位达 23 人，顶岗实践 4 人，出国研修 1 人，高级职称 11 人，“双师型”教师占教师比例的 70%

表1-9(续)

指标	指标内涵	取得的绩效	
		2012 年	2013 年
课程与教材建设	优质核心课程	根据工作岗位能力培养的教学要求，完成财务会计优质核心课程的建设工作	根据工作岗位能力培养的教学要求，完成财务管理优质核心课程的建设工作
	精品课程	建设校级 1 门精品课程	在原有校级精品课程的基础上，创建 1 门省级精品课程
	特色教材	组织编写特色教材 1 本	组织编写特色教材 1 本
	实训教材	编写实训教材 1 本	修订实训教材
	工学结合开发教材	编写工学结合开发教材 1 本	编写工学结合开发教材 1 本
	多媒体课件和仿真软件	根据教学需要，着手课件、电子讲义工作	教学案例库建设
社会服务能力	科技开发	为企业提供技术帮助	为企业提供技术帮助
	社会服务	在职职工培训服务	在职职工培训服务
	对口支援	为基层资产评估提供师资培训、义务支教	为基层资产评估提供师资培训、义务支教

六、项目建设资金预算

资产评估与管理专业项目资金投入预算详见表 1-10。

表 1-10　资产评估与管理专业项目资金投入预算

单位：万元

项目名称	子项目	资金预算及来源		
		2011.10—2012.9	2012.9—2013.6	合计
人才培养模式改革	人才培养模式	3	3	6
	“双证书”制度实施	2	3	5
	教学改革	5	5	10
	小计	10	11	21
课程与教材建设	课程建设	5	5	10
	教材建设	1	1	2
	教学资源库建设	5	5	10
	小计	11	11	22

表1-10(续)

项目名称	子项目	资金预算及来源		
		2011.10—2012.9	2012.9—2013.6	合计
专业实训建设	资产评估与管理专业校外实训基地建设	1	2	3
	资产评估与管理专业校内实训中心建设	45	45	90
	教学软件建设	20	10	30
	小计	66	57	123
师资队伍建设	培养专业带头人1人	3	3	6
	骨干教师培养	9	9	18
	青年教师培养	1	1	2
	培养兼职教师	3	3	6
	小计	16	16	32
社会服务能力		1	1	2
合计				200

七、建设保障措施

(一) 组织保障

学院成立以院领导牵头的“中央财政支持高等职业学校专业建设发展项目”建设领导小组，并成立项目建设工作小组及项目建设保障组，加强对学院申报工作的指导与协调，确保建设项目落到实处，取得实效。建设项目领导小组对项目建设工作实施统一协调、指导、监督，负责协调各工作组的工作，督促各工作小组编制建设方案、任务书和年度工作计划，监督、通报各工作小组的项目建设进展情况。工作小组按照项目建设方案和项目建设任务书的要求，负责编制资产评估与管理专业的年度建设实施方案并负责组织实施。保障小组负责资产评估与管理专业建设发展项目资金使用与管理，招生、人才引进、实习实训基地建设等各项政策的落实，为项目建设提供保障。

(二) 制度保障

学院将实行建设项目目标责任制，建立示范建设项目跟踪保障监测体系。学院按照国家有关财经法律法规和教高〔2007〕12号文件的规定，制定《中央财政支持高等职业学校专业建设发展项目专项资金管理办法》，对建设项目的资金投向及年度资金调度安排、固定资产购置等实行全过程管理和监督，建立资金管理责任制。根据工学结合人才培养模式改革的需要，完善人事分配和管理制度及激励政策。

学院建立一套校内实训基地的建设、运行、管理的制度体系，对校内实训基地进行统一规划。学院将制定《学生顶岗实习的管理办法》，确保学生在校内外企业顶岗实习的质量；制定《校内实训基地管理办法》，为师生提高实践能力、创造能力提供更广的空间和更方便的条件。修订教学管理和学生管理制度，建立有利于工学结合、校企合作人才培养模式建设，有利于教学做一体化的教学方法改革，有利于工学结合的课程开发，有利于提高实践能力和职业素质的管理与监控制度体系。制定政策和措施，推进教学资源库建设和实现优质资源共享，同时保护教师的知识产权。

（三）资金保障

学院将加大资金筹措力度，保证建设项目如期完成。同时，加强建设项目的管理，提高建设资金的使用效率。

在项目实施过程中，严格执行项目资金管理办法，实施项目目标管理、绩效评价、项目资金监督审计、项目效益综合评价等制度。强化激励机制，加强过程控制，定期进行项目建设情况和资金使用情况自检，掌握目标完成情况，提高建设资金的使用效率，及时发现和解决建设过程中出现的问题，确保项目整体效益和建设目标的实现。

（四）生源保障

学院经过多年的发展，我院社会美誉度逐年提高，自 2007 年以来，我院文理科录取分数线均高出省内控制线 100 多分，2011 年更是超过 200 多分，位列全省同类院校的前几名，保证了良好的生源，为资产评估与管理专业建设奠定了良好的基础。

（五）队伍保障

学院已经初步形成了一支师德高尚、业务精湛、结构合理、专兼结合、富有活力的“双师型”资产评估与管理专业教师队伍。“十二五”期间，学院将进一步加大师资队伍建设的力度，制定和完善“双师型”教师队伍建设保障措施和师资队伍建设规划、建设方案，尤其要加大专业带头人、骨干教师和兼职教师的培养和引进力度，致力于中青年教师的培养与其能力的提升，注重教师队伍结构的调整和教师实践能力的增强，有效保证建设项目的人力资源需求。

第六节　省级特色专业建设方案

资产评估与管理专业的省级特色专业建设方案与安徽省高职院校承接提质培优行动计划项目、中央财政支持高等职业学校提升资产评估与管理专业服务产业发展能力项目的建设方案是相辅相成的，并且它是在这两个方案的基础上进行的研讨和制定，因此内容与这两个方案基本一致，故此节省略。

第七节　安徽省高职院校承接提质培优行动计划项目——资产评估与管理教学创新团队

一、项目基本情况简介

（一）依托中央财政支持建设的国家重点建设专业、省级特色专业

资产评估与管理专业是我院开办较早的专业，从2005年开设以来至今已有15年历史（截至2020年年底），是学院的主干专业和特色专业，在2011年安徽省省级质量工程项目中获批“省级特色专业”，2011年申报“中央财政支持高等职业学校提升资产评估与管理专业服务产业发展能力项目”并获批，目前项目建设已经完成，成果显著。

近年来，资产评估与管理专业与工程管理系工程管理、房地产等专业实现了资源共享。建筑工程测量实训室是我院工程系主要的基础实验室之一，目前拥有水准仪、光学经纬仪、全站仪、红外线测距仪等常规测量仪器和设备。经过2016年安徽审计职业学院测量实训室建设方案二期，现又增加RTK GPS（1+3）模式4套，单基站1套，全站仪（2″精度）8套和全站仪（1″精度）2套，高精度水准仪2套，大比例尺成图软件CASS单机版4套和网络40节点。测量实训室教学的基本指导思想是以学生为本，加强理论联系实际，巩固和丰富课堂所学的基本理论知识，提升学生的实际操作技能，培养学生动手能力，使其进一步了解和掌握有关测量工作的基本程序，为今后从事实际工程中有关测量工作打下良好的基础，同时培养学生吃苦耐劳、克服困难、认真仔细和实事求是的工作作风和独立的工作能力。

（二）拥有一支专兼结合，“双师型”高素质的省级教学团队

为适应我省高等职业教育发展的需要，在资产评估与管理专业发展的过程

中，由我院会计系、工程管理系、商学系专业教师组成了精干的教学团队，高质量完成了专业教学任务，资产评估与管理教学团队在2013年安徽省省级质量工程项目中获批“省级教学团队”。为进一步提高教学质量，学院先后派出多名青年教师到校外进修学习，开拓视野，提升自身的理论水平；同时自2007年起不断引进高层次人才，充实教学团队；在加强校内师资力量建设的过程中，通过建立校企合作的平台，教学团队聘请知名的资产评估专业人士从事专业实践教学，丰富了实践教学内容，保证资产评估专业教学工作的顺利开展，由此形成了较为完善的教学团队。

2012年4月10日，资产评估与管理专业建设指导委员会成立，专业建设指导委员会除了校内老师，还聘请了合肥工业大学教授、资产评估事务所所长、企业董事长，打造了一支专兼结合的教师队伍。其中，硕士研究生以上学历20人，副教授以上职称12人，现有安徽省卓越教学新秀1名，安徽省教学名师2名，安徽省教坛新秀4名，线上教坛新秀1名。大部分老师具有企业工作经历，双师素质专业教师达到90%以上，资产评估师2人，注册会计师3人，税务师2人，注册造价工程师1人，监理工程师1人，一级建造师1人，注册咨询（投资）工程师1人，多名教师具备相关专业执业（职业）资格，如高级会计师、高级经济师、高级审计师、律师。团队聘请了9名企业的专业人员担任兼职教师。

（三）团队成员前期成果显著

资产评估与管理专业的教学团队由一支跨学科（管理、资产评估、审计、会计、金融）的研究梯队组成。成员有扎实的学术研究功底，部分成员具有企业工作的实践经验。成员在校内课程建设、专业建设、教科研、教学实践中发挥了重要作用。

教学团队近年来教学成果显著：教学团队成员主持和参与国家级、省级课题30项，其中服务安徽省审计行业的重点课题8项；教学团队成员发表论文40多篇。2020年资产评估基础与实务、统计基础、纳税实务三门课程获批省级示范课。2020年“新冠疫情下‘双线混融’教学的优化实践”获评安徽省线上教学成果一等奖，教学成果在全国高职高专校长联席会议中作为优秀案例展出。团队教师参加2020年安徽省高职院校教学能力大赛，获得二等奖1项、三等奖2项。在2020年安徽省大学生财税技能大赛中，3位老师获评优秀指导教师。

戴小凤、李娜、王佳、李程妮等老师于2018年、2019年、2020年指导学生参加“国元证券杯”安徽省大学生金融投资创新大赛，并获得6个一等奖、

12 个二等奖、29 个三等奖。戴小凤、李娜、周姗颖老师指导学生参加 2020 年安徽省大学生财税技能大赛，获得 3 个一等奖、7 个二等奖、2 个三等奖，3 位教师获评优秀指导教师。王佳等老师 2019 年指导学生参加安徽省职业院校技能大赛银行综合业务项目，两支队伍均获团体二等奖；2018 年指导学生参加安徽省职业院校技能大赛银行综合业务项目获团体二等奖。李程妮等老师 2019 年指导学生参加“安徽省职业学院银行综合业务技能大赛”，获得了 2 个二等奖；2019 年指导学生参加“2019 年全国高等职业院校银行业务综合技能大赛”获得三等奖。高洁老师指导学生参加第四届安徽省“互联网+”大学生创新创业大赛，获得就业组铜奖。王宏莹等老师指导学生在 2018 年安徽省职业院校技能大赛工程测量中获得 4 个团体三等奖。高洁等老师在 2018 年安徽省职业院校技能大赛识图比赛中指导学生获得团体二、三等奖。王宏莹等老师在 2018 年安徽省职业院校技能大赛中指导学生获得数字测图三等奖、一级导线三等奖、二等水准三等奖、工程测量二等水准三等奖。高洁等老师在第四届全国高等院校工程造价技能及创新竞赛工程计量中指导学生获得软件应用一等奖、团体三等奖。

二、项目建设目标

（一）总体目标

为深入学习贯彻习近平新时代中国特色社会主义思想和党的十九大精神，全面贯彻落实全国教育大会精神，根据《国家职业教育改革实施方案》决策部署，资产评估与管理专业群将打造一支高水平职业院校教师教学创新团队，示范引领高素质“双师型”教师队伍建设，深化教师、教材、教法“三教”改革。

资产评估与管理专业教学创新团队将以教学为主阵地，以教育科研为先导，以培训为主线，以网络为交流载体，立足教学实际，聚焦高职教育，打造优秀教师培养的基地、教学名师展示的舞台、教学示范的窗口、科研兴教的引擎，并通过开展系列行之有效的理论学习、教学研讨、公开课观摩活动、主题活动、专家引领等教育教学理论和实践研究活动，搭建促进中青年教师专业成长及名师自我提升的发展平台，使教学创新团队成为名师引领教师专业成长的“学习型、辐射型、合作型、研究型”的专业组织。

三年后（截至 2023 年年底），资产评估与管理教学创新团队能在省内外具有一定的影响力、知名度和美誉度，培养有一定知名度和影响力省、市、院级教学名师。发挥团队的引领辐射作用，使之成为教师专业发展的摇篮、教研活动的基地、交流互动的平台。

（二）具体目标

经过三年的培育和建设，资产评估与管理专业群将打造满足职业教育教学和培训实际需要的高水平、结构化的国家级团队，全面提升团队教师按照国家职业标准和教学标准开展教学、培训和评价的能力，全面落实教师分工协作、进行模块化教学的模式，辐射带动全国职业院校加强高素质“双师型”教师队伍建设，为全面提高复合型技术技能人才培养质量提供强有力的师资支撑。

第一，以省级特色专业建设为契机，以全面提升师资队伍整体素质为核心，以专业梯队建设为重点，以提高人才培养质量为目标，以技能型高素质人才队伍建设为突破口，努力建设一支适应高职教育教学改革与发展需要、数量充足、梯队合理、素质优良、“双师”素质高、“双师”结构合理的教学创新团队。

第二，以教学工作为主线，以先进的教育理念为指导，以人才培养质量的提高和省、院级教学改革项目的立项为目标，以专业建设、课程建设、实训基地建设为重点，构建以开展教学研究和课程建设为核心的教学创新团队。

第三，以学院专业群建设为契机，根据社会经济发展和行业对人才知识结构的需求，优化团队的专业结构，进一步提升学历层次，从而形成结构合理、学术氛围浓、协作精神佳、创新精神强的教学创新团队。

第四，以团队文化建设突出工作室的特色和优势，增加工作室成员的向心力和凝聚力，培养成员的奉献精神、责任意识和进取精神，加强成员间的沟通和协作，建立成员间的互动合作，相互学习，共同提高的机制，实现团队整体素质的提升。

三、项目建设方案（含项目成果在全省高校示范推广计划）

（一）团队教师能力建设

1. 团队培养高层次专业带头人

完善团队培训制度，强化“双师型”创新团队建设。培养1~2名评估领域的专业带头人，具备专业规划、技术服务及科研能力的专业带头人；安排校内外专业带头人进行国内外进修，使他们具备较强的专业课程开发水平和专业能力，主导完成专业核心课程开发，带领团队完善具有专业特色的课程体系及教学标准，提高专业带头人的自身教科研水平和专业水平；积极引导专业带头人担任行业协会或政府部门的顾问、技术专家等职务，逐步提高其在本行业内的知名度和影响力。项目建设期，团队将积极申报省级以上“双师型”名师工作室或技能大师工作室。

2. 培养“双师型”骨干教师

团队中有企业背景或技能水平较高的教师，重点提高其职业教育（简称职教）能力；教学水平高的教师，重点提高其实践技能，引导团队教师都达到“双师型”教师标准。安排骨干教师到实践基地和企业锻炼，提升其实践操作能力；参与高水平国内外学术交流和进修；参加课程开发培训和专业能力培训或锻炼，提升团队整体教学质量。

建设周期内，鼓励团队成员获得更高级别的骨干教师或技术能手称号。制定教学创新团队工作方案和成员培养方案（包括培训目标、培训内容、培训形式、研究专题、培训考核等），指导和帮助工作室成员在工作周期内达到培养目标。教学创新团队的基础培养目标是使团队成员成为学有专长、术有专攻的知名教师。有目标、有步骤的培训，帮助团队成员实现师德修养出样板，课堂教学出质量，课题研究出成果，管理岗位出经验的目的。发挥他们在学科中的示范、辐射和带头作用，力争形成名优群体效应。建立教学创新团队负责人及成员个人纸质的和电子档案，记录每个成员的成长足迹，包括个人发表的文章、优质教案、学习笔记、获奖证书等资料，总结自己的成长历程，为团队的后续发展提供资源。

3. 强化企业兼职教师建设

聘请具有至少5年专业技术工作经验或10年以上管理经验的企业兼职教师担任实践环节的指导教师，加强对学生实践技能的培养，让企业兼职教师参加课程开发培训和专业能力培训或锻炼，提升其职教水平和教学能力；与学校教师共同编写课程标准及数字化活页式教材，提高其课程开发能力。

4. 提升教学团队的国际化、专业化素质

每年安排教师参加国内外进修或学术会议。让团队教师参加高职教育素质培训，提高教师对职业教育的理解和认识，提升职教能力，使其具备一定的课程开发能力，提高教学质量；支持团队教师定期到企业实践，学习专业领域先进技术，促进关键技能改进与创新，提升教师实习实训指导能力和技术技能积累创新能力。鼓励教师积极承担实训室的建设任务，引导团队教师达到“双师型”教师标准。逐步建成一支在评估领域有较高学术造诣，具备国际视野，“技学一体”的专兼结合教学团队。

5. 加强技术服务能力培养

安排教师到企业锻炼或参加有助于技术服务能力的培训，鼓励教师担任行业、企业职务，参与企业横向课题和技术服务工作，开展校内外职业培训。

（二）团队创新校企合作体制机制，深化人才培养模式改革

1. 建立团队建设协作机制

按照资产评估与管理专业群，完善校企、校际协同工作机制，提高团队建设的整体水平，推动专业设置与产业对接、课程内容与职业标准对接、教学过程与生产过程对接，深化产教融合。联合政府、行业企业和相关中高职院校建立协作共同体，增强立项院校之间的人员交流、研究合作、资源共享，在团队建设、人才培养、教学改革、职业技能等级证书培训考核等方面协同创新。推动院校与企业形成命运共同体，共建高水平教师发展中心或实习实训基地，在人员互聘、教师培训、技术创新、资源开发等方面开展全面深度合作，促进“双元”育人，切实提高复合型技术技能人才培养质量。

2. 团队完成共育人才培养方案的制定与实施

团队组织高职院校、行业专家和职业教育专家，根据企业相关职业岗位的工作分析，按照相关国家（行业）职业标准和职业鉴定考核要求，制定科学的人才培养方案，制定科学规范的专业教学标准及课程标准。

（1）开发、设计资产评估与管理专业人才培养方案。

资产评估与管理专业是我国近年来发展较快的一个应用性专业，也是我院成立较早的专业之一。近年来，随着社会对资产评估专业人才需求的不断增加，我院招生数量不断增加，招生范围逐步扩大。为适应社会需求和专业发展的需要，同时切合高职教育要以市场需求和就业为导向的实际，本教学团队面向社会生产、服务、管理第一线，培养综合素质较高、实践能力较强的复合型应用型人才，并且探索制定并修改完善了本专业人才培养方案。

①开展全方位专业调查与深入研讨，明确企业所需评估人员的工作岗位及岗位标准。

自2005年创建资产评估专业以来，在对安徽省内各类企业和往届毕业生的广泛调查基础上，我院不定期举行专题研讨活动，经过校企共同研讨和行业企业专家充分论证，明确企业所需评估人员的工作岗位及主要工作任务，确定与经济社会发展需要相匹配的人才培养目标。

专业培养目标为：资产评估与管理专业为银行、保险公司、证券公司、资产评估事务所及其他企事业单位培养掌握扎实的资产评估理论基础，熟悉资产评估与管理专业的原理性知识，有一定的专业外语和计算机应用水平，具备较强的综合分析与决策能力，具有良好的职业道德和敬业精神、较强的市场经济意识和社会适应能力的高素质技能型人才。

②以工作岗位的任务为导向，研讨主要工作任务对应岗位所需的职业

能力。

教学团队通过与资产评估一线人员的不定期交流研讨活动，以目标工作岗位为基础，对相应工作岗位的主要工作任务进行分析与归纳，并通过研讨确定对应岗位所需的职业能力。

③对已确定所需的各种能力进行分析与汇总，并归纳形成专业课程体系。

教学团队召开以专任教师为主体的研讨会，对已确定所需的各种能力进行分析与汇总，并归纳形成专业课程体系以培养学生所需获得的各种能力。

④结合我院发展的需要及资产评估行业特点，适时修订与完善了专业人才培养方案。

结合我院发展的需要及资产评估行业特点，定期召开教学团队与行业企业专业人才合作的研讨会，校企共同研讨人才需求的变化和就业等问题，适时修订与完善了专业人才培养方案，满足不断变化的行业的人才需求。

（2）实施专业（群）人才培养方案。

①团队分工协作，促进人才共育的形式。

资产评估专业教学团队按照制定完善的人才培养方案，采用专兼结合、校企合作的形式进行人才培养，将教学管理延伸至企业，实现学校资源与企业资源的共享。教学团队以资产评估教研室为主，同时吸收了行业企业中从事资产评估一线工作的人作为兼职教师。团队中既有分工又有协作：教学方面，资产评估教研室专职教师主要负责在校内进行的理论及实训教学一体化的课程教学，兼职教师主要负责学生在校外实训基地进行的岗位实习的指导工作；在课程开发方面，兼职教师与专职教师共同开发课程，充分发挥兼职教师实践经验丰富的优势，以便利于基于工作过程、任务导向来开发课程，使得所开发的课程更加贴近实际工作岗位的需求；在校内实训开展方面，以专职教师为主，兼职教师参与共同建设；在校外实训基地建设方面，专、兼职教师共同参与，以加强专职教师对行业现状的了解，追踪专业前沿，及时更新教学内容，改革教学方法。

②团队分工协作，实施人才共育的途径。

为实现人才培养目标，按照既定的人才培养方案，团队成员明确职责，通力合作，根据资产评估专业群人才培养需要，学校专职教师和行业企业兼职教师发挥各自优势，分工协作，专职教师主要负责理论课程、制定课程大纲和教学方案、组织教学资源、建立考核方式与考核标准等教学设计工作，兼职教师主要开展实训技能课程与岗位实习指导工作。

③团队分工协作、实施人才共育的方法。

定期举行团队教学研讨会，在会上进行理论教学特别是实践教学内容、教学方法、教学手段、工学结合培养途径等内容的研究，不断改进人才培养方案，提高人才培养水平。进行精品课程、网络课程等课程的开发建设工作，制作教学课件、教学案例、实训习题、教学视频，不断更新教学内容，提升实训教学质量。实施专兼结合的人才培养方案，使专职教师与兼职教师在教学过程中相互探讨、深度融合，不断完善人才共育的方法。

（3）完成人才培养模式改革。

按照"五个对接"的校企合作思路，学院对接行业（企业）、专业对接职业、课程对接岗位、教师对接师傅、学历证书对接职业资格证书，完成校企合作、工学结合、岗位实习的人才培养模式改革。课堂教学、校内实训、校外实习紧密结合，使职业技能培养效果更加显著，学生就业创业能力日趋增强，实现学校、企业、学生三赢。

（三）课程体系与教学资源

1. 构建对接职业标准的课程体系

组建由评估行业专家为主的专业建设指导委员会，针对区域内评估行业对专业人才的需求进行专项调查，获取行业、企业对人才需求的准确数据，按照职业岗位工作实际需要，服务"1+X"中的"1"与"X"的有机衔接。校企共同研究制定人才培养方案，按照职业岗位群的能力要求，完善课程标准，横向综合有关知识和技能，按照工作过程系统化的要求，重构由职业通用课程、职业核心课程和职业拓展课程组成的工作过程系统化课程体系，形成成熟的教学资源库。其中职业核心课程涵盖资产评估师的相关内容，职业拓展课程为学生个性化发展提供平台，同时结合人才培养需求，开设符合合作企业岗位要求的课程，包括与评估类专业群等职业发展岗位相关的拓展课程。

2. 设计校企合作培养课程体系

校企对接，由企业提出定向培养计划，学院招生，学院与企业共同培养，企业负责学生就业，实现从招生、培养、就业到企业经营、生产的全方位、全过程的校企合作。校企合作专业学生既是学校学生，也是企业员工，在接受国家高等职业教育同时，还要接受企业培训，感受企业文化，学习规章制度、组织机构，了解经营产品、营销策略及企业发展规划。根据企业岗位群对人才的要求，校企双方共同制订人才培养计划，开设适应岗位职业能力的课程；企业推荐经验丰富的技术人员、管理人员作为兼职教师，负责参与部分职业核心课程标准的制定及教学、实训工作；企业在实训中心建立企业实训室；企业负责接收“冠名校企合作班”全部学生就业。校企双方充分利用设备、技术、实习实训基地和人力资源上的优势共同培养高技能人才。

校企共同制定人才培养方案和课程体系。职业通用课程由学校完成，职业核心课程和职业拓展课程根据企业人才的培养需求来制定校企合作培养课程。在这一过程中，由企业安排实习，让学生了解合作企业的基本情况；完成职业核心课程后在企业安排专门化的实习，增强学生专项技能，最后安排合作企业岗位实习，同时穿插一些企业课程。

3. 加强优质教学资源库建设

在选用国家高职高专规划教材的同时，由专业带头人、骨干教师与企业技术专家合作编写符合企业生产一线要求的、代表本专业前沿技术的校企合作教材。同时开发与教材配套的案例库、试题库、网络学习资源，建设共享型专业教学资源库，使学生在就业实践阶段利用网络资源自主学习。建立科学合理的教材选用制度，优先选用获省部级以上奖励的教材，选择在全国有影响力的出版社出版的教材，选择全国同行评价较好的教材。编写出版 2~3 本校企合作教材和 2~3 本新型活页教材，完成所有实践环节的实践指导书编写。

以“跟踪先进、共性优先、共建共享、边建边用”为原则，以系统开发在全国范围内具有普适性和先进性的评估类专业人才培养方案及其课程体系、形成专业教学素材资源为核心，采用“整体顶层设计、先进技术支撑、开放式管理、网络运行”的方式，通过“课程开发在前、资源建设在后、平台同步跟进、持续更新发展”的过程，建设教学资源库，推动专业教学改革，提高专业人才培养质量，提升专业的社会服务能力。

（四）创新团队协作，更新教学观念，深化模块化教学模式

1. 团队成员完善专业课程标准开发和教学流程重构

（1）课程标准开发。

开发、完善资产评估与管理专业群所有专业核心课程的课程标准。

（2）以工作过程为导向，将职业资格标准融入课程。

以工作过程为导向，以综合职业能力培养为核心，将职业资格标准融入课程，对工作任务进行分析、归纳，基于各岗位职业能力的要求，设计学习领域和学习情境。

（3）改革考评及评价方式。

职业核心课程要基于“一体化”的教学模式，结合校企合作企业的人才需求来考评。阶段评价、过程评价和目标评价相结合，理论考核与实践考核相结合，单项能力考核与综合素质评价相结合，着重考核学生掌握所学学习领域

的职业能力，强调学生综合运用所学知识和技能来分析、解决实际问题的能力。

2. 团队建设优质核心课程，进行课程结构再造

（1）各专业带头人、企业专家、课程骨干教师构成课程建设小组。

课程建设小组统筹课程的全面建设工作，实行课程建设责任制。根据工作过程做好教学内容的选取和排序工作，及时调整教学内容，吸纳新知识、新技术、新工艺、新材料、新规范、新标准等，将职业道德、安全意识、环保意识等纳入课程内容中。同时，构建“思政课程”与“课程思政”大格局，全面落实“三全育人”，实现思政政治教育与技术技能培养融合统一。

（2）建构以培养学生综合职业能力为出发点的课程体系。

转变培养方式，以学生为中心，健全德技并修、工学结合的育人模式，以工作过程为导向，以培养高技能人才为目标，建构以培养学生综合职业能力为出发点的课程体系。职业核心课程通过任务驱动或案例教学等方法，在真实或模拟的教学情境中进行学习，实施“教、学、做”一体化教学模式。

（3）采取灵活、多样的教学方法。

依托校内工学结合实训室、生产性实训基地和校外实训基地，根据具体工作任务，相应采取灵活、多样的教学方法。突出学生的主体地位、挖掘长处、考虑个性、因材施教。加大职业核心课程现场教学的力度，使核心课程实现“教、学、做”一体化，使学生熟练掌握实际操作技能，促进科研与教学互动，积极引导学生参与教师科研项目及科研活动。指导学生参加各类创新创业比赛，提升学生的可持续发展能力。

（4）合理运用现代教育技术手段。

合理运用现代教育技术手段，充分利用网络、录像、网络课件、教具及实物等多种手段，使教学效果直观、立体。将职业道德与企业文化结合起来进行教学，将吃苦耐劳、团队意识、环保意识和一丝不苟的敬业精神与实训实习结合起来进行教学。重点培养学生的学习能力、协作能力、沟通能力和创新能力，使学生能做、能说、能写、能敬业、能创新。

（五）形成高质量、有特色的经验成果

积极与世界职业教育发达国家开展交流合作，学习先进经验并不断进行优化，改进团队建设方案。总结、凝练团队建设成果并进行转化，将其推广应用于全国职业院校专业人才培养实践，形成具有中国特色的职业教育教学模式。落实“走出去”战略，加强技术技能人才培养的国际合作，不断提升国际影响力和竞争力。

四、项目建设进度安排

（一）2021 年 3 月—2021 年 12 月

（1）团队组建。团队组成的分工为，筹备项目组，召开前期会议，明确成员分工，讨论项目实施计划；完善工作制度，指导团队成员制定个人发展规划，建立团队专题 QQ 群、微信群等网络交流平台。

（2）人才培养。一是在学院资产评估与管理专业开展深入调研，了解专业学生的学习和就业现状，了解其他高职院校相关专业学生的培养情况。二是实地考察了解用人单位的人才需求，通过访谈等形式，走访毕业校友、深入实训单位、调研具有代表性的行业和企业，了解用人单位对评估人员的技能要求与现状，广泛听取意见和建议。

（3）团队建设。明确团队成员发展方向，论证并确定与资产评估与管理专业群发展趋势相结合的专业结构；适时组织成员到国家级、省级教学创新团队进行参观学习；申报 2~3 个省级课题，以课题促进成员研究能力的提升，引领团队常规工作。

（4）教学改革与创新。负责人深入团队成员的课堂教学，定期随堂听课，并针对课堂教学中的问题进行深入研讨与纠正；带领团队成员参加各级教研活动和各级各类教育教学相关比赛；发挥名师的示范辐射作用，带领成员深入研究教材，不断改革创新教学模式，使得每位成员的教学技能都得到显著提升。

（二）2022 年 1 月—2022 年 12 月

（1）人才培养与教育模式改革。邀请相关院校从事资产评估与管理专业教学的教师和行业企业中从事资产评估一线工作的人员参与研讨，就资产评估与管理专业人才培养方案的开发、设计进行研讨和交流。项目组运用系统分析方法和教育系统化思想，进行教学模式设计、教学内容调整、教学方法改进、教学理念革新等。

（2）团队建设。明确团队成员培养目标与方法，引进名师、技能大师。鼓励教师参加教学方法及实践技能培训，参与企业评估实践，提高现有专业教师的素质和业务水平。成员积极参与系统学习学科的前沿理论与课程改革理论等读书活动，撰写读书笔记提高自身理论修养，并定期在团队宣传网络平台发表读后感言，交流心得体会，以互学互助的方式实现成员的共同成长。开展相关教育教学观摩活动及相关专题讲座，通过现场和名师交流进一步探究教学方法。推进团队课题研究，成员能独立承担或参与课题研究工作，指导教师撰写高质量的论文，并在核心期刊上发表。

（三）2023 年 1 月—2023 年 12 月

（1）教学改革与人才培养方式创新。在资产评估与管理专业，实施教学改革与人才培养方式创新，将技能培养融入教学和考核中，通过对比分析，不断调整、完善、修正和补充。总结实施过程中的问题、难点与方法，形成初步的改革经验和研究心得。

（2）团队建设。制定团队建设与专业结构优化方案。创新专业教学团队组织模式，实施以专业带头人为核心，以教研室为载体，动态组合、专兼结合、校企合作的组织模式。组织资产评估专业教师积极申报科研、教研课题，通过课题研究使团队专业教师在整体学术水平和教学业务能力上得到大幅提升。逐步加大兼职教师的比例，坚持“引聘名师、培养骨干、校企合作、专兼结合”的原则，积极拓宽师资队伍的来源渠道，优化教师队伍，实行激励与制约相结合的方式，健全管理机制，打造一支校内外专兼结合、双师素质突出、双师结构合理的优秀教学创新团队。

（3）人才培养。跟踪实习及就业状况，对学生掌握的知识和技能情况进行记录和反馈，对学生参加职业资格认定情况进行统计，检验教学成效。

（4）成果推广、项目总结。针对性地调整教学与培养方式，进行微调，整理研究成果，形成研究报告与研究论文。举行“名师培养对象课例展示活动”，加强网络平台建设实现教学资源共享。形成个人教学理念、特色，完成学习记录及总结等。完成团队教育教学科研成果展示，力求在教学科研、实践上对教师起到示范、引领作用。提交研究的成果材料和项目总结材料，接受评估。

五、预期成果（含主要成果、特色）

（一）教育教学改革，建设“课证合一、第三方考核评价、持续改进”的课程体系

在专业群建设中，学院根据就业岗位群技能分析，在企业导师的指导下，实施了“课证合一、第三方考核评价、持续改进”的课程体系。每一教学模块中，根据岗位职业技能培养的要求，制定相应知识目标、技能目标及实践训练项目。

在专业群中全面推行职业能力与教学内容相融合的模式，通过对理论与实践教学内容的全面梳理，在保证高职教育必要的文化思想素质和岗位适应能力的培养的前提下，将职业资格证书要求的“应知”“应会”内容融入教学体系与教学内容中，从教学整体设计上来保证毕业生实践能力的提高和职业任职资

格的落实。校企合作企业不仅参与研究和确定培养目标、教学计划、教学内容和培养方式，而且参与实施与企业结合的相关部分培养任务。

（二）完成人才培养模式改革

按照“五个对接”的校企合作思路完成校企合作、工学结合、岗位实习的人才培养模式改革。课堂教学、校内实训、校外实习紧密结合，职业技能培养效果更加显著，学生就业创业能力日趋增强，实现学校、企业、学生三赢。

（三）建设一支教学质量高、教学成果丰硕的国家级教学创新团队

围绕高水平专业群建设目标和评估高技能人才培养要求，结合学校名师培养工程项目，培养一批社会知名度高、行业影响大的省级教学名师、技能大师、专业带头人和骨干教师，建成一支由解决技术难题的大师、具备熟练操作技能的企业导师和一批既能熟练讲授专业理论，又能传授专业实践技能的教学能手组成的专兼结合的高水平师资队伍。

通过培养、引进、聘任等途径，建设一支结构合理、素质优良、专兼结合、教学质量高、教学成果丰硕的国家级教学创新团队。

（四）树特色专业，培养高技能人才

通过深化校企合作，深度与合作企业落实“双元合作、协同育人”机制，推进校企深度合作，实施“学、研、产”三位一体的创新人才培养模式，全方位、多途径提升学生自主学习、终身学习、团队协作、创新创业的能力。与国家标准对接，针对行业岗位需求，构建以核心职业能力培养为主线，“基础通用、模块组合、各具特色”为核心的专业课程体系，开发具有特色的人才培养标准和课程标准。围绕专业群建设目标，建成教学资源库，建设1~2门省级优秀在线课程。

建成的资产评估与管理专业是实训内容综合、人才培养模式工学结合，在安徽省乃至全国起到引领、示范和辐射作用的特色专业。通过学历证书与职业资格证书相结合、学校教育与企业实践相结合、职业技能教育与职业道德教育相结合的培养，把毕业生培养成为“会做人、能做事、有知识、懂技能、就业发展后劲足”的高技能人才。

（五）建设“校中企”实训基地，开发“企中校”实习基地

与国家标准对接，针对行业岗位需求，校企共建全国先进水平的实践基地，构建“学、研、赛”一体化的开放共享型智慧财经工场、智能评估共享中心、资产评估职业技能鉴定中心、移动云教学平台、资产评估综合服务云平台。

按照“课程实训—综合实训—实战”的指导思想，建设校内实训环境。

通过模拟真实的工作环境，构建理论与实践相结合的情境教室，利用现代化信息技术虚拟真实的工作流程，使学生了解资产评估业务流程等相关知识，掌握专业岗位（群）所要求的工作技能；通过引进一线资产评估行家能手，利用实训中心培养学生的就业、创业能力；通过引入企业建立“校中企”，让学生在真实的环境中实战，完成资产评估技能的培养。

以职业岗位技能为核心，以培养学生专业能力、方法能力和发展能力为基本点，以工作过程为导向，找准企业与学校的利益共同点，建立校企合作的持续发展机制，实现互惠互利、合作共赢，实现校内实训基地的模拟性、共享性，校外实训基地的实践性、实习性，将资产评估与管理专业实训基地建设成融教学、培训、职业技能鉴定和技术服务功能于一体的国家级职业教育实训基地。

（六）提高专业辐射能力，广泛开展社会服务

发挥专业群师资团队、智慧财经工场、智能评估共享中心、资产评估职业技能鉴定中心、移动云教学平台、资产评估综合服务云平台和校企合作实践基地的优势，搭建学校、企业、行业公共服务平台，加强应用技术研发、科技成果转化和社会培训服务，计划完成教学成果奖 1 项、省级以上科研成果 1 项、专利 2~4 项。充分发挥专业群师资队伍的建设示范作用，带动专业群内相关专业的发展。

完成教学团队教育教学科研成果展示，力求在教学科研、实践上对全校教师起到示范、引领作用。举行“名师培养对象课例展示活动”，加强网络平台建设实现教学资源共享。

建立大学生劳动素养与技能发展均衡的课程体系，将劳动素养、美育课程纳入课程体系，确保在校大学生每学期参加劳动及社会实践不少于 32 学时，年均参与人数实现专业群所含专业全覆盖。

项目建成后，不仅能满足资产评估与管理专业的教学和实习的需要，还可为工程造价、财务会计、财务管理等专业提供实习、实训条件，实现师资等资源的共享；还可以进行企业人员、专业人员后继教育培训，如企业管理人员沙盘培训、职业证书培训，为地方经济发展服务。

六、所在单位支持与保障措施

（一）加强领导落实责任，建立健全组织机构

成立项目建设领导小组、工作小组、监控小组。工作小组下设具体项目组，责任落实到人。加强对项目建设的领导、监督，及时协调解决项目建设中遇到的困难和问题，为项目建设提供组织保障。

领导小组由学院领导担任。各具体项目小组负责人由各专业教研室主任、专业带头人担任，成员包括专业群组成，负责整合各专业资源，保障项目进行。

项目建设监控小组包含财务、纪检等部门，主要保障项目任务质量及资金安全。

（二）规范管理，建立高效运机制

采用项目分级管理方式，把专业群建设项目分解为几个子项目，各子项目再划分为若干个任务，每个任务再划分为若干个建设点。每个子项目负责人制订进度计划，总负责人对项目进行跟踪，确保各子项目按照既定的质量标准按时、按量完成。

（三）加强培训，打造一流项目团队

组建项目团队及子项目建设团队，制订培训计划，对项目负责人和团队成员进行项目管理、实施等方面的培训。通过培训，提高项目负责人对项目的整体操作能力，及时跟踪项目进展，有效监督项目计划和预算，提高质量和控制意识，降低风险，最大限度地发挥建设项目的作用。在项目建设中，团队成员明确自身在项目建设中的职责，提高团队成员的工作效能，确保项目的顺利实施。

七、经费预算

项目的经费预算见表1-11。

表1-11　经费预算

序号	支出科目	金额/元	计算根据及理由	使用年度
1	人才培养模式改革	20 000	主要用于相关产业和领域发展趋势人才需求的调查研究及举办相应的研讨会，人才培养，“双证书”制度实施，毕业生回访	2021—2023
2	课程与教材建设	20 000	课程体系构建与校企合作教材建设	2021—2023
3	专业实训建设	50 000	主要用于校内外实训实践教学基地的拓展和建设	2021—2023
4	共享型专业教学资源库建设	40 000	主要用于教学资源库的建设	2021—2023

表1-11(续)

序号	支出科目	金额/元	计算根据及理由	使用年度
5	师资队伍建设	50 000	专业带头人、骨干教师、“双师型”教师队伍建设	2021—2023
6	社会服务	10 000	用于社会服务	2021—2023
7	成果推广等其他费用	10 000	项目其他费用支出	2021-2123
8	合计	200 000		2021-2123

第二章　资产评估与管理专业人才培养方案

资产评估与管理专业人才培养方案是资产评估与管理专业的基本教学文件，适用于我院高等职业教育（专科）资产评估与管理专业。它是资产评估与管理专业组织开展专业教学活动、实施专业人才培养、进行专业建设和开展质量评价的基本依据。

本方案制定的依据是教育部的《高等职业学校专业教学标准（试行）：财经商贸大类》，由资产评估与管理专业教学团队调研起草、专业建设指导委员会论证、系党政联席会审核、学院教学工作委员会（学术委员会）评议、学院院长办公会和党委会审定后发布实施。

一、专业名称及代码

专业名称：资产评估与管理

专业代码：530102

二、入学要求（招生对象）

普通高等学校全国统一考试招生对象：高级中等教育学校毕业或具有同等学力人员。

三、修业年限

学制：3 年。

四、职业面向

本专业主要面向资产评估和房地产评估行业，学生毕业后主要从事资产评估、房地产估价及二手车估价等相关工作，也可以从事企事业单位会计、审计、工程造价等相关岗位工作。具体从事的就业岗位见表2-1。

表2-1 资产评估与管理专业职业面向

所属专业大类（代码）	所属专业类（代码）	对应行业（代码）	主要职业类别（代码）	主要岗位群类别（或技术领域）举例	职业技能等级证书、社会认可度高的行业企业标准和证书、“1+X”证书举例
财经商贸大类（53）	财政税务类（5301）	商务服务业（72）	评估专业人员（2-06-06-01）	资产管理、资产评估师助理	资产评估师、初级会计师、初级审计师、智能估值（“1+X”）、智能财税（“1+X”）、智能审计（“1+X”）

五、培养目标与培养规格

（一）培养目标

本专业旨在着力培养高素质劳动者和技术技能人才，为银行、保险公司、证券公司、资产评估事务所及其他企事业单位培养掌握扎实的资产评估理论，熟悉资产评估与管理专业的基础性知识，达到一定的外语和计算机应用水平，具备较强的综合分析与决策能力，具有良好的职业道德和敬业精神，区域发展急需的“以评估精神立身、以创新规范立业、以自身建设立信”的高素质技术技能人才，使其成为德智体美劳全面发展的社会主义建设者和接班人。

（二）培养规格

本专业所培养的人才应符合以下知识结构要求、能力结构要求与素质结构要求：

1. 知识结构要求

现代社会是一个法制化、信息化和全球化的社会。了解法律知识，熟练掌握信息技术等基础知识是学生融入社会时必须具备的基本文化素养。在此基础上再熟练掌握专业知识才能更快更好地融入社会。为此，资产评估与管理专业为学生设置了相应的知识结构要求。

（1）了解中国特色社会主义理论体系的基本原理知识；

（2）了解国家的政治经济形势与政策；

（3）熟练掌握信息技术基础知识；

（4）掌握必备的英语与高等经济数学基础知识；

（5）掌握必备的身心健康知识、必要的法律知识和国防教育知识；

（6）掌握资产评估基础理论知识；

（7）熟悉并掌握与资产评估与管理相关的法律知识、行业法规、监管规章；

（8）掌握每个职业岗位所必需的职业理论知识、操作技能；

（9）了解国内外资产评估与管理的新理论、新动向、新成就。

2. 能力结构要求

本专业学生在全面掌握资产评估与管理基本理论和业务知识的基础上，还要具有以下能力：

（1）具备起草工作计划、总结等工作中常用应用文的能力；

（2）具备运用马克思主义基本原理分析和解决问题的能力；

（3）具备一定的英语听、说、读、写、译能力；

（4）具备信息技术能力及信息的获取、分析与处理的能力；

（5）具有从事实际业务工作的能力，具备相应的职业技能；

（6）具有独立搜集、处理信息的能力；

（7）具备撰写资产评估报告的能力；

（8）具有独立获取知识的能力；

（9）具备提出问题、分析问题和解决问题的能力及较强的创造能力；

（10）具有较强的社会活动能力、协调组织能力和社会交往能力。

3. 素质结构要求

（1）热爱社会主义祖国，拥护党的基本路线；

（2）了解中国特色社会主义理论体系的基本原理；

（3）具有爱国主义、集体主义、社会主义思想和良好的道德品质；

（4）遵纪守法，有良好的社会公德；

（5）具有创业精神、良好的职业道德、服务意识和团结协作精神；

（6）具有从事本专业工作的安全生产、环境保护、职业道德等意识，能遵守相关的法律法规；

（7）树立社会主义和集体主义为核心的人生观和价值观；

（8）拥护党的各项路线、方针、政策，有较强的参政议政意识；

（9）树立社会主义民主法治观念；

（10）具有较高的文化素养，较强的文字写作、语言表达能力，健康的业余爱好，掌握社会科学基本理论、知识和技能，有较强的逻辑思维能力；

（11）具有正确的学习目的和学习态度，养成勤奋好学、刻苦钻研、勇于探索、不断进取的良好学风；

（12）掌握学习现代科学知识的方法，积极参加社会实践和专业技能训练，善于了解专业发展动态；

（13）树立科学的强身健体和终身锻炼的意识；

（14）具有自尊、自爱、自律、自强的优良品质；

（15）具备较强的适应环境的心理调适能力；

（16）具有不畏艰难、不屈挫折、坚忍不拔、百折不挠的毅力和豁达开朗的乐观主义精神。

六、课程设置及要求

本部分内容分为课程体系、公共基础课、专业（技能）课程，具体内容与第一章第一节第七部分一致，将其以表的形式进行归纳展示，详见表1-2，故此不再赘述。

本专业的课程设置及教学进度总体安排见表2-2。

表 2-2　资产评估与管理专业课程设置及教学进度

课程名称			考核方式	学期周学时及周数分配									
				学分	总学时	理论	实践	一	二	三	四	五	六
课程类别	课程性质	思想道德与法治	试	3	48	40	8	3					岗位实训
		毛泽东思想和中国特色社会主义理论体系概论	试	4	72	60	12		4				
		形势与政策	查	1	48	36	12	每学期开设 8 课时					
		党史国史	查	2	36	36	0			2			
		军事理论	试	2	36	36	0						
		军事技能	试	2	112	0	112	2 周					
		心理健康教育	查	2	32	24	8	第一学期开设 12 课时，第二学期开设 20 课时					
		职业发展与就业指导	查	4	76	44	32	每学期开设 18 课时，其中：10 课时理论，8 课时实践				讲座 4 课时	
		高等数学	试	8	136	136	0	4	4				
		英语	试	8	136	100	36	4	4				
		信息技术基础	试	4	64	32	32	4					
		体育	查	4	68	4	64	2	2				
		大学语文	查	2							2		
		建筑美学鉴赏	查	2	36	36	0					2	
		劳动教育	查	1	16	12	4	大一每学期开设 8 课时，其中 6 课时理论，2 课时实践；大一、大二每学期的第 1、2、13 周为学院劳动周					
		大学生国家安全教育	查	2	36	18	18	2					
		大学生创新基础	查	2	36	18	18		2				
		大学生防艾健康教育	查	2	36	18	18			2			
		大学生创业基础	查	2	36	18	18				2		
小计				57	1 060	668	392	19	16	4	4	2	

表2-2(续)

课程名称			考核方式	学期周学时及周数分配									
				学分	总学时	理论	实践	一	二	三	四	五	六
专业(技能)课	专业课基础课	基础会计	试	5	96	64	32	6					
		统计基础	试	3	54	36	18					3	
		★经济法基础	试	4	72	48	24	4					
		管理学基础	查	4	64	32	32	4					
		★初级会计实务	试	12	216	144	72		6	6			
		成本会计	试	4	72	54	18			4			
	小计			32	574	378	196	14	6	10	0	3	
	专业核心课	★资产评估基础与实务	试	12	216	144	72		6	6			
		资产评估案例	查	6	108	72	36			6			
		资产评估专业模拟实训	查	6	108	0	108				6		
		★纳税实务	试	4	72	54	18		4				
		★财务管理	试	4	72	54	18				4		岗位实习
		★审计基础	试	4	72	48	24					4	
	小计			36	648	372	276	0	6	12	10	4	
	专业拓展(实践)课	Excel 在财务中的应用	查	4	72	18	54				4		
		应用文写作	查	2	36	12	24					2	
		房地产开发与经营	查	4	72	48	24				4		
		财政与金融	查	4	72	36	36					4	
		公共关系与商务礼仪	查	2	36	12	24					2	
		建筑工程计量与计价	查	4	72	0	72					4	
		岗位实习	查	30	540	0	540						
	小计			50	900	126	774	0	0	0	8	12	
总计				175	3 182	1 544	1 638	33	28	26	22	21	

七、实施保障

本专业的实施保障除了第一章介绍过的师资队伍、教学设施、教学资源，还包括教学方法、学习评价、质量管理等方面。此处将具体介绍教学方法、学习评价、质量管理三方面。

（一）教学方法

为适应课程建设需要，本专业组织教师加强学习，建构科学、先进的教学方法与手段，积极拓展新的考试模式，提高教学质量。

（1）教学方法及内容的改革：加大慕课、微课、翻转课堂教学，项目驱动教学，案例式教学，讨论式和场景式、多模式教学方法的实施力度。

（2）规范实践教学环节，完善各种监控考核措施，提升实训效果。

（3）加大第二课堂的建设力度，加大对学生课外指导的力度，以技能大赛为抓手，把学生精力引导到专业学习上来。

（4）探索在线考核与课堂考核相结合的考核方式及机试与笔试相结合的考试方式。

（二）学习评价

（1）可以根据不同课程的特点和要求，采取笔试、实操、作品展示、成果展示多种方式进行考核。

（2）考核要以能力考核为核心，综合考核专业知识、专业技能、方法能力、职业素质、团队合作等方面。

（3）考核方式创新，尝试以赛代考和以证代考的教学改革。以赛代考，即由技能大赛成绩作为课程成绩或平时成绩；以证代考，即以获得的国家或行业主管部门颁发的职业资格证书、职称证书、上岗从业证书等作为相关课程的考核成绩。具体见表 2-3。

表 2-3　资产评估与管理专业职业资格证书与课程转换一览表

职业资格证	证书所代课程
初级审计师资格证	审计基础
初级会计师资格证	初级会计实务、经济法基础
初级经济师资格证	财政与金融、管理学基础
资产评估师	资产评估基础与实务
“1+X”证书（智能估值数据采集与应用）	资产评估基础与实务

①成绩折算标准。

未通过资格考试的同学，不得申请以证代考。已通过资格考试的同学可以申请以证代考，原则上按照资格证书考试成绩（百分换算后）乘以 1.2 的系数进行折算，折算后的成绩不得高于 100 分。折算系数可以根据考试难易程度微调，但当年当次的系数全专业统一。通过资格考试的同学如果认为资格证书考试成绩不理想，也可以不申请以证代考，正常参加期末考试。

②申请以证代考的流程。

课程考试两周前，个人提出书面的以证代考申请，提交已获资格证书复印件或成绩查询的截屏图片打印件、身份证和学生证的复印件，经辅导员确认，授课老师审核，系部审批。审批后，授课教师登记学生考试成绩，申请材料装入本班试卷袋。

如果在课程考试前未取得相关证书，则必须参加课程考试，事后取得证书也不再改动该课程成绩，但如果课程考试不合格，考试后通过相关资格证书的考试，该证书可以作为补考合格（免予补考）的依据。

（三）质量管理

1. 全面加强党的领导

在院党委的领导下，坚持以习近平新时代中国特色社会主义思想为指导，切实加强党对专业人才培养方案制定与实施工作的领导，根据学院总体发展规划及专业建设规划，结合行业发展趋势，定期研究专业人才培养方案，确保高质量地制定符合职业人才培养规律和符合时代要求的专业人才培养方案。

2. 组织开发专业课程标准和教案

根据专业人才培养方案总体要求，制（修）定专业课程标准，明确课程目标，优化课程内容，规范教学过程，及时将新技术、新工艺、新规范纳入课程标准和教学内容。教师准确把握课程教学要求，规范编写、严格执行教案，做好课程总体设计，按程序选用教材，合理运用各类教学资源，做好教学组织实施。

3. 深化教师、教材、教法改革

建设符合项目化、模块化教学需要的教学创新团队，不断优化教师能力结构。健全教材选用制度，选用体现新技术、新工艺、新规范等的高质量教材，引入典型生产案例。普及项目教学、案例教学、情境教学、模块化教学等教学方式，广泛运用启发式、讨论式等教学方法，推广翻转课堂、混合式教学等教学模式，推动课堂教学革命。

4. 推进信息化技术与教学有机融合

全面提升教师信息技术应用能力，推动现代信息技术在教育教学中的广泛应用，加快建设智能化教学支持环境，建设能够满足多样化需求的课程资源。

5. 改进学习过程管理与评价

加大过程考核、时间技能考核成绩在课程总成绩中的比重，严格考试纪律，健全多元化考核评价体系，完善学生学习过程监测、评价与反馈机制，引导学生自我管理、主动学习、提高学习效率。强化实习、实训、毕业设计（论文）等实践性教学环节的全过程管理与考核评价。

八、学分管理和学分认定转换

（一）学分管理

资产评估与管理专业毕业生最低学分要求为175学分；其中公共课57学分，专业课基础课32学分，专业核心课36学分，专业拓展（实践）课50学分。

（二）学分认定与转换

1. 学分认定与转换的条件

为了更好地引导学生考取各类资格证书，同时积极鼓励学生参加各类技能竞赛，“以赛促学”，提高学生的职业综合素质，学院制定了学分转换制度。学生取得的各类证书可以转换成对应课程的学分或转换成对应课程的成绩，具体学分转换规定参照《安徽审计职业学院学分管理办法（试行）》。结合发证的机构、证书的权重及通过的难易程度等方面因素，综合考虑后将证书按类别进行学分转化，可用于学分认定与转换的成果类型有：

（1）资格证书类包括专业相关技能证书。

资产评估与管理专业学生取得的常见职业资格证书及行业企业资格考试或认证证书所对应的转换课程如表2-4所示。

表2-4　职业资格证书与转换课程

序号	证书名称	证书级别	学分	转换课程	成绩
1	初级会计师	初级	4	经济法、初级会计实务	85
2	初级审计师	初级	4	审计基础	85
3	初级经济师	初级	4	管理基础、财政与金融	85
4	资产评估师		12	资产评估基础与实务	85

表2-4(续)

序号	证书名称	证书级别	学分	转换课程	成绩
5	银行从业资格证	员级	4	金融基础	85
6	证券从业资格证	员级	4	金融基础	85
7	期货从业资格证	员级	4	金融基础	85
8	“1+X”证书（智能估值数据采集与应用）	初级	4	资产评估基础与实务	85

（2）学习能力类证书。

学习能力类证书包括高等学校英语应用能力考试AB级证书、全国大学英语四六级证书、全国计算机等级考试证书和安徽省计算机水平考试证书，以及网络课程成绩合格的结业证书等，所对应的转换课程如表2-5所示。

表2-5 学习能力类证书与转换课程

序号	证书类型	发证机构	学分	可转换课程	成绩
1	全国计算机等级考试	教育部国家教育考试中心	4	信息技术基础	90及以上
2	安徽省计算机水平考试	安徽省人事考试院	4	信息技术基础	85
3	高等学校英语A级考试	高等学校英语应用能力考试委员会	8	英语	90
4	高等学校英语B级考试	高等学校英语应用能力考试委员会	8		80
5	全国大学英语四级考试	全国大学英语四六级考试委员会	8		95
6	全国大学英语六级考试	全国大学英语四六级考试委员会	8		100
7	网络课程学习或考试	提供网络学习资源的教育行政部门或社会认可的企业	2	大学生创新基础、大学生创业基础	以网络课程考核成绩为准

（3）技能竞赛获奖证书。

技能竞赛类证书包括各专业相关学科和技能竞赛获奖证书。团体比赛所有成员在学分申请上享受同等待遇。资产评估与管理专业学生参加的各类技能竞赛获奖证书所对应的转换课程见表2-6。

表 2-6　技能竞赛与转换课程

序号	技能竞赛名称	竞赛级别	参赛形式	获奖等级	学分	转换课程	成绩
1	安徽省"互联网+"大学生创新创业大赛	B 类	团体赛	一等奖	8	大学生创新基础、大学生创业基础	100
				二等奖	6		100
				三等奖	4		95
2	"国元证券杯"安徽省大学生金融投资创新大赛	B 类	团体赛	一等奖	8	基础会计、金融基础	100
				二等奖	6		100
				三等奖	4		95
3	安徽省大学生财税技能大赛	B 类	团体赛	一等奖	8	纳税实务、初级会计实务	100
				二等奖	6		100
				三等奖	4		95

（4）创新创业类。

资产评估与管理专业学生获得省级及以上的创新创业项目（重点或一般）立项并完成项目，在校创业期间获得一定成绩诸如营业收入、专利、公开发表论文等，可根据表 2-7 转换为对应具体课程的学分和成绩。

表 2-7　创新创业与转换课程

序号	课外创业活动	学分申请要求	学分	可转换课程	成绩
1	注册公司、工作室、事务所等	运营半年，经学院认定	10	岗位实习、毕业综合实训、大学生创新基础、大学生创业基础	85
		运营一年，经学院认定	15		90
		平稳运营，并获得一定的资金资助，经学院认定	20		100
2	其他创业活动	经学院认定	10		85

2. 学分认定与转换的程序

每学期结束前两周由学生本人提出申请，并附相关证明材料，提交至工程管理系教学办公室进行初步审核。先后获得同一系列不同等级的证书的，按较高等级证书获得相应学分，不重复计算。

系教学办公室汇总填写安徽审计职业学院学分认定与转换备案表，报分管教学副院长签署意见，经院长办公会审批，教务处备案执行。

九、毕业要求

学生思想品德经鉴定符合要求，修完本专业教学计划规定的全部课程，修满专业人才培养方案所规定的 3 182 学时 175 学分，每位学生每学期须修满专业技能竞赛与实践学分，若学生被指导教师选中却无故推辞参加技能大赛，则可被认定为该门学分没有修满。学生毕业时应完成规定的教学活动，修满规定的学分、达到规定的知识、能力和素质等方面的要求，准予毕业。要求学生积极参加体育俱乐部和文学艺术俱乐部，取得某一俱乐部初级会员或国家级相应等级资格考试证书等，可以计 2 学分。

十、附录

（一）教育活动设计

本专业的教育活动设计见表 2-8。

表 2-8　资产评估与管理专业教育活动设计

活动时间	活动主题	活动形式	评价方式	组织单位
第一学期	专业认识	专题讲座	辅导员反映意见 学生意见调查	工程管理系、学生处
	党史国史	专题讲座		工程管理系、学生处
	大学生国家安全教育	专题讲座		工程管理系、保卫部
第二学期	专业技能考证	专题讲座	专家反映意见 学生意见调查 辅导员反映意见	工程管理系、 资产管理教研室
	绿色环保教育	专题讲座		工程管理系、学生处
	大学生国家安全教育	专题讲座		工程管理系、保卫部
第三学期	资产评估热点问题	专家讲座	专家反映意见 学生意见调查 辅导员反映意见	工程管理系、 资产管理教研室
	国学讲座	专家讲座		工程管理系、学生处
	大学生国家安全教育	专题讲座		工程管理系、保卫部
第四学期	大学生职业生涯设计	评比表彰	评出一二三等奖	院团委
	职业技能大赛	评比表彰	评出一二三等奖	工程管理系
	美学讲座	专题讲座	学生意见调查 辅导员反映意见	工程管理系、学生处
	大学生国家安全教育	专题讲座		工程管理系、保卫部
第五学期	就业教育	专题讲座	学生意见调查 辅导员反映意见	工程管理系、学生处
	建筑美学鉴赏	专题讲座		工程管理系、学生处
	大学生国家安全教育	专题讲座		工程管理系、保卫部

表2-8(续)

活动时间	活动主题	活动形式	评价方式	组织单位
第六学期	敬岗爱岗教育	专题讲座	辅导员意见 学生意见调查	工程管理系、学生处
	岗位实习安全教育	专题讲座		工程管理系、教务处

（二）教学周历

本专业的教学周历见表 2-9。

表 2-9　资产评估与管理专业教学周历

学年	学期	教学周历																			
		1	2	3	4	5	6	7	8	9	10	11	12	13	14	15	16	17	18	19	20
一	1	★	★ △	=	=	=	=	=	=	=	= /	=	=	=	=	=	=	=	=	■： ▲	■ ：
	2	=	=	=	=	=	=	=	=	=	= /	=	=	=	=	=	=	=	=	■： ▲	■ ：
二	3	=	=	=	=	=	=	=	=	=	=	=	=	=	=	=	=	=	=	■： ▲	■ ：
	4	= ○	= ○	= ○	= ○	= ○	= ○	= ○	= ○	= ○	= ○	= ○	= ○	= ○	= ○	= ○	= ○	= ○	= ○	■： ▲	■ ：
三	5	= ○	= ○	= ○	= ○	= ○	= ○	= ○	= ○	= ○	= ○	= ○	= ○	= ○	= ○	= ○	= ○	= ○	= ○	■： ▲	■ ：
	6	☆	☆	☆	☆	☆	☆	☆	☆	☆	☆	☆	☆	☆	☆	☆	☆	☆	☆	☆	☆

注：入学教育+专业介绍△　军训★　考试：　实践教学○　理论（含课程实践）教学=
岗位实习☆　复习■　认识实习/　劳动周 ▲

（三）课程结构比例分布表

本专业的课程结构比例分布见表 2-10。

表 2-10　资产评估与管理专业课程结构比例分布

课程类别	学时分布（理论/实践/理论+实践）	学时结构要求				
		总学时数	理论教学学时数	实践教学学时数	理论+实践教学学时数	理论教学与实践教学和总学时数比例
公共基础课	668/392/1 060					
专业基础课	378/196/574					
专业核心课	372/276 648					
专业拓展(实践)课	126/774/900	3 182	1 544	1 638	3 182	49/51

（四）考核方式

考核可以根据不同课程的特点和要求采取笔试、口试、实操、作品展示、成果汇报等多种方式进行。各科考核成绩由平时测试成绩和期末测试成绩构成，百分比由授课教师根据实际情况确定。要强化过程考核，一般考试课程平时测试成绩占30%，期末测试占70%；考查课程平时测试成绩占40%，期末测试占60%。平时测试包括：上课考勤、作业成绩、实训成绩等，具体评分标准由授课教师制定。

考核要以能力考核为核心，综合考核专业知识、专业技能、方法能力、职业素质、团队合作等方面。

（五）认识实习、岗位实习

1. 认识实习

认识实习指学生由职业学校组织到实习单位参观、观摩和体验，形成对实习单位和相关岗位的初步认识的活动。本专业学生认识实习安排在第一、第二学期，在校内实训室和校外实训基地完成。实习内容包括课程实训、参观校外实习基地，熟悉实习基地培训工作岗位，通过认知实习，让学生对工作岗位有初步认识和了解。

2. 岗位实习

岗位实习指具备一定实践岗位工作能力的学生，在专业人员指导下，辅助或相对独立参与实际工作的活动。岗位实习是全面贯彻党的教育方针，遵循学生成长规律和职业能力形成规律，培养学生的职业道德、职业技能，促进学生全面发展，提高教育教学质量的重要环节。学生在经过前期学习和实践后，已经初步具备在实践岗位独立工作，处理仓储、运输等相关业务的基本能力，可以到实习单位相应的实习岗位相对独立地参与实际工作，对培养和提升学生的职业素质、实践能力和创新精神具有重要意义。学生在实习单位的岗位实习安排在第六学期，时间一般为6个月，也可安排生产性实训基地、厂中校、校中厂、虚拟仿真实训基地等，作为实习单位。学生在经过前期学习和实践后，已经初步具备审计助理、会计助理等实践岗位独立工作能力，到实习单位相应实习岗位，相对独立地参与实际工作，对培养和提升学生的职业素质、实践能力和创新精神具有重要意义。

第二部分

课程建设与教学改革

第三章 课程建设

第一节 资产评估基础与实务课程标准及建设方案

一、课程基本信息

本课程的基本信息见表 3-1。

表 3-1 课程基本信息

<table>
<tr><td>课程名称</td><td colspan="3">资产评估基础与实务</td><td>学 分</td><td>12</td></tr>
<tr><td>课程代码</td><td colspan="3">—</td><td>学 时</td><td>216</td></tr>
<tr><td>授课对象</td><td colspan="3">资产评估与管理等专业大一、大二学生</td><td>所属院系</td><td>工程管理系</td></tr>
<tr><td>先修课程</td><td colspan="5">管理基础、会计基础、财务会计等</td></tr>
<tr><td>课程性质</td><td colspan="3">专业核心课</td><td>课程类型</td><td>B</td></tr>
<tr><td colspan="6">制定依据</td></tr>
<tr><td colspan="6">①《国家职业教育改革实施方案》
②《教育部 财政部关于实施中国特色高水平高职学校和专业建设计划的意见》
③《安徽省技能型高水平大学建设标准（试行）》
④《安徽省特色高水平高职专业建设标准（试行）》
⑤高等职业学校专业教学标准
⑥安徽审计职业学院工程管理系《资产评估与管理专业人才培养方案》</td></tr>
<tr><td colspan="6">课程负责人基本情况</td></tr>
<tr><td>姓名</td><td>戴小凤</td><td>性别</td><td>女</td><td>出生年月</td><td>1989 年 2 月</td></tr>
<tr><td>工号</td><td>2008003</td><td>学历</td><td>研究生</td><td>所学专业</td><td>企业管理</td></tr>
<tr><td>学位</td><td>硕士</td><td>职称</td><td>副教授</td><td>职务</td><td>教研室主任</td></tr>
</table>

注：课程类型填写 A 类或 B 类或 C 类、专业基础课或专业核心课、专业拓展课；其中，A 类课程为纯理论课，B 类为理论+实践课，C 类为纯实践课。

二、课程性质与功能定位

资产评估基础与实务是资产评估与管理专业的一门专业核心课程，资产评估是一门新兴学科，也是一门实践性非常强的学科，主要阐述资产评估的基本理论与方法，包括资产评估的程序、资产评估的方法，以及机器设备评估、房地产评估、无形资产评估、流动资产评估、企业价值评估等各种具体资产类别的评估。课程以中国社会主义市场经济中产权活动所涉及的资产评估行为中的基本理论及其变化规律为基本研究对象，目的是培养和检验学生的资产评估基本理论和应用能力，有助于培养区域经济和社会发展所需要的具有现代职业精神的高素质技术技能人才。

三、课程建设目标与要求

（一）总体目标

资产评估基础与实务课程的目的在于向学生系统地阐明资产评估的基本技能，使学生掌握资产评估的方法，能够对机电设备、房地产、无形资产、长期资产、流动资产等单项资产和企业整体资产进行评估，从而培养学生从事资产评估工作的能力，并使其在经过一段时间的社会实践后，能够承担单项资产评估工作，能够协助进行企业价值评估工作。本门课程由于具有实务操作性强、数据量大、涉及知识面广等特点，因此，在教学中应针对学生的具体知识水平和能力，做到所教学的内容能与学生先前所学的有关知识结合，以课堂讨论、案例分析、模拟实训的形式加深学生对本门课程的基本方法及资产评估技能的理解和掌握。

（二）知识目标

资产评估基础与实务旨在使学生树立资产评估观念，明确资产评估任务、目的和意义，掌握资产评估的基本原理、基本方法、评估程序、资产评估报告的撰写及参与实际资产评估工作的技能。

具体包括以下几方面：

第一，掌握资产评估基础理论知识；

第二，熟悉并掌握与资产评估与管理相关的法律知识、行业法规、监管规章；

第三，掌握职业岗位所必须的职业理论知识、操作技能；

第四，了解国内外资产评估与管理的新理论、新动向、新成就。

（三）能力目标

学生正确认识社会主义市场经济条件下资产评估的地位和作用，比较全面地了解资产评估的理论和方法，深刻认识资产评估的基本规律，培养其正确分析，解决资产评估问题的能力，能正确地选用适当的价值类型和方法对机器设备、房地产、无形资产、长期股权投资和企业价值等资产进行价值评估。

具体包括以下几方面：

第一，具有从事实际业务工作的能力，具备相应的职业技能；

第二，具有独立搜集、处理信息的能力；

第三，具备撰写资产评估报告的能力；

第四，具有独立获取知识的能力；

第五，具备提出问题、分析问题和解决问题的能力以及较强的创造能力；

第六，具有较强的社会活动能力、协调组织能力和社会交往能力。

（四）素养目标

资产评估属于社会中介服务行业，资产评估结果要求具有较高的客观性，因此资产评估基础与实务要求学生具有较高的思想政治素质和较强的专业胜任能力；同时，为了保证资产评估结果的公正客观，学生还应能尽量回避评估过程中可能遇到的经济利害关系，以一颗公正平常的心态去执行资产评估业务。

具体包括以下几方面：

一是具备爱岗敬业、诚实守信、廉洁自律、客观公正的职业道德与职业习惯；

二是具备务实的工作态度与强烈责任感的职业素养；

三是具有持续学习的能力和自我提升意识；

四是具有创业精神、良好的职业道德、服务意识和团结协作精神；

五是具有爱国主义、集体主义、社会主义思想和良好的道德品质；

六是具有从事本专业工作的安全生产、环境保护、职业道德等意识，能遵守相关的法律法规；

七是具有较高的文化素养，较强的文字写作、语言表达能力，健康的业余爱好，掌握社会科学基本理论、知识和技能，有较强的逻辑思维能力；

八是掌握学习现代科学知识的方法，积极参加社会实践和专业技能训练，善于了解专业发展动态；

九是具有不畏艰难、不屈挫折、坚忍不拔、百折不挠的毅力和豁达开朗的乐观主义精神。

四、课程建设基础

（一）课程开设情况

资产评估基础与实务是三年制资产评估与管理专业的专业核心课程。本课程是资产评估与管理、会计、财务管理专业学生必修的专业核心课之一。本课程主要阐述了资产评估的基本理论和实务处理方法，包括资产评估的基本理论、资产评估技术方法、资产评估程序、资产评估的操作与管理、资产评估实务等系统性教学内容。本课程是一门融理论、技术、实践于一体的课程，教学过程要注重理论联系实际，强调基本技能的训练。本课程旨在培养学生正确分析、解决资产评估问题的能力，以及利用云计算、大数据等新技术进行信息辨识、数据分析、技术鉴定的能力，以适应评估行业智能化升级，为未来的资产评估实践及从事与资产评估业务有关的管理工作奠定坚实的基础。本课程开设在第二学期、第三学期，是资产评估案例、资产评估综合实训等其他专业核心课程的先修课程。

（二）课程建设及面向社会情况

本课程已立项为省级教学示范课，已制定课程标准，计划建成后可通过职教云等在线平台面向校内外广大学员开放，也可以作为社会在职人员资产评估师考试培训课程。

五、课程设计思路

（一）总体设计原则

根据资产评估工作岗位提炼课程能力目标；根据工作过程确定学习领域；通过若干项目、实操演练培养工作的能力。

（二）课程设置依据

根据学院的办学定位和管理，基于对资产评估与管理专业学生所面向岗位的知识、能力、素质要求分析而开设的资产评估与管理专业人才培养目标确定设置本门课程，并且将其定为专业核心课程。

（三）设计思路

本课程是以具体资产评估工作项目为依据设置的。其总体设计思路是以工作任务为中心组织课程内容，让学生在完成具体项目的工作中学会相应工作能力，并构建相关理论知识，发展职业能力。课程内容突出对学生职业能力的训练，理论知识的选取紧紧围绕完成工作任务的需要来进行，同时又考虑了高等职业教育对理论知识学习的需要。课程设计是以工作任务驱动为线索来进行的。教学过程中，要通过校企合作、校内实训基地建设等多种途径，采取工学结合、岗位实习等形式，充分开发学习资源，给学生提供丰富的实践机会。教学效果评价采取过程评价与结果评价相结合的方式，通过理论与实践相结合，重点评价学生的职业能力。

六、课程建设内容与教学要求

课程选用的是国家“十二五”精品规划教材《资产评估学》和校企双元开发的新型活页式、工作手册式教材《资产评估质量控制手册》《资产评估操作指引》《资产评估最新工作准则及专家指引》。教材结构体系完整，内容科学，遵循最新颁布资产评估准则，借鉴评估实践的最新成果，从理论介绍、程序操作、案例讲解、评估实操四个环节组织内容，旨在培养学生对岗位的职业胜任力。校企双元开发教材突出应用性与实践性，有利于推进模块化、项目式教学。

针对基于职业工作过程建设模块化课程的需求，根据资产评估职业岗位典型工作任务分析，本课程重组课程为六大教学模块：资产评估基本理论和技术方法、房地产价值智能估值、机器设备智能评估、长期投资和流动资产智能估值、无形资产智能估值、企业价值智能估值，并设置了工作任务和学习情境，共计 108 学时，其中 54 学时理论，54 学时实践。详见表 3-2。

表 3-2　课程内容和学时安排

课程模块	工作任务	学习情境	学习任务和技能训练任务	参考学时
模块一：资产评估基本理论和技术方法（26 学时）	了解资产评估的基本概况、评估准则	导论	了解资产评估及评估准则	4
	深刻认识资产评估的含义及资产评估的要素	资产评估要素	学习任务 1：了解资产评估的含义	6
			技能训练任务 1：课堂讨论资产评估含义的内涵和外延	
			学习任务 2：了解资产评估的要素	
			技能训练任务 2：课堂讨论：资产评估六大要素之间的关系	
	掌握资产评估的三种方法及评估报告编制方法	资产评估的基本方法	学习任务 1：资产评估的市场法	10
			技能训练任务 1：课堂讨论：资产评估市场法的基本原理和技术方法	
			学习任务 2：资产评估的成本法	
			学习任务 3：资产评估的收益法	
			学习任务 4：资产评估三种方法的比较和选择	
			技能训练任务 4：课堂讨论：资产评估三种方法的区别与适用条件	
		资产评估报告	学习任务 1：了解资产评估报告编制要求	6
			技能训练任务 1：课堂讨论：资产评估报告编制要求有哪些	
			学习任务 2：理解资产评估报告书内容	
			技能训练任务 2：课堂讨论：资产评估报告书内容包括哪些	
			学习任务 3：掌握资产评估报告编制方法	
			技能训练任务 3：课堂讨论：资产评估报告编制的技术方法	

表3-2(续)

课程模块	工作任务	学习情境	学习任务和技能训练任务	参考学时
模块二：房地产价值智能估值（16学时）	掌握土地使用权评估的基本理论、方法及实际应用	土地使用权评估的基本理论和技术方法	学习任务1：了解土地使用权的基本特征、类型及评估程序	8
			技能训练任务1：课堂讨论：土地使用权的基本特征、类型及评估程序	
			学习任务2：理解土地使用权处置方式	
			技能训练任务2：课堂讨论：土地使用权处置的方式有哪些	
			学习任务3：掌握土地使用权评估各种方法	
			技能训练任务3：课堂模拟：土地使用权评估三种方法的应用案例	
	掌握建筑物评估的基本理论、方法及实际应用	建筑物评估的基本理论、技术方法及"1+X"智能估值平台的应用	学习任务1：了解熟悉建筑物的特性及分类	8
			技能训练任务1：课堂讨论：建筑物的特性有哪些及怎样分类	
			学习任务2：建筑物评估原则及考虑的因素	
			技能训练任务2：课堂讨论：建筑物评估原则及考虑的因素	
			学习任务3：掌握建筑物评估的各种方法	
			技能训练任务3：课堂模拟：建筑物评估三种方法的应用案例	

表3-2(续)

课程模块	工作任务	学习情境	学习任务和技能训练任务	参考学时
模块三：机器设备智能估值（16学时）	机器设备评估任务资讯	机器设备评估的基本事项、成本法及“1+X”智能估值平台的应用	学习任务1：明确机器设备评估业务的基本事项	4
			技能训练任务1：课堂讨论：机器设备评估业务基本事项包括哪些方面	
			学习任务2：成本法及“1+X”智能估值平台的应用	
			技能训练任务2：课堂模拟：机器设备评估成本法的应用案例及“1+X”智能估值平台的应用	
	机器设备评估任务决策	机器设备评估项目洽谈和项目方案	学习任务1：完成机器设备评估项目洽谈表	4
			技能训练任务1：课堂模拟：机器设备评估项目洽谈	
			学习任务2：完成机器设备评估工作方案	
			技能训练任务2：课堂讨论：机器设备评估工作方案确定	
	机器设备评估任务实施	机器设备评估项目现场勘查、评定估算、编制审核评估报告	学习任务1：完成机器设备现场勘查及数据采集上传	6
			技能训练任务1：分组进行现场勘查：完成机器设备现场勘查数据采集、上传	
			学习任务2：掌握评定估算的具体工作步骤	
			技能训练任务2：分组任务：完成机器设备评估工作底稿	
			学习任务3：掌握资产评估报告书的主要内容和编制审核方法	
			技能训练任务3：分组任务：编制、审核评估报告	
	机器设备评估任务交流、拓展	机器设备评估项目资料归档、交流反思	学习任务1：掌握资产评估准则	2
			技能训练任务1：课堂模拟：资产评估工作档案归档	
			学习任务2：总结机器设备评估业务操作过程中易出现的问题	
			技能训练任务2：课堂讨论交流：任务完成后的总结，生生、师生间的交流	

表3-2(续)

<table>
<tr><th>课程模块</th><th>工作任务</th><th>学习情境</th><th>学习任务和技能训练任务</th><th>参考学时</th></tr>
<tr><td rowspan="14">模块四：长期投资和流动资产智能估值（16学时）</td><td rowspan="6">掌握长期投资评估基本理论及实际应用</td><td rowspan="6">长期投资评估基本理论、技术方法及其应用</td><td>学习任务1：了解长期投资评估的概念和特点</td><td rowspan="6">8</td></tr>
<tr><td>技能训练任务1：课堂讨论：长期投资评估的特点有哪些</td></tr>
<tr><td>学习任务2：理解长期投资评估的程序</td></tr>
<tr><td>技能训练任务2：课堂讨论：长期投资评估的步骤</td></tr>
<tr><td>学习任务3：掌握各种长期投资评估方法</td></tr>
<tr><td>技能训练任务3：课堂讨论：长期投资评估三种方法的应用案例</td></tr>
<tr><td rowspan="8">掌握流动资产评估基本理论及实际应用</td><td rowspan="8">流动资产评估基本理论、技术方法及其应用</td><td>学习任务1：了解流动资产的各项内容及其特点</td><td rowspan="8">8</td></tr>
<tr><td>技能训练任务1：课堂讨论：流动资产的内容及其特点有哪些</td></tr>
<tr><td>学习任务2：理解流动资产评估程序及应收票据评估</td></tr>
<tr><td>技能训练任务2：课堂讨论：流动资产评估程序</td></tr>
<tr><td>学习任务3：掌握各类流动资产评估方法</td></tr>
<tr><td>技能训练任务3：课堂模拟：流动资产评估三种方法的应用案例</td></tr>
<tr><td>学习任务4：掌握各种金融资产评估方法</td></tr>
<tr><td>技能训练任务4：课堂讨论：金融资产评估三种方法的应用案例</td></tr>
<tr><td rowspan="6">模块五：无形资产智能估值（16学时）</td><td rowspan="6">掌握无形资产评估的基本原理、评估方法及实际应用</td><td rowspan="6">无形资产评估基本理论、技术方法及其应用</td><td>学习任务1：了解各类无形资产含义和特点</td><td rowspan="6">16</td></tr>
<tr><td>技能训练任务1：课堂讨论：资产评估市场法的基本原理和技术方法</td></tr>
<tr><td>学习任务2：理解无形资产的功能特性及影响评估的因素</td></tr>
<tr><td>技能训练任务2：课堂讨论：资产评估市场法的基本原理和技术方法</td></tr>
<tr><td>学习任务3：掌握各类无形资产评估的方法</td></tr>
<tr><td>技能训练任务3：课堂模拟：无形资产评估三种方法的应用案例</td></tr>
</table>

表3-2(续)

课程模块	工作任务	学习情境	学习任务和技能训练任务	参考学时
模块六：企业价值智能估值（18学时）	掌握企业价值评估的基本理论、信息资料收集、评估方法及实际应用	企业价值评估的范围界定、价值类型、信息资料收集、评估方法及其应用	学习任务1：了解企业价值评估的含义	18
			技能训练任务 1：课堂讨论：企业价值概念的要素	
			学习任务 2：理解企业价值评估的特点	
			技能训练任务 2：课堂讨论：企业价值评估的特点有哪些	
			学习任务 3：企业价值评估方法	
			技能训练任务 3：课堂讨论：企业价值评估方法的应用案例	

七、课程实施和教学保障条件

（一）实践教学条件

（1）校内实训场所。校内实训场所包括资产评估单项实训室、资产评估综合实训室等。单项实训室应配置有评估软件、计算机、打印机等硬件；综合实训室应具备相当于资产评估机构的软硬件条件，能够提供真实的评估业务。

（2）校外实训场所。与事务所建立合作机制，在这些事务所建立校外实训基地，为学生实践资产评估业务提供实习岗位。

（3）实训工具。评估操作手册、评估工作底稿、计算器、纸张、笔等。

（二）教学方法

1. PBL 项目式教学法

为有效提升课堂教学质量，解决一些同学主动性较差、岗位责任感不强、团队协作意识不足等问题，课程组“以学生为中心，以问题为基础”，以学习小组形式组织教学。该教学法基于真实的场景，寓教学内容于挑战性的问题，培养七大关键能力：专注力、共感力、好奇心、驱策力、适应力、耐挫力、创造力。

2. ISTM 沉浸式情景教学法

基于沉浸式案例体验，坚持以学生为中心，设计与实践课程混合教学，通过“价值引领、知识探究、能力建设、情商养成”四位一体的育人理念，培养学生扎实的理论基础和实操技能。通过场景重现、情景模拟、角色互换游戏等教学方式，形成课程教学的“1-2-3-4”模式，以实现教学目标。

“1 个目标”指的是以创新人才培养为目标。

“2 个层面”指的是着力构建学生认知领域和情感领域的学习体系。

“3 个阶段”指的是课前自学、课中内化和课后拓展。

“4 项方法”指的是基于沉浸式案例体验的案例教学、游戏化学习、翻转课堂、情景模拟 4 项混合教学方法。

3. 任务驱动教学法

在教学中，教师精心挑选典型的案例资料，给学生布置探究性的学习任务，促使学生查阅资料，进行思考，对评估对象进行系统分析，制定出评估工作方案，再选出小组代表进行汇报，并进行组间交流，最后由教师进行总结。任务驱动教学法以小组为单位进行。任务驱动教学法可以让学生在完成任务的过程中，培养分析问题、解决问题的能力，培养学生独立探索及合作的精神。

4. 案例教学法

在教学过程中，选择具有代表性的典型评估案例，引导学生利用评估软件进行资产评估实操。通过模拟实操，提升学生运用理论知识的能力，增强学生的评估操作能力。在教学中注重利用课堂提问、实务操作、课后作业等手段，进行实践性教学效果的考核。充分发挥学生的主动性和创造力，注重学生创新能力的培养，注重考核学生资产评估的职业素养及职业能力。

5. 现场教学法

在教学过程中，资产评估的现场勘察环节全部采用现场教学法，邀请企业导师、校内老师参与现场指导，学生分小组现场演练，组间互评，企业导师和校内老师进行点评，最终完成对各小组的实操考核。

（三）教学方式

采用线上线下混合式教学方式，教学活动贯穿“理、虚、实”三阶段，拓展了传统课堂教与学的时空；实施基于 CDIO 理念的双层项目驱动教学，深度融合重构课堂：在“课堂”和“课外”两个层次以项目为驱动实施教学，通过“学中做、做中学、项目学习”，提升和端正学生的创新应用能力和职业态度。优质数字化资源支撑：采用腾讯课堂、腾讯会议同步直播、微课、企业导师连线、思维导图等信息化手段突出重点内容，采用评估软件、动画、抖音小课堂等方式，引入行业和企业标准攻克教学难点；充分利用国家精品在线开放课程学习平台“e 会学”中资产评估学的丰富资源；“1+X”证书智能估值数据采集与应用平台、职教云在线平台、移动端 App、微信群、QQ 群等多工具并用，使沟通无处不在。多方发力，重构传统课堂教学，使教学过程得以优化。

（四）教师素质要求

资产评估基础与实务是一门理论教学与实践教学紧密联系的学科，要求教师是具有双师素质的技能型教师。要求教师要转变教学观念，转变传统的教学思想，改变传统的教学方法，运用现代教育技术手段，利用多种媒体教学资源指导教学，以学生自主学习为中心，建立服务于学生个性化学习的教学环境。

八、课程评价与考核

本课程重点考核学生搜集、整理、分析评估对象的相关资料的能力，以及资产评估的实操技能。采用边学边评、以评促学、学评同步的“过程性考评”，即过程性考核和期末考试相结合的考核形式。本课程成绩（100%）= 过程性考核（60%）+期末考试（40%）。

根据课程内容性质，实行 A、B 两套过程性考核方式。其中，自我评价为对本项目个人表现的评价；小组互评为各小组对其他组表现互评；校内教师评价为出勤、课堂参与度、作业完成情况、在线考核；企业专家评价为项目实操演练表现。对于理实一体化项目，采用考核方式 A：自我评价占 10%，小组评价占 20%，校内教师评价占 40%，企业专家评价占 30%。对于理论学习项目，采用考核方式 B：自我评价占 30%，小组评价占 30%，校内教师评价占 40%。

九、其他说明

教材内容应体现先进性、实用性，典型操作要科学合理。

本课程平均周学时可为 6 学时。教学应采取案例教学法，以评估实例为出发点来激发学生的学习兴趣，教学中要注重创设教育情境，采取理论实践一体化教学模式；要充分开发和利用课程资源，开发相关学习辅导用书、教师指导用书、网络资源等。

第二节　资产评估基础与实务房地产价值模块教学实施报告

一、整体教学设计

（一）教学对象

资产评估基础与实务课程主要面向资产评估与管理专业大二的学生，他们思维活跃，具备一定的实操技能。通过大一阶段的学习，他们掌握了基本的专业知识，为本课程的学习打下了坚实的基础。

（二）教学目标

本课程是资产评估与管理专业核心课程，依据2017年财政部印发的《资产评估基本准则》、2019年教育部印发的《高等职业学校资产评估与管理专业教学标准》、资产评估与管理专业人才培养方案、课程标准、学情分析拟定教学目标（图3-1），要求学生通过学习后达到房地产估价师助理岗位需求和考核要求，培养学生的职业能力、信息素养、精益求精的工匠精神和爱岗敬业的劳动态度。

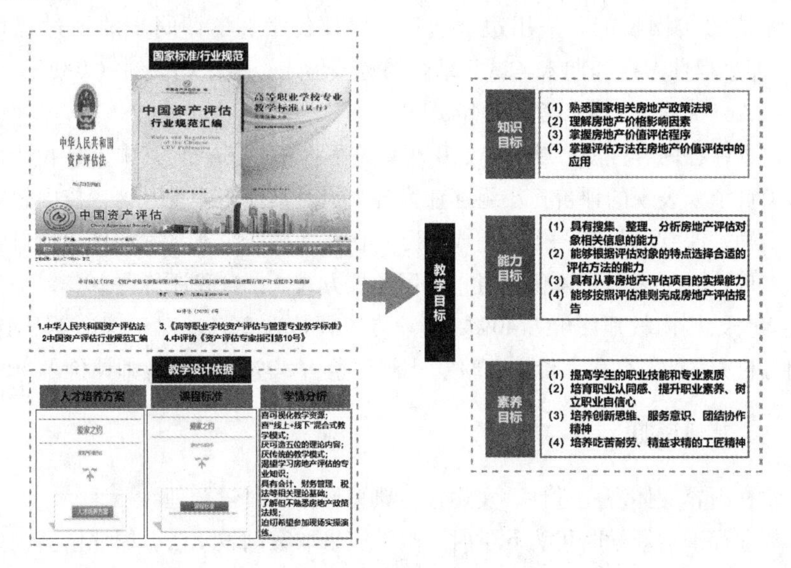

图3-1　教学目标拟定路径

（三）教学设计分析

1. 教材选用

课程选用的是国家“十二五”精品规划教材《资产评估学》和校企双元开发的新型活页式、工作手册式教材《评估操作手册》。教材结构体系完整，内容科学，遵循最新颁布的资产评估准则，借鉴评估实践的最新成果，从理论介绍、程序操作、案例讲解、评估实操四个环节组织内容，旨在培养学生对岗位的职业胜任力。校企双元开发教材突出应用性与实践性，有利于推进模块化、项目式教学。

2. 教学内容分析

依据模块化教学理念，根据资产评估师助理职业岗位典型工作任务分析，重组课程为三大教学模块：认识资产评估、构建资产评估和资产评估应用，共

198学时。参赛教学内容选自模块二中的“房地产价值评估”的5个任务情境，共16学时，是房地产估价师助理职业岗位所需掌握的核心岗位知识与能力，详见图3-2。

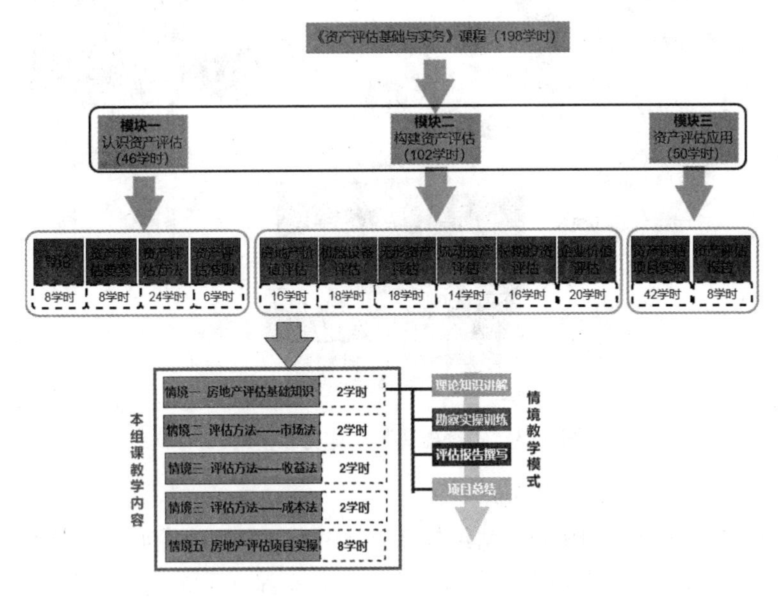

图3-2 教材及课程情境设计

（四）教学模式

树立以学生为中心的教学理念，构建符合课程特点与学情特点的“精讲理论—虚拟操练—实践提升”的“理虚实”一体化教学模式（图3-3）：以《资产评估基本准则》和《智能估值数据采集与应用职业技能等级标准》为“理”，以校内多媒体智慧教室和资产评估综合实训室模拟房地产评估项目情境为“虚”，以省级校企合作实践教育基地和评估现场为“实”，虚实结合，扬长避短。辅以国家精品在线开放课程学习平台“e会学”中资产评估学的丰富资源，“1+X”证书智能估值数据采集与应用平台，运用职教云移动学习端，实现理论点拨、虚拟仿真、现场实操的衔接融合，切实解决资产评估职业能力培养过程中存在的理论抽象、方法应用难、实操复杂、团队合作难等难点问题，有效提高人才培养质量。

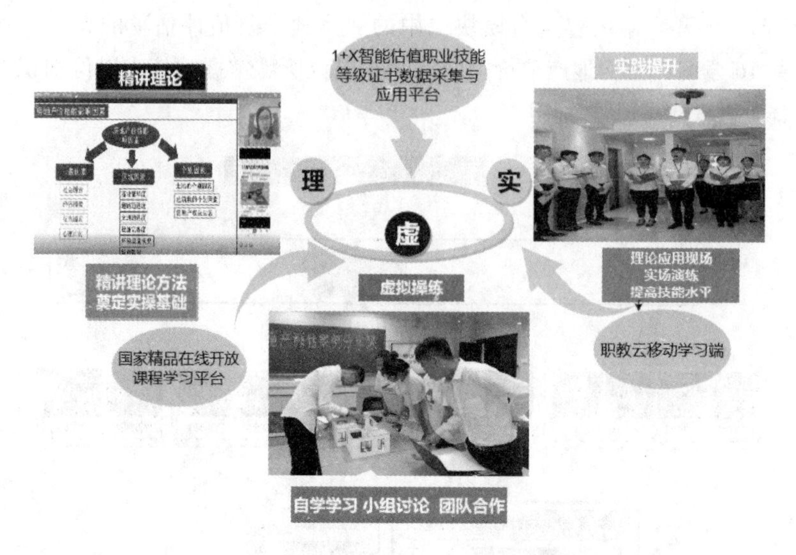

图 3-3 “理虚实”一体化教学模式

（五）教学方式和教学方法

为了积极应对新冠肺炎疫情给教育教学带来的影响，落实“停课不停学”要求，有效突破教学重难点，完成教学目标，本课程采用线上线下混合式教学、案例教学、情境教学、模块化教学、现场教学等方式，运用启发式、探究式、讨论式、参与式、任务驱动式等方法开展教学，见图 3-4。

图 3-4 教学方式和方法的运用

（六）教学资源及信息化手段运用

为有效突破教学重难点，高效执行教学策略，本课程运用多种教学资源及信息技术手段开展教学活动，以情境二为例（图 3-5）。

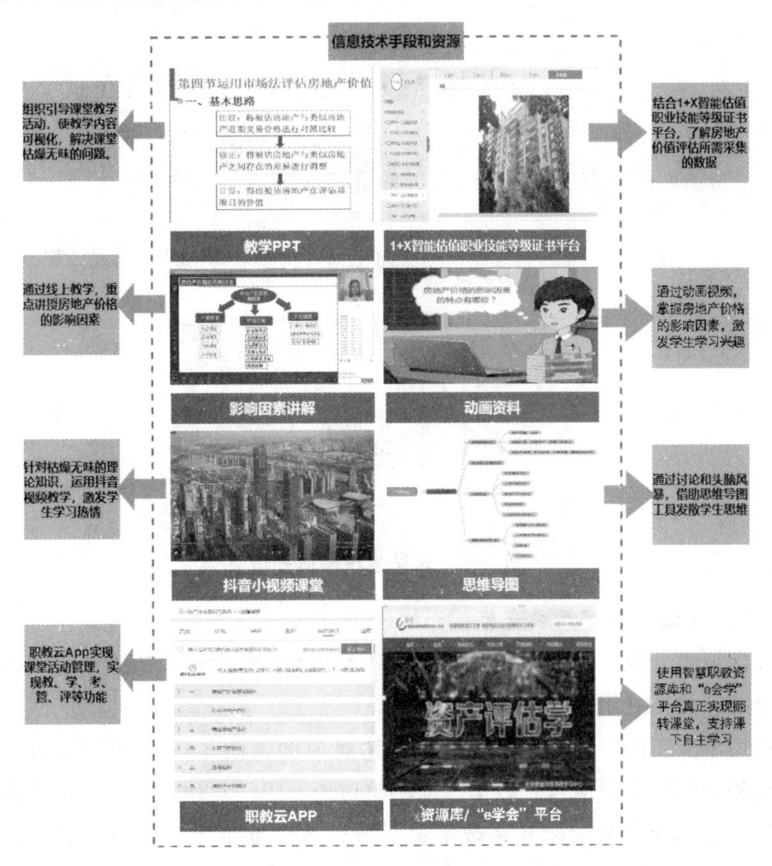

图 3-5　情境二多种信息化教学资源的应用

二、教学组织安排及实施过程

（一）16 学时教学组织整体安排

本课程 16 学时教学组织整体安排见图 3-6。

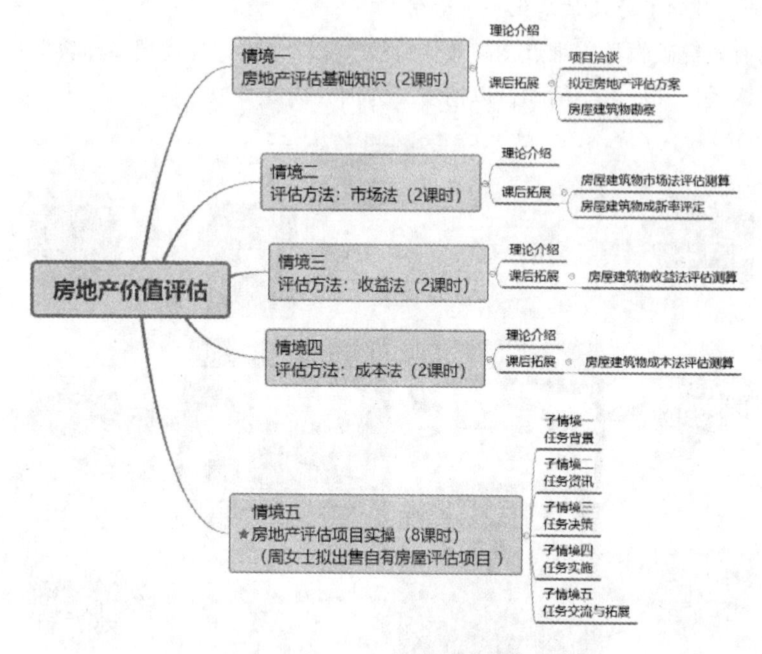

图 3-6　教学组织整体安排

（二）子情境教学活动安排

授课班级分成 4 个小组，在教师指导下学习，每个情境按照课前准备、课中导学、课后拓展组织教学活动。

以情境五中的子情境五任务交流与拓展为例（图 3-7）。2 学时的教学内容以任务为驱动开展混合式教学，以小组讨论、组间互评、企业专家点评、校内老师总结的课堂教学模式将教学过程分解为课前准备、课中导学、课后拓展。学生课前自学线上资源，观看抖音小视频，熟悉任务评价内容，对各组任务完成情况进行打分；课中聚焦重难点，带着任务学习探究、讨论、思考、总结，教师抽取得分最高的一组进行现场汇报，有针对性地进行组间互评、提问、教师点评；课后学生总结学习心得，拓展提升，完善资产评估报告。三个环节环环相扣，课前提交评估任务成果并根据标准评价打分，课中突破重难点，课后能力拓展提升。

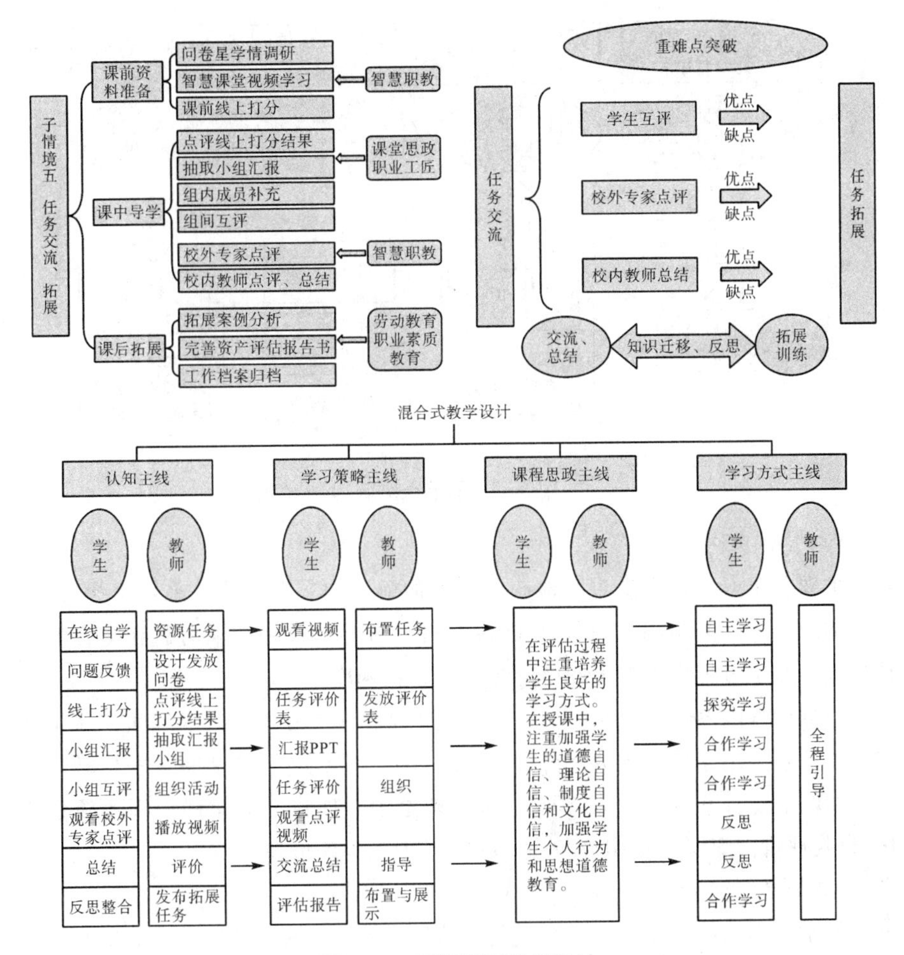

图 3-7 子情境五教学设计

（三）教学重难点突破

现行教学实施中存在房地产价值影响因素复杂、评估方法抽象、实操步骤复杂的问题，因此，培养学生树立不畏困难的敬业精神和团队合作意识，合理分析房地产价值影响因素，按照评估程序进行实操演练是教学重点。评估方法的应用、房地产评估项目实操和评估报告的编制是教学难点。如何突破这些重难点呢？见图 3-8。

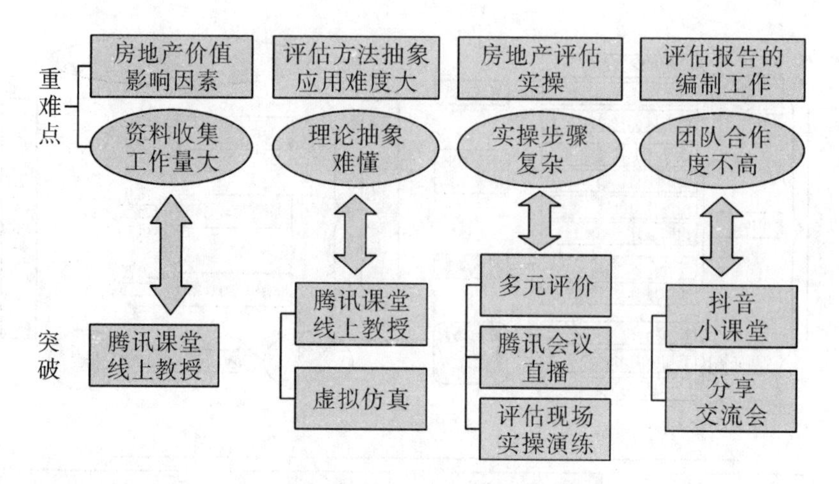

图 3-8 重难点突破

（四）课程考核

本课程重点考核学生对房地产价值评估项目的实操技能。采用边学边评、以评促学、学评同步的“过程性考评”，即过程性考核和期末考试相结合的考核形式，其中过程性考核占 60%，期末考试占 40%。

根据课程内容性质，实行 A、B 两套过程性考核方式。对于理实一体化项目，本课程采用考核方式 A：自我评价占 10%，小组评价占 20%，校内教师评价占 40%，企业专家评价占 30%。对于理论学习项目，本课程采用考核方式 B：自我评价占 30%，小组评价占 30%，校内教师评价占 40%。

（五）教学评价

教学过程始终关注教与学全过程的信息采集，重视对学生学习效果的评价（对学生课前、课中、课后三个阶段进行评价，见图 3-9）和教师教学工作过程的评价。课前通过学情分析、课前测评等形式，课中通过出勤、课堂参与度统计等形式，课后通过作业完成情况、在线考核等形式，实现对学生学习效果的评价。通过学生评教、教师互听互评课、督导听课等形式，完成对教师教学过程的评价。

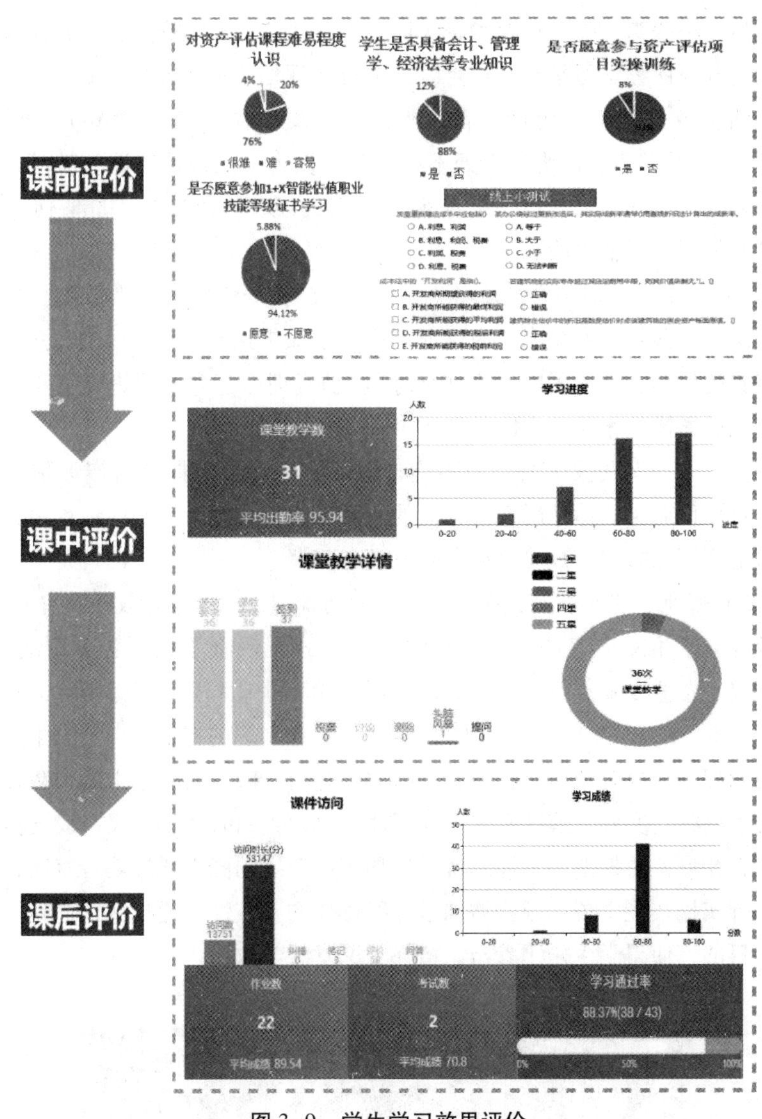

图 3-9　学生学习效果评价

三、课堂教学实施成效

（一）线上线下并行，优化教学过程

疫情防控期间，团队教师及时调整教学策略、组织形式，完善线上线下混合式教学方式，教学活动贯穿“理、虚、实”三阶段，拓展了传统课堂教与学的时空。本课程有优质数字化资源支撑：采用腾讯课堂、腾讯会议同步直播、微课、企业连线、思维导图等信息化手段突出教学重点，采用评估软件、

动画、抖音小课堂、引入行业和企业标准等方式攻克教学难点；充分利用国家精品在线开放课程学习平台“e 会学”中资产评估学的丰富资源；“1+X”证书智能估值数据采集与应用平台、职教云在线平台、移动端 App、微信群、QQ 群等多工具并用，使沟通无处不在。多方发力，重构传统课堂教学，教学过程得以优化，学生通过学习，掌握“价值发现、价值判断、价值估计”价值链管理的现代评估手段。

（二）三位一体的实践教学措施，有效保证良好的实践教学效果

在课程实践教学安排中，为保证实践教学效果达到高职“工作过程导向”人才培养的目标，提出了以“案例训练”“仿真训练”和“适岗训练”三位一体的实践教学措施来保证实践教学质量。

三位一体的实践教学措施的实施，保证学生能够掌握房地产评估实操技能：针对评估对象具体情况选择合适的评估方法，实施标准的评估程序，合作编制房地产评估报告，最终完成资料整理与归档。

（三）师生、生生互动，营造有效课堂的氛围，学生学习效果良好

教师与学生双向互动，学生与学生多形式互动（小组讨论、组间互评、学生汇报、企业专家点评、校内老师点评、学生录制抖音小视频等），充分调动了师生双方的积极性（图 3-10），通过任务和问题的提出，引导学生进行自主学习和探索，提升学生分析、解决问题的能力，同时培养学生的团队合作意识；现场勘察、实操、演练有效降低了评估风险，同时腾讯会议在线同步直播的方式，让疫情防控期间不能到现场参加实操演练的同学通过观看直播，掌握现场勘查实操技能。现场教学增加了实践操作的真实性、趣味性，达到了寓学于乐的目的，使得学生乐于参与，增强了课堂教学效果。

图 3-10　师生、生生互动，营造有效课堂

学生完成课程学习后，可报考智能估值“1+X”证书（初级）和资产评估师。近3年来，我院资产评估与管理专业学生考证通过率达到90%以上，2018级资产评估与管理专业部分学生已通过资产评估师考试，完成预期教学目标。

（四）学生参与房地产估价技能大赛，落实以赛促学的理念

学院房地产估价技能大赛，以房地产行业为背景，基于房地产估价师、房地产估价师助理、工程造价人员等核心岗位内容进行设计，竞赛内容中一个重要模块就是房地产评估项目实操。资产评估与管理专业的学生在该赛项中，配合默契、操作规范，成绩突出，充分展示了良好的职业素养与过硬的职业技能，实现以赛促学的理念。2012年至2021年，资产评估与管理专业的学生已经连续八年获得该项赛事的一等奖。学生优异的比赛成绩，反映了良好的教学成果。

（五）学生良好的教学评价，肯定教师教学质量

学生网上评教是我院考评教师教学质量的重要指标，其评价指标内容涉及教学内容、教学方法、教学效果等方面，历年来，针对本课程教师的网上评教结果均为良好以上。学生普遍认为老师在教学过程中将知识性、趣味性和实用性进行了有机结合，使课程内容通俗易懂，而且注重对学生能力的培养，要求严格。

四、特色亮点

（一）线上线下并行，教学场景变换，课堂组织灵活有序

疫情防控期间，课程组采取线上线下混合式教学方式（图3-11），教学活动贯穿“理、虚、实”三阶段，拓展了传统课堂教与学的时空。

学生未返校期间，本课程搭建师生学习平台，建立QQ学习群，利用腾讯课堂积极开展线上教学，讲授理论知识，授课老师每次课均采取录屏形式保存课程内容，使学生在课后能够根据自身需求反复观看。网络教学将信息化时代的学习便利发挥到最大程度，适应“互联网+”时代的教育生态，具有较大的借鉴和推广价值。

部分学生返校后，依托校企合作优势，在评估实操演练环节采取企业专家、校内老师、学生自评、学生互评的多元评价和腾讯会议同步直播的方式，进行线上线下混合式教学。

学生返校后，教师在多媒体智慧教室开展课程总结交流分享会，便于学生现场汇报、展示成果，师生、生生互动，营造有效学习的课堂氛围。

腾讯课堂线上教学

多媒体智慧教室交流分享

多元评价+腾讯会议直播——房地产评估现场勘查实操演练

图 3-11　线上线下混合式教学

（二）开发优质数字资源，有效重构传统课堂

教学过程充分利用国家精品在线开放课程学习平台“e 会学”中团队名师讲授的资产评估学的丰富资源；“1+X”证书智能估值数据采集与应用平台、职教云在线平台等多种工具，优化教学过程，重构教学内容，提升教学效果。结合疫情期间教学经验，部分知识采用播放团队名师授课视频与团队年轻教师网上辅导相结合的“双师课堂”方式组织实施线上教育教学。为激发学生学习兴趣，营造学习氛围，本课程引入“抖音小课堂”。优质的数字资源和共享平台，对课程的教学和推广具有积极意义。

（三）组织播放系列视频，将课程思政融入专业教育

通过播放全国人民“众志成城抗击疫情”的系列视频、房地产评估项目实操视频（图 3-12），润物无声、潜移默化地培养学生的爱家、爱国情怀，培养其精益求精、吃苦耐劳、永不言败的工匠精神。

（四）团队搭配合理，老中青传帮带效果显著

团队负责人是省级教坛新秀、校级名师，省级“资产评估与管理教学团队”、校级“资产评估与管理名师工作室”的负责人，从教 12 年来始终工作在教学一线，教学经验丰富，另外 2 名教师教龄分别为 22 年和 7 年，老教师经常指导、帮助年轻教师。他们通过改革教学内容和方法、开发教学资源、经验交流，进行推进教学工作的传帮带，使团队整体教学水平显著提升。

图 3-12　课程思政与专业教育融合

五、教学反思与改进

（一）教学反思

根据课堂教学效果、学生的反馈，以及学生在技能比赛中的表现，深刻认识和反思教学过程中不足的地方。

第一，因为前期线上教学不是在正式的课堂环境中进行的，极少部分学生开始产生惰性思维，如何通过教学过程的合理设计，激发学生的学习兴趣，值得深入思考。

第二，部分学生反映课程理论抽象，实操难度大。因他们在房地产评估中涉及运用多种评估方法进行评定估算，这对基础薄弱的高职学生来说，接受起来难度较大，影响课程进度。特别是随着分类招生制度的实施，如何制定针对分类招生学生的教学方法，显得尤为重要和迫切。教学过程还需进一步优化，针对学生学习水平的差异，合理开展个性化教学。

（二）教学改进

1. 完善线上线下混合式教学方式

坚持“以学生为中心”的教学理念，以提高教学质量和教学效果为目标，把现代信息技术运用于传统课堂，采取线上教学和线下教学相结合的教学形式、过程性评价和结果性评价相结合的综合评价体系。

2. 注重实践性教学，增强课程的实用性

教学内容理论性强，如何激发学生的学习兴趣，以及如何深入浅出地讲解课程精髓显得尤为重要。因此，在教学中构建形式多样的教学方法和手段，例如，采用以多维度、多视角的难易度适中的案例教学法、兴趣导入法、现场教学法引导与启发学生，更多地让学生参与进来，而取消传统教条式的以讲授为主的教学方式，培养学生对课程的兴趣，提升教学效果和质量。

第三节　资产评估基础与实务机器设备智能估值模块教学实施报告

《中国资产评估行业信息化规划（2018—2022）》指出，推动资产评估行业向数字化、网络化、智能化方向转型升级，通过人工智能改造升级评估专业服务关键领域供给侧改革示范，服务于现代财政安全管理和资产优化配置。新业态下资产评估专业升级，推进“大智移云”新技术的应用，创建数据融通模式，构建财经服务大数据生态系统，培养满足现代经济社会需求的智能估值人才。

一、整体教学设计

（一）教学内容——行业需求理内容，对接岗位重构模块

资产评估基础与实务为资产评估与管理专业核心课，旨在培养学生掌握适应产业升级和创新创业现实需求的现代化价值计量技术、评估实践的能力。新业态下课程以智能估值工作任务为主线，对接房地产经纪、资产管理、投资分析等工作岗位群，重构课程为六大模块（图 3-13）。参赛内容是模块三，为校企共育模块，共 16 学时。教学案例引入 WL 公司成套生产线设备评估项目，基于评估工作流程实施机器设备智能估值模块教学，将学生置于“发现问题、提出问题、思考问题、探究问题、解决问题”的动态学习过程，体现“校企合作、工学结合”的能力本位课程体系的改革与创新。

模块一（26学时）	模块二（16学时）	模块三（16学时）	模块四（16学时）	模块五（16学时）	模块六（18学时）
导论 资产评估要素 资产评估基本方法	房地产价值智能估值	机器设备智能估值（参赛内容）	长期投资智能估值 流动资产智能估值	无形资产智能估值	企业价值智能估值

本组教学内容

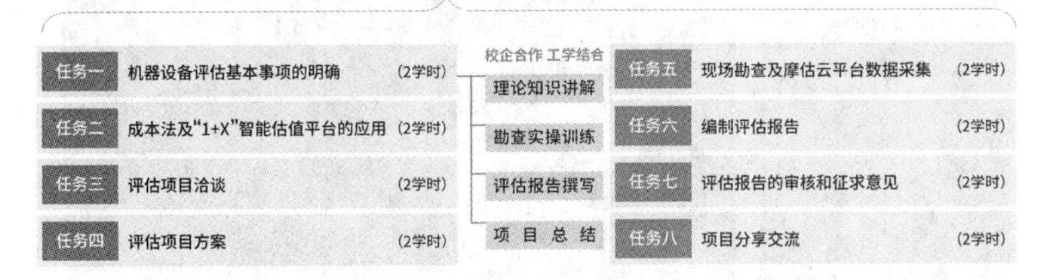

图 3-13　课程模拟设置（108 学时）

（二）教学对象——多元智能析学情，异质分组合作学习

1. 知识与技能分析

授课对象为 2019 级资产评估与管理专业 31 名大二学生。“1+X”智能财税初级通过率为 100%；前两个模块已学习资产评估的基本方法；会操作鼎信诺资产评估系统。

2. 认识与实践能力分析

学生未参与过真实评估项目，职业谨慎程度、劳动意识相对薄弱，岗位责任感不强，数据甄别、资料的数据化处理及运用大数据价值评测系统的能力有待提升。

3. 智能优势分析

利用多元智能特质观察量表从学习需求、学习方法、学习难点、主体特点、兴趣点等方面对学生进行全面分析，发现每个学生拥有的不同的智能优势组合（图 3-14）。

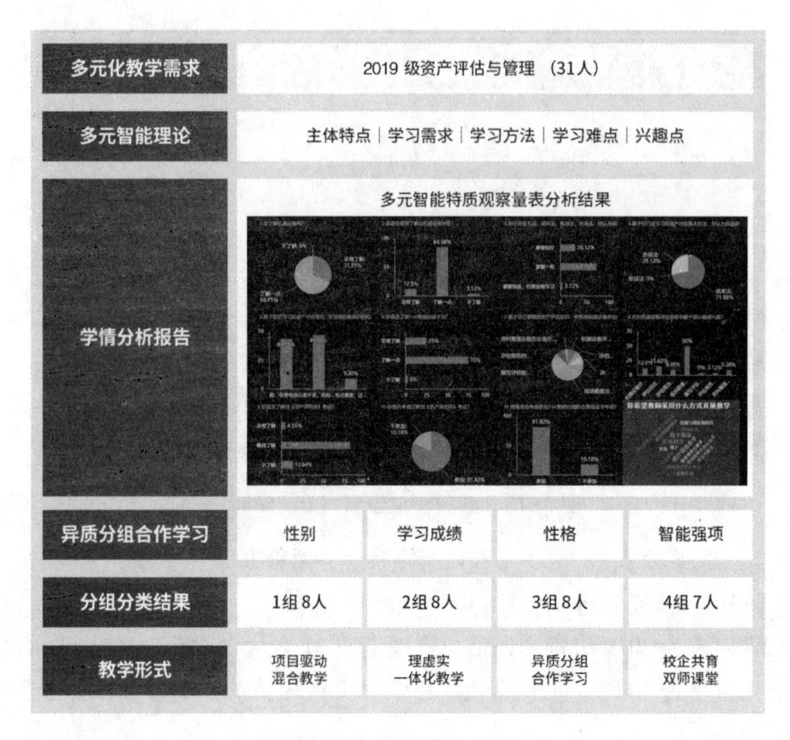

图 3-14　智能优势分析

（三）教学目标——多重标准定目标，厘清重点预判难点

如图 3-15 所示，本课程依据专业人才培养方案、课程标准、《中国资产评估执业准则》（2018 版）、《“1+X”智能估值数据采集与应用职业技能等级标准》、智能估值技能大赛评分标准和学情分析，对接职业岗位需求和考核要求，制定教学目标。

机器设备智能估值理论知识抽象、技术鉴定复杂，学生操作智能化平台的技能不熟练、岗位责任感不强，是本模块教学实施中的主要障碍。教学人员基于上述判断，确定教学重难点。

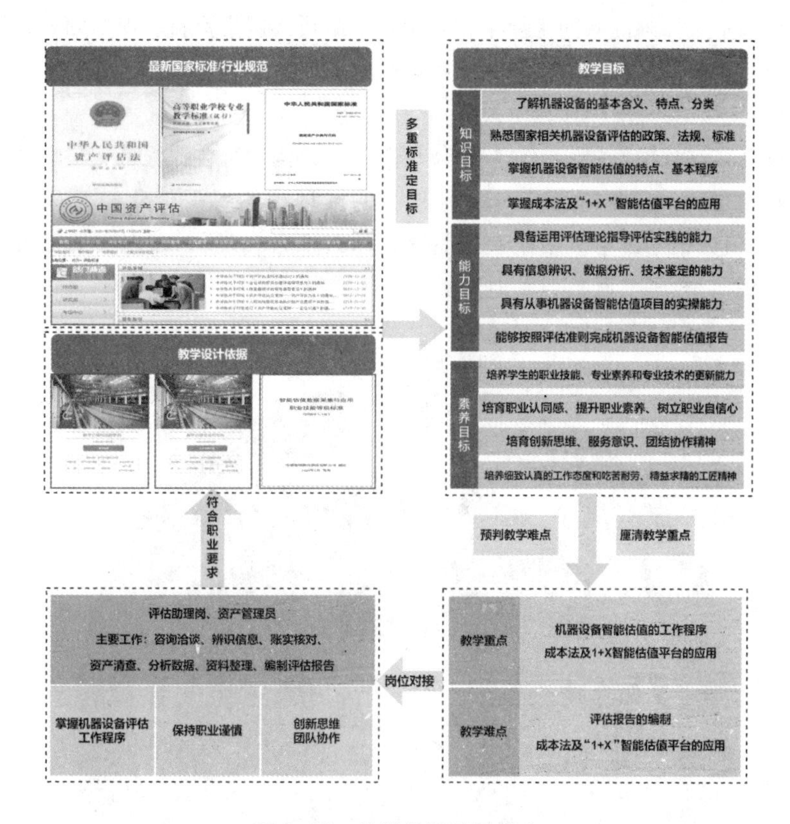

图 3-15　教学目标及重难点

（四）教学模式——校企共育定模式，深度融合重构课堂

本课程的教学模式如图 3-16 所示，具体包括以下三方面：

1. 异质分组合作学习模式

根据学情分析结果，本课程采用异质分组合作学习方式，由性别、学习成绩、性格、智能强项等方面不同的成员构成 4 个小组。以学习小组为基本的课堂组织形式，促进师生、生生交流沟通，达成教学目标。

2. 基于 CDIO 理念的双层项目驱动教学

本课程实施基于 CDIO 理念的双层项目驱动教学，深度融合重构课堂：在“课堂”和“课外”两个层次以项目为驱动实施教学，通过“学中做、做中学、项目学习”，提升学生的创新应用能力和职业态度。

（1）课堂层次：由校内教师选定舰鹰公司业务作为模拟评估对象，讲授理论知识；学生通过学习小组进行学习、讨论、汇报、交流。

（2）课外层次：以 WL 公司成套生产线设备评估项目为切入点，学生在校内教师和企业导师的共同指导下，以学习小组形式搜集资料、现场勘查、评定估算、完成报告，锻炼理论联系实际和团队协作的能力。

3.“理虚实”一体化教学模式

校企共建教学资源，按对应岗位培养学生，构建符合课程特点与学情特点的“精讲理论—虚拟操练—实践提升”的“理虚实”一体化教学模式：以《智能估值数据采集与应用职业技能等级标准》为“理”，校内实训室模拟评估为“虚”，校外实践教育基地真实项目情境为“实”。

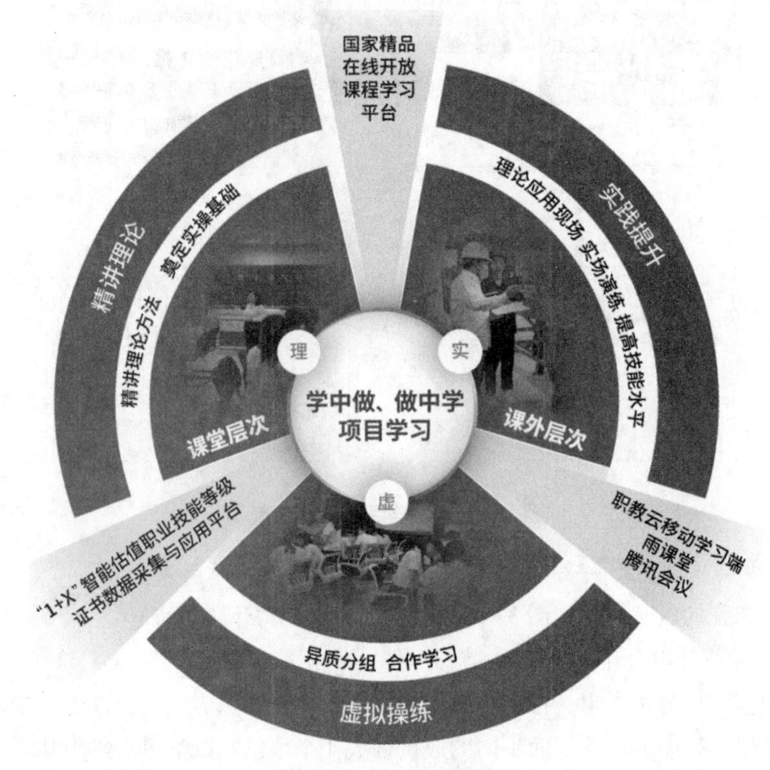

图 3-16 教学模式

（五）资源策略——立德树人选策略，混合教学任务驱动

1. 教学资源

（1）信息技术手段与资源。

团队负责人主持建设了国家精品在线开放课程资产评估学、省级教学示范课资产评估基础与实务；校企共建体验式学习案例资源库。“1+X”平台虚拟仿真、腾讯会议在线连线等信息化手段，720 云 VR、区块链等信息技术，微课、抖音小课堂等让学生乐学趣学、学有所用。职教云、雨课堂有效组织教

学。以任务二为例，详见图 3-17。

图 3-17　任务二信息化教学资源的应用

（2）实践教育基地。

教学环境为“政、校、行、企”四方协同共建的实践教育基地，是国家提升专业服务能力央财支持的实践教育基地。拥有资产评估综合实训室、案例讨论室、情景模拟实训室、虚拟仿真中心、评估培训中心、17 个校企合作实习基地，为本课程的项目化教学提供了强大的教学环境保障。

（3）高水平结构化创新团队。

课程团队是省级教学创新团队，成员包括全国设备工程监理主讲教师、省级教学名师、省级教学新秀、企业技能大师、资产评估师、博士研究生，均为“双师型”教师。通过校企“双向挂职”“老带新”师徒结对活动，团队教师成长为“熟专业、强技能、精实践”的优秀教师。

团队获得省级以上教学成果奖多项，教学成果在全国高职高专校长联席会议中作为优秀案例展出，入选职业教育提质培优增值赋能典型案例。

（4）新形态一体化教材体系。

课程主选国家规划教材《资产评估学》，同时为了适应“互联网+”时代的新型教育生态，配套使用校企双元开发的新形态一体化活页教材《资产评估质量控制手册》《资产评估操作指引》《资产评估最新工作准则及专家指引》，教材植入二维码和图文识别码，实现交互式资源学习。

2. 教学策略

（1）PBL 项目式教学法。

为有效提升课堂教学质量，解决一些同学主动性较差、岗位责任感不强、团队协作意识不足等问题，课程组“以学生为中心，以问题为基础”，以学习小组形式组织教学。

以 WL 公司成套生产线评估项目为驱动，实际评估工作流程为主线：学生具有双重身份，即评估人员和学生；企业导师具有三重身份，即委托方、评估师、教师。

①第一阶段：评估准备阶段。评估人员及评估机构签订资产评估委托协议，明确评估目的、评估对象和评估范围。

②第二阶段：现场调查阶段。评估人员在现场勘查中了解工艺流程、核实设备数量、明确设备权属、观察询问设备状况。

③第三阶段：评定估算阶段。评估人员选择合适的参数和科学的评估方法进行评定估算。

④第四阶段：完成评估报告阶段。评估人员整理工作底稿，完成评估报告。

⑤第五阶段：报告审核和报出阶段。经三级审核确认报告无误，将评估报告送达委托方及有关部门。

该教学法基于真实的场景，寓教学内容于挑战性的问题，培养七大关键能力：专注力、共感力、好奇心、驱策力、适应力、耐挫力、创造力。

（2）ISTM 沉浸式情景教学法。

基于沉浸式案例体验，坚持以学生为中心，设计与实践课程混合的教学，通过“价值引领、知识探究、能力建设、情商养成”的四位一体育人理念，培养学生扎实的理论基础和实操技能。通过场景重现、情景模拟、角色互换游戏等教学方式，形成课程教学的“1-2-3-4”模式，以实现教学目标。

①“1 个目标”指的是以创新人才培养为目标；

②“2 个层面”指的是着力构建学生认知领域和情感领域的学习体系；

③“3 个阶段”指的是课前自学、课中内化和课后拓展；

④“4 项方法”指的是基于沉浸式案例体验的案例教学、游戏化学习、翻转课堂、情景模拟 4 项混合教学方法。

“三教”改革如图 3-18 所示。

结构化创新团队		
参赛队员 1	参赛队员 2	参赛队员 3
资产评估教研室主任	资产评估基础与实务课程主讲	资产评估与管理专业带头人
副教授 高级经济师	副教授、高级审计师	讲师、会计师、审计师
省级教学创新团队负责人 名师工作室主持人 师德高尚奖	省级教学成果一等奖 主持人	省级教学成果一等奖 (排名第三)
省级教坛新秀、教学名师 入选省卓越教学新秀风采展示	教学能力大赛二等奖	教学能力大赛二等奖
省级教学成果一等奖（排名第二）	师德高尚奖	师德高尚奖
财政、审计、评估专家库成员	财政、审计、评估专家库成员	省级线上教学新秀

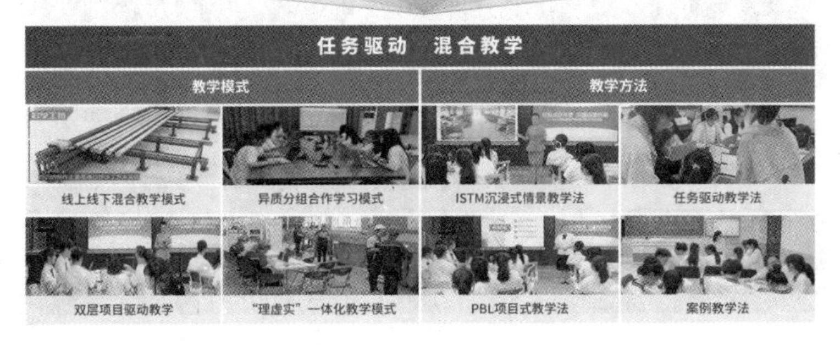

图 3-18 “三教”改革

二、教学实施过程

（一）整体教学实施过程

根据机器设备智能估值工作流程，模块三 16 课时安排了八大教学任务，选拍 3 段视频。教学实施过程始终瞄准资产评估岗位需求，融入技能大赛元素，对接智能估值工作过程，聚焦“1+X”智能估值初级证书要求，16 课时的整体教学组织如图 3-19 所示。

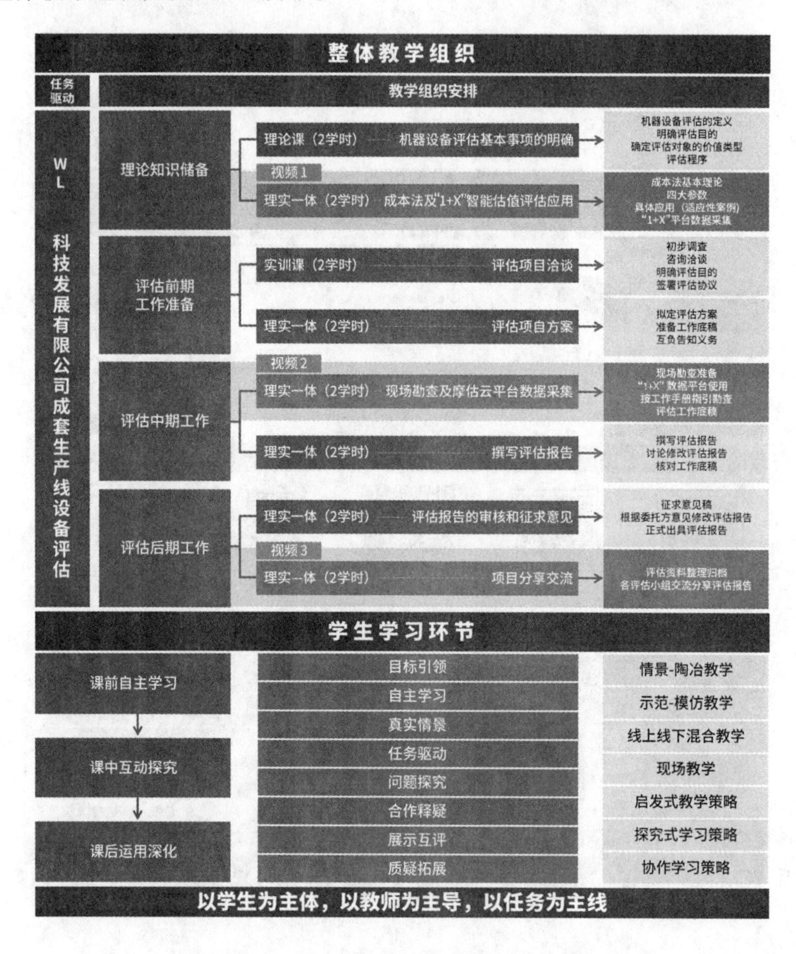

图 3-19　16 课时的整体教学组织

（二）单次任务实施流程

模块三的八个任务按照课前自学、课中内化、课后拓展组织教学活动。

①课前，根据学情实际向学时推送学习任务，通过在线测试，了解学习

情况。

②课中，八大任务顺序推进，构建“精讲理论—虚拟操练—实践提升”的“理虚实”一体化教学模式。

③课后，教师发布拓展任务，企业导师在第二课堂指导学生完成任务。

以任务八为例，教学活动开展情况如图 3-20 所示。

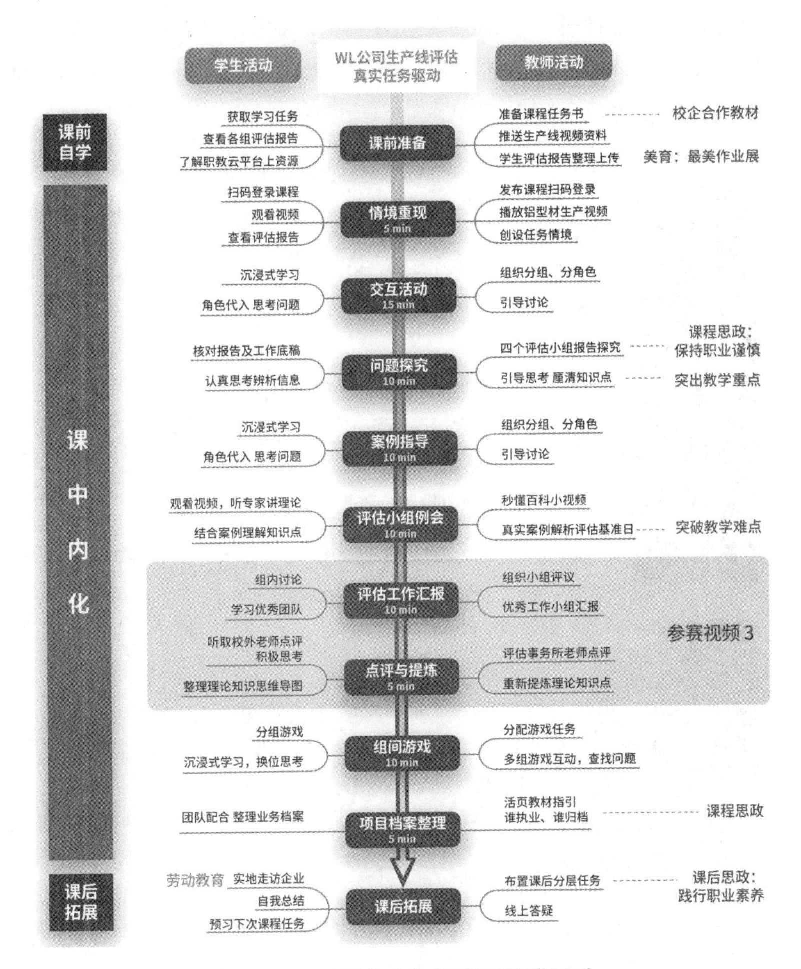

图 3-20　以任务八为例开展教学活动

（三）教学重难点的突破

企业技能大师现场教学让学生感受劳模精神、工匠精神，解决实操难题。新形态一体化活页教材、720 云 VR、“1+X”平台，有效解决数据量大、理论抽象、智能化升级难等重难点问题。

（四）教学考核评价体系

课程利用职教云平台，实现教与学全过程的信息采集。建立“以学生为中心”的项目教学多元化、多维度评价体系，以学生、教师、技能大师、评估专家为评价主体，采用学习过程+学生评价+校企教师评价+项目考核的多元评价方式，从学生学、教师教、考试考三个维度，实现教学与实践的考核与评价。

通过与采用传统评价方法的教学班对照，雷达图（图 3-21）对比分析结果反映实施多元化、多维度评价体系后，学生职业技能水平、解决实际问题的能力、沟通协作能力显著提升。

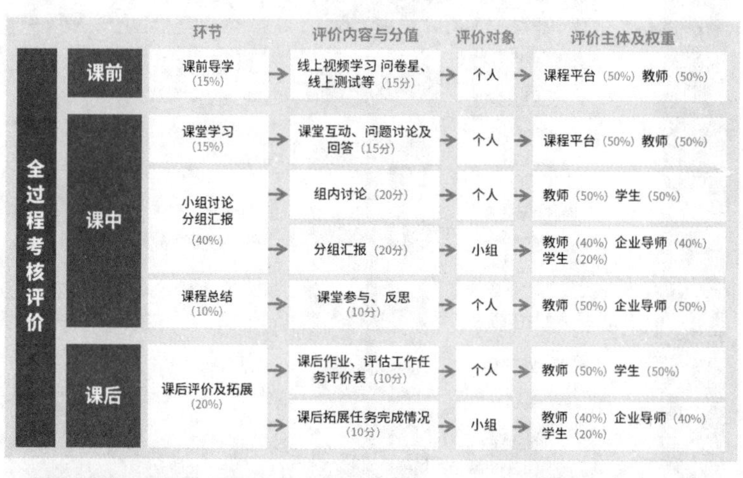

全过程考核评价

	环节	评价内容与分值	评价对象	评价主体及权重
课前	课前导学（15%）	线上视频学习 问卷星、线上测试等（15分）	个人	课程平台（50%）教师（50%）
课中	课堂学习（15%）	课堂互动、问题讨论及回答（15分）	个人	课程平台（50%）教师（50%）
	小组讨论 分组汇报（40%）	组内讨论（20分）	个人	教师（50%）学生（50%）
		分组汇报（20分）	小组	教师（40%）企业导师（40%）学生（20%）
	课程总结（10%）	课堂参与、反思（10分）	个人	教师（50%）企业导师（50%）
课后	课后评价及拓展（20%）	课后作业、评估工作任务评价表（10分）	个人	教师（50%）学生（50%）
		课后拓展任务完成情况（10分）	小组	教师（40%）企业导师（40%）学生（20%）

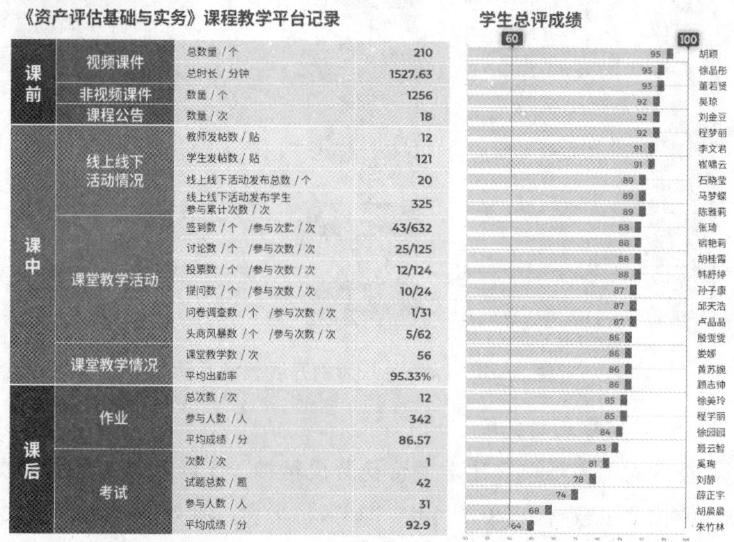

《资产评估基础与实务》课程教学平台记录

课前	视频课件	总数量 / 个	210
		总时长 / 分钟	1527.63
	非视频课件	数量 / 个	1256
	课程公告	数量 / 次	18
课中	线上线下活动情况	教师发帖数 / 贴	12
		学生发帖数 / 贴	121
		线上线下活动发布总数 / 个	20
		线上线下活动发布学生参与累计次数 / 次	325
	课堂教学活动	签到数 / 个 /参与次数 / 次	43/632
		讨论数 / 个 /参与次数 / 次	25/125
		投票数 / 个 /参与次数 / 次	12/124
		提问数 / 个 /参与次数 / 次	10/24
		问卷调查数 / 个 /参与次数 / 次	1/31
		头商风暴数 / 个 /参与次数 / 次	5/62
	课堂教学情况	课堂教学数 / 次	56
		平均出勤率	95.33%
课后	作业	总次数 / 次	12
		参与人数 / 人	342
		平均成绩 / 分	86.57
	考试	次数 / 次	1
		试题总数 / 题	42
		参与人数 / 人	31
		平均成绩 / 分	92.9

图 3-21　多元化、多维度评价体系与传统评价方法对比

三、学习效果

（一）任务驱动混合教学，有效达成教学目标

课程组利用问卷星对课程学习投入、课程学习效果情况进行调查。采用李克特五点式量表计分，使用 SPSS19.0 进行统计分析。

在李克特五级量表测量体系下，50%的专业知识技能均值在 4 分以上，通用职业能力和综合素质均值也都超过了 4 分。学习效果描述性统计分析结果显示，课程组采用的任务驱动法、PBL 项目式教学法不仅能够使学生获得专业知识技能，还能够提升学生通用职业能力和综合素质，有效达成教学目标。

小组学习投入与学习效果之间的相关分析结果（图 3-22）显示，所有小组学习投入变量与学习效果各维度均呈显著正相关。教学过程采取异质分组合作学习模式，搭建小组合作学习平台——小组会议，使学生在学习中学会交流合作，促进全面发展。

学习效果描述性统计分析

学习收获		极小值	极大值	均值	标准差
专业知识技能	制订评估工作方案	2	5	4.19	0.690
	完成评估工作底稿	3	5	3.93	0.688
	运用“1+X”平台	3	5	4.03	0.640
	运用成本法	2	5	4.14	0.632
	现场勘查内容	1	5	3.41	0.797
	评估工作流程	1	5	3.32	0.804
	评估报告的内容	2	5	4.03	0.770
	编写评估报告	2	5	3.88	0.823
通用职业技能	数据处理能力	2	5	4.28	0.719
	语言表达能力	2	5	4.14	0.764
	书面表达能力	2	5	4.10	0.677
综合素质	创新能力	2	5	4.11	0.726
	自信心	2	5	4.06	0.745
	学习能力	3	5	4.11	0.632
	团队合作能力	3	5	4.40	0.655
	交流能力	2	5	4.16	0.686
	评价能力	2	5	4.86	0.749
	反思能力	3	5	4.44	0.683

个体学习投入与学习效果之间的相关系数

学习投入	专业知识技能	通用职业技能	综合素质
按时到课	0.396	0.095	0.218
上课认真听讲	0.478	0.214	0.331
主动参与讨论	0.389	0.230	0.267
上课积极发言	0.318	0.294	0.344
认真完成课堂作业	0.349	0.368	0.428
通过多种渠道搜集资料	0.500	0.580	0.621

图 3-22 学习投入与学习效果的相关分析结果

（二）校企共育双师课堂，无缝对接企业岗位

校企合作共建教学资源，根据真实项目情境设计教学模块、工作任务，按照资产管理、评估助理岗位要求培养学生，现场勘查、双师课堂、腾讯会议连线场外专家，无缝对接企业岗位。

（三）育训结合书证融通，不断提升职业素养

“案例训练”“仿真训练”和“适岗训练”三位一体的实践教学，将“1+X”智能估值初级证书的工作领域四“设备类资产数据采集”的典型工作任务、智能估值技能大赛内容融入课程，实现有机的“岗赛课证融通”。2019级资评学生考证通过率达到100%，部分学生已报名资产评估师考试，完成预期教学目标。

（四）师生互动、生生互动，显著提升学习效果

角色转换、情境创设、沟通实践、多维互动课堂教学，师生双向互动，生生多形式互动（图3-23），调动了学生积极性，提高课堂参与度，增强学习效果。

图3-23　师生双向互动、生生多形式互动

四、特色创新

本专业的特色创新之处见图3-24。

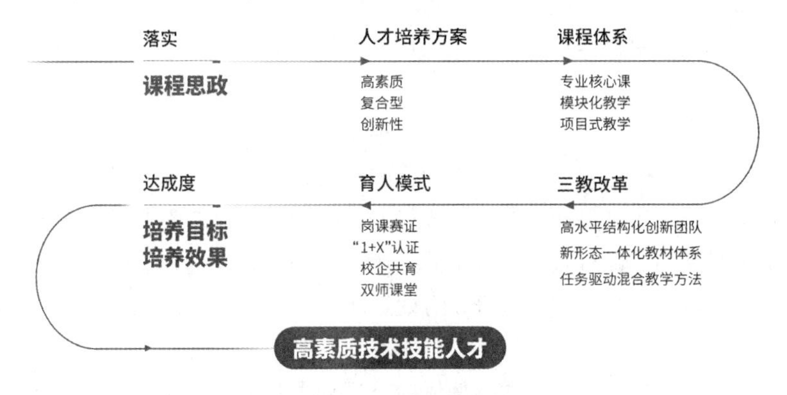

图 3-24　本专业的特色创新

（一）思政贯通，多措并举，实现三全育人

1. 提升教师综合素养，实现全员育人

团队教师将思政育人理念外化于行，言传身教，全员全过程引导学生“做一粒好种子”。

2. 更新教学内容，实现全过程育人

围绕课程专业教学、思政教育双重目标，课程中蕴含的“职业自信”“工匠精神”“职业素养”等思政元素，精选高契合度的思政案例和校企合作开发的育人资源，在真实评估项目中有机融入吃苦耐劳的劳模精神，培养爱国情怀，实现全过程育人。

3. 丰富教学手段，实现全方位育人

课堂上采用基于CDIO理念的双层项目驱动、ISTM沉浸式情景教学法，让学生认识、接受思政教育元素。课后借助技能竞赛、企业实践等实践育人载体，让学生邂逅思政教育元素。课上课下无缝衔接、课堂内外联动，实现全方位育人。

（二）双线并行，理实一体，实现实践育人

通过学习小组的形式实施以“学习+服务”“爱心+技能”“兴趣+成长”为特色的实践育人举措。聚焦学校内外、线上线下教学，为学生创造实践机会，“理虚实”一体化教学模式让学生在潜移默化中修身立德。

（三）校企共育，课证融通，实现协同育人

创新校企共育、线上线下混合教学模式，实现协同育人。本专业作为“1+X”证书的试点专业，团队充分汲取“1+X”智能估值证书反映出来的行业新标准、新技术、新规范和新需求，重构课程模块，对应“1+X”智能估值初级证书的六大工作领域。将基于六大工作领域下的典型工作任务以实训课程的补充形式融入课程体系，实现“岗课赛证”融合育人。

五、反思改进

第一，虽然采用异质分组合作学习的模式，创新线上线下混合式教学，但线上教学的效果较难保证。对于完成稍差的同学，教师需要进行线下辅导，并且鼓励小组互助。课后教师针对不同生源特点，线上发布分层拓展任务，保证全部学生实践技能得到显著提升，有效达成教学目标。

第二，引入 WL 公司成套生产线设备评估项目，实现教学过程与工作过程对接。基于真实场景的沉浸式案例体验，显著提升学习效果。但机器设备智能估值涉及新技术工艺的鉴定，对于高职学生来说，实操难度大。本专业作为省级特色专业，应发挥示范引领作用，深化产教融合，创新校企共育模式。组织学生参与企业实践，通过企业导师有效示范和现场指导，解决技术鉴定难题。

第四章　教学改革

第一节　资产评估基础与实务工学结合课程改革方案

我国的资产评估行业始于20世纪80年代后期，在对外开放、国有企业改制、各类产权交易中发挥了举足轻重的作用。随着我国市场经济社会主义体制的进一步完善，企业兼并、重组等经济活动迫切需要对进行交易的市场标的物（资产）进行客观的、科学的和公正的价值评估，对资产评估人才的需求也大量增长。教育部教高〔2006〕16号文件提出了“大力推行工学结合，突出实践能力培养，改革人才培养模式”的要求，高职院校以培养学生的实践能力为办学宗旨，需要改变学科本位较单一的课堂讲授形式，要以任务为驱动、项目为导向，提高实践教学在整个教学安排中的比重，尽可能与职业岗位、工作情境相联系，如采用案例分析与研讨、校内模拟实训、校外实训和实践性教学，等等。

一、课程改革的方向

资产评估基础与实务作为资产评估与管理专业的核心课程、财务会计与财务管理专业的专业课，其以往的教学模式主要是理论知识讲授和习题演练相结合的方式，也有学者提出“案例+ 实验”的教学模式。我校结合课程教学内容、特点和培养目标，提出以“任务驱动、项目导向”的教学模式进行课程改革，积极有效地激发学生学习的兴趣，激起学生探究问题的愿望，促进学生从被动学习向主动学习转变，教学由以教师为主体向以学生为主体转变，真正落实以学生自主性学习、体验性学习为主体，以教师融会贯通知识设计出好的课题训练为主导的教学创新思想；同时使学生经历完整的工作过程，从而获得较直观的工作体验，积累专业经验，提高设计思维与制作能力，加强相应的职业行动能力，实现课程学习与工作实际的无缝对接。实施不同的课程形式，有助于学生的知识、能力、素质的培养达到最佳效果。

二、课程体系建设情况

以专业人才培养方案和教学目标为依据，在课程目的的定位上经过多次讨论、修订和不断完善，逐步形成适应目前学校人才培养方案的总体要求和课程特点的课程目标，并在此基础上，课程体系逐步完善，形成了由资产评估理论教学与实践教学两大模块构成的课程体系。其中理论教学模块主要由资产评估基本理论、评估方法和评估实务三大部分构成，实践教学模块主要由案例分析、模拟评估和评估实践三大部分构成，同时，注重各教学模块和各部分内容的协调。

三、课程改革的内容

传统的资产评估课堂教学基本以教师为中心、以教材为根本，重理论、轻实践，费时费力，课堂输出信息量少；采用“填鸭式”教学模式，学生安静地坐在教室里，教师依照教材传授知识，课堂教学枯燥、乏味。教师代替学生思考，严重压缩了学生的思维空间，不利于发展学生的个性特征及培养学生的创造才能和开拓精神，导致学生面对实际问题束手无策，许多毕业生走上工作岗位后不能很快适应资产评估环境及资产评估业务需要。

在课程的理论教学方面，本课程根据近几年国内外资产评估准则的最新变化进行了丰富和完善，使课程的内容能够体现最新理论研究成果，并通过更新教材、补充辅导材料、讲课和课外作业等方式将最新知识传递给学生。在课程的实践教学方面，本课程采取了课上实践与课后实践相结合的教学方式。通过课上增加案例分析内容，锻炼学生分析问题的能力；通过单元后开展模拟评估练习，培养学生综合运用所学知识的能力；通过课后参与评估实践活动，增强学生分析和解决实际问题的能力。

资产评估基础与实务是一门实践性较强的课程，改革传统资产评估课堂教学模式势在必行。为实现培养高素质人才的教育目标，课堂教学不仅要使学生扎实掌握和灵活运用已学知识，而且要引导学生大胆创新和探索未知。任务驱动、项目导向的教学模式包含项目介绍、确定工作任务、工作任务设计、工作任务实施、任务检查评价等环节。通过任务和项目的实施，学生能系统地了解解决资产评估实际问题的完整过程。

资产评估课程任务驱动、项目导向教学模式是将本课程进行整合，以穿插整个课程的主体任务为驱动，以将任务划分为若干应用项目为导向，引导学生在提出问题、思考问题、解决问题的动态过程中，有针对性地进行学习，进而完成任务项目的教学模式。

（一）任务驱动，实现以学生为主体的教学模式

本课改拟将课程内容转换成总体任务和阶段项目训练，设计资产评估学习任务，让学生在真实的工作情境中经历完整的资产评估过程，让学生处于教学主体地位，充分调动学生自主学习和独立思考的积极性。同时注重个性化的实践指导及互动式讲评与总结，以各个评估项目的完成情况为依据对学生进行评价。

（二）项目导向，培养学生职业行动能力

课程改革将以“项目”为主线贯穿课程教学的全过程。通过项目的推进，学生能了解资产评估运作的基本流程；强调学生对项目的参与，使课堂教学与实际岗位技能的培训结合起来；强调以项目为“媒介”，使学生有一个岗位实习与锻炼的机会，避免了学校教育与市场需求的脱节，满足了社会对人才的需求。项目导向还培养了学生思维的广阔性、深刻性，引导学生跟踪和研究学科热点及前沿问题，实现课堂与实践相辅相成的教学模式，全面培养学生的职业行动能力，培养学生的创新能力，提高其实践能力。

项目导向式教学，使学生在完成项目设计的同时，真正理解与消化课程的理论体系，实现以理论指导实践的目的。项目导向或教学改变传统的以理论教学为主线、实践教学为辅导的教学思想，建立以人才培养方案实施为主线，以理论与实践教学体系的构建为依托，以教学管理的良性运行为保障的新型的人才培养模式。

（三）课程改革的方案

在本课程教学改革的基础上，将课程建设和教学过程融入工学结合，实现做、学、教、训一体化，按照高职教育特点和认识规律安排教学，以实现良性互动。具体方案如下：

课程分析方面，通过分析资产评估课程在专业课程中的地位、作用及性质，明确科目课程应实现的教学目标，同时，明确课程的教学目标与专业课程的人才培养目标的关系。

（1）设计课题任务，明确达成目标。

设计出能够启发学生运用适当理论方法，完成课题任务的途径和方式；设计出目标明确、符合课程需要、能解决问题、新颖、有趣的课题训练任务。

（2）课程任务实施环境的分析。

课程任务实施环境分析是指对即将实施课程任务的学校教师、学生、办学条件进行详细分析，为下一步课程任务设计和课程实施提供必要的依据。老师要通过分析了解学生已经具备的能力和知识基础，了解学生学习水平和学习能力，估计学生对学习本门课程的态度、兴趣点及有可能遇到的困难等。此外，还要分析相应的经济、技术发展的特点与趋势，分析相关科目课程的教学改革动态，保证资产评估课程的教学任务目标和教学内容设计合理，与高职院校培养人才的方向一致，为实现培养一线技术应用性人才服务。

（四）研究教学方案

根据课程任务目标的实际需要，确定各阶段教学步骤和时间节点，保证教学质量。

第一，教学上着重对重点和难点章节进行讲解，并且尽可能多地运用案例进行教学，使学生有更多的时间进行实际操作。这样做，既有利于使学生巩固所学知识，又可以增强学生的动手能力及分析和解决问题的能力。

第二，根据资产评估课程特点，创新设计一套能够使学生经历真实的工作过程的教学方式，主动与专业评估公司合作，免费承接评估项目。

第三，时刻关注评估业务发展的新动态，并根据其开展教学内容的讨论，保证教学内容贴近实际。

第四，建立以知识、技能与态度为内容的考核评价体系，保证教学质量。

（五）创新项目操作

根据资产评估课程特点，设计符合实际需要的项目内容，并通过学生自评、同学互评及教师总评和专业公司的专业评价，明确每次实训项目操作的优势和需改进的地方，使学生能够互相取长补短。具体项目形式可分为以下三类：

（1）校内模拟实习（以教师为主体，引导学生实践）。

老师对从实践中搜集到资产评估资料（如资产评估报告等）加以整理，形成实习资料，设置一些基本的条件，由学生在课堂上进行实际操作。

（2）校外实训（以学生为主体，积极投入实践）。

通过到企业、会计师事务所等相关部门实习，充分将学生所学的知识与工作实际相结合，锻炼学生的分析问题、解决问题的能力。

（3）实践性教学（学生、教师和企业三者互动，多途径开展实践）。

在经费等条件允许的前提下，多方面、多途径开展实践性教学活动，增强学生对企业的感性认识，以及深入了解资产评估的重要性及复杂性。学生通过自评、同学互评及教师总评和专业公司的专业评价，明确每次实训项目操作的优势和需改进的地方，做到互相取长补短。

四、教学改革情况

通过积极参与教学研究，进一步探索教学改革的新思路，逐步形成了适合专业培养方向和课程目标的教学模式，即“知识掌握—知识应用—知识创新”层层递进式教学模式。该模式按照学生从知识的学习、知识的运用到知识的不断创新的整个过程进行设计，教学内容和过程按这一模式分三个层次来设置，层层递进，逐步深入，最终实现培养学生实践能力和创新能力的目标。第一层次是知识掌握性教学。该层次的教学主要是以学生掌握资产评估知识为核心的教学，教学内容为资产评估基本知识，以教师课堂讲授为主，同时，配合与项目小组的互动交流，学生通过提问、讨论、练习等形式，掌握该学科的基本理论、方法及关键知识点。这一阶段对学生的考核主要是，在每个学习单元结束后，完成单元独立作业，以摸清学生对基本知识的掌握程度。该层次教学旨在帮助、引导学生消化、巩固和深化资产评估基本知识，帮助老师了解学生对基本知识的学习情况和认知程度，为顺利开展第二层次的教学奠定基础。第二层次是知识应用性教学。该层次的教学是以知识应用能力培养为核心，教学内容以资产评估案例为中心，以学生课堂讨论分析和模拟项目评估为主要形式。具体以资产评估项目小组为单位，由项目小组负责人组织本组的讨论，详细记录每个人的讨论情况，在此基础上形成案例分析与总结报告，并代表小组在班上介绍小组讨论情况，申明其观点、阐明其结论；在此基础上，以项目小组为单位对具体评估对象（机器设备、房地产、无形资产等）开展模拟评估。这种方式的教学，使学生对第一层次教学所学到的知识在实践中的具体应用有较深刻的理解，解决了以教师课堂理论讲授为中心的教学模式带来的理论与实践脱节的问题，培养和锻炼了学生分析问题、解决实际问题的能力，同时学生的语言表达能力也得到了增强。第二层次的教学既是第一层次教学内容的延伸，又是第三层次教学的起点。第三层次是知识创新性教学。这一层次的教学以知识创新能力培养为核心，以激发学生创新精神，增强其创新能力为目标，主要采用理论创新和实践创新同时并举的方式。对学生理论创新能力的培养，主要采用的是在项目小组案例分析与模拟评估操作的基础上，提出发现的新问题，通过课后查阅文献资料和收集相关数据，探索解决新问题的方法，这种方法使理论知识得到进一步升华；对学生实践创新能力的培养主要是结合教学实践和实习，组织学生到资产评估机构参与资产评估项目，从社会实践中发现问题并分析和解决问题。这一层次的教学将课堂进一步向外延伸，学生通过提出问题、探索问题和解决问题，锻炼和提升知识创新能。

五、教学方法和手段的建设情况

（一）教学设计

重视探究性学习、研究性学习，体现以学生为主体的教育理念，对传统的教学方法进行改进。本课程在建设中，每个教师都非常重视教学方法和教学手段的改进。课题组通过统一备课、青年教师听课、教学资源共享等多种方式，将先进的教学理念传递给每位教师，改变传统的教学方法，促进教师与学生的沟通与交流。在每学期上课前，课程组教师都统一制订教学计划，根据上课对象的专业和课时的要求，设计课程的教学方案。主要包括：一是明确理论教学内容与实践教学内容的比例；二是确定每部分教学内容的教学方法和方式；三是制定考试方式及建立综合考核评价系统。

（二）教学方法

根据资产评估课程的特点，逐步探讨和灵活运用多种教学方法，提升教学效果。通过课程建设，探索并形成了“项目小组式学习法”，即在课程开始前，就将学生按照资产评估机构的组织设置分为不同的项目小组，整个学期的理论学习和实践活动都以小组为单位开展，每个学生担任不同的职务并定期进行轮换，充分调动学生的学习积极性，培养学生的自主意识和合作精神。5 年多的实践证明，此方法效果良好。

（三）教学手段

恰当充分地使用现代教育技术手段开展教学活动，并在激发学生学习兴趣和提升教学效果方面取得实效。根据资产评估课程实践性较强的特点，充分利用多媒体设备，在教学中增加了大量的资产评估案例资料，丰富学生的实践知识，给学生介绍和演示资产评估软件，进一步拓宽其知识面。此外，为了便于学生学习，在开课前为每个专业班级开设公共邮箱，将有关的学习资料发送到邮箱，还公开主讲教师的邮箱，便于课下为学生答疑和交流。几年来这种做法取得了良好的效果。

六、考试改革情况

课程组根据资产评估课程的性质和特点，对传统的只以考试卷作为评价学生学习效果的做法进行了改革，形成了综合考核考评系统，即每个学生的期末成绩由 4 部分组成，包括评估基础知识（占 40%）、案例分析与评价（占

40%）、模拟评估报告（占10%）、观点阐述（占10%）。其中评估基础知识和案例分析与评价部分的考察主要采用试卷答题的方法，重点考察学生对资产评估基本理论、基本方法的掌握程度和解决实际问题的能力；模拟评估报告主要是课后完成的模拟评估项目报告，重点考察学生的总结和文字表达能力；观点阐述部分的考察主要以课堂发言为依据，重点考察学生的语言表达能力。这一考核考评系统既有对基本知识掌握程度的考察，又有对实践能力和创新能力的考察，对学生的基本知识、文字表达能力、语言表达能力到项目的组织管理能力各方面进行考察，体现了培养学生综合能力的目标要求。

七、实习基地建设

进一步巩固和扩大教学实习基地，为学生实践提供更多、更好的场所。经过5年的建设，资产评估实习基地从无到有，不但为学生实习提供了便利条件，也为教师的科研提供了良好的场所。

深化课程改革的关键是进行“教、学、做”一体化改革，而实现课程“教、学、做”一体化要依据课程内容主题、学生特征和环境条件，运用教与学的原理，使学生掌握社会对本课程所要求的知识和技能。高职院校要达到这一目的，在教学设计中应将职业性、开放性和实践性作为课程的设计思路，在“教”中体现任务驱动，在“学”中体现项目导向，在“做”中体现工学结合。

第二节　资产评估与管理专业“分段式”教学总结

一、教学组织模式改革背景及意义

多学期分段式教学组织模式是指在教学过程中，结合学生自身的特点、职业岗位的特点及技能要求，把教学过程和内容进行分段。分段式教学不是对原有教学内容进行简单的分段、分人授课，而需对原有课程教学大纲、教学内容、授课计划、教学方法等进行调整，以提升学生的实际操作技能和综合能力。

（一）改革背景

当前在“教”和“学”方面，主要存在两方面问题：

1. 教法中的问题

一是部分院校没有摆脱以教师为主体的传统教学方法；学生大多处于被动

接受的状态，没有掌握学习的主动权；

二是多年来，学校一直致力于“如何教”，却没有重视学生“如何学”，师生不能完全“合拍”，导致学习质量不高。

2. 学法中的问题

一是许多同学忽视课前预习这一关键环节，而预习恰恰是成绩好的重要保障；

二是许多同学课后没有复习习惯，单纯为了完成作业而去找答案，使得他们对书本知识掌握得不好，再遇到类似问题时依然不会；

三是缺乏自学能力，许多学生不会运用参考资料对书本知识进行补充；

四是有些演示实验，学生没有仔细观察且动手机会较少，无法较好地培养学生的动手操作能力。

（二）改革意义

1. 有利于推进校企合作，工学结合

将学生的学习任务与企业的工作任务对接，将资产评估与管理专业的人才培养目标定位于人才需求的变化；联合企业，按照实际工作任务、过程和情境设置课程，形成以工作过程为导向的职业教育课程体系。

2. 有利于专业内涵建设

以教学模式改革为突破口，与企业实际需要相结合，深化专业内涵建设。

3. 有利于提高实训质量

按照校内实训和校外实习相结合，灵活调配学习、工作或实训时间段，统筹安排，柔性管理；根据企业要求，分组实施校内实训和企业实习，缩短与企业实训密切相关的课程在校内学习的周期，增加“厂中校”教学时间，将课程教学渗透到真实的企业工作过程之中，保证实训质量。

二、多学期分段式教学组织模式设计

（一）多学期分段式教学组织模式构成

为使自身的教学更加符合高职教育的要求，各院校一直在进行一系列教育教学改革，期间也取得了一些成效。资产评估与管理专业教学实施多学期分段式教学组织模式，建立一种以职业为目的，以企业需求为导向，以学生能够熟练掌握某项实践技能为教学目标的教学模式。

此教学模式采用以职业活动为中心的课程体系和组织方式，既强调对相关职业构成的职业群内所通用知识和技能的掌握，又重视对某一特定职业所需技能的训练。教学内容上，不单纯追求学科体系的完整，而以职业活动的需求作为标准，打破原有的学科界限，重新组织教学内容。

多学期分段式教学组织模式主要由课堂教学改革和社会实践改革组成。整个教学过程分为四个阶段，采取融专业基础课、专业课于一体，理论、实践于一体，循环式往复、螺旋式递进的分段式教学方式。

第一阶段利用第一学年学好公共课、专业基础课和部分专业课，改革原有以学科为中心的教学模式。这一阶段着重夯实基础，理论够用即可，目的是让学生了解自己的专业，使学生热爱自己的专业。通过该阶段学习，学生能具备一定的专业基础，建立良好的专业思想和学习品质，对本专业的学习方法、发展方向有全面的了解，对个人的发展方向也更加清晰；教师对学生的基础状况和优势也有所了解。

第二阶段夯实专业知识，训练专业技能。第三学期学习部分专业基础课和专业课，第四学期开始校内实训，第五学期开始岗位实习，一般从 11 月开始，到校企合作企业进行岗位实习，期间可设置校内专兼职教师同学生一起实习，解决学生在实习期间的问题。该过程中，教学内容以某一技能为中心，对于学生的职业技能进行强化，通过专兼职教师带领学生参加岗位实习，根据不同职业对岗位能力的要求，形成不同的教学模块，进而搭配相关专业课内容，进行更加深入的实习实训。模块化教学过程要以特定的技能训练为重点，以职业岗位实际操作过程为线索，对学生第一阶段学过的基础专业知识进行有针对性的强化和补充。该阶段的教学将学生第一阶段所学课程由点到面地扩展，理论要求更有针对性，技能要求更明确，是一个逐步提高学生专业技能的教学阶段。通过这一阶段的实践学习，学生对自己接触到的岗位技能有更全面的了解，对岗位的实际操作过程也可以进行全面模拟和熟悉，基本达到岗位实习的要求。

第三阶段是实践实习、就业阶段。第五、第六学期全体学生开展社会实践实习，可与工作单位签订就业协议，这是整个教学的最后阶段，也是一个必备的教学过程。该阶段既检验学校的教学情况、学生的学习情况，又锻炼学生的实践能力。在较好的实习基地，学生既能问又能做，完全体现“学中做”“做中学”，使学生更有兴趣学习。该阶段，学生能将自己学到的专业知识和技能直接用于工作实践，并据实进行补充和修订，以提高自己的专业技能，使自己成为一个具备职业素质的人。此阶段中，学生可随时与提供就业岗位的企业单位签订就业协议。

此项教学组织模式按照学生的职业成长和认知规律，本着由浅入深、单一到综合的思路构建专业教学体系，让学生在学习阶段就接触企业实践，缩短教学与真实工作的距离。

（二）多学期分段式教学组织模式的课程改革设计

职业教育教学模式改革的重点是突出技能训练，不同职业、岗位对技能人才的要求也不相同。因此，根据职业技能来设计教学模式，课程改革设计要经过以下几个步骤：一是通过对职业岗位进行分析，确定职业岗位的培养目标和培养方向；二是根据专业培养目标和培养方向，结合职业岗位的现实和社会需求，进行职业素质和职业能力分析（沟通能力、表达能力、分析能力、写作能力等），确定技能实训模块；三是在“够用”的原则下，合理地、有针对性地设置基础课程和技能训练课程。根据专业发展方向和专业学习需求，以“够用”为原则确定开设的基础课程，通过专业的就业岗位分析和学生在学习过程中应该培养的技能分析，确定开设的技能训练课程。

三、分段式教学组织模式中应注意的问题

第一，改革教学模式的目的是提升学生技能，因此可以改变传统学习中对知识系统性和完整性的要求。

第二，学习过程要注意教学过程的有序性，知识和能力训练递进进行。

第三，教材建设是教学模式改革的重要内容，要有好的实训目的，需要目标明确、内容适宜的教材，因此可以组织具有丰富教学经验和专业技能的教师根据学生的具体情况编写。

第四，教学问题的解决需要教师和学生的通力配合，因此教师、学生都要了解和熟悉专业的课程体系及教学模式，从而更好地完善教学内容、完成教学任务。

四、资产评估与管理专业的分段式教学改革中存在的问题

资产评估与管理专业的分段式教学改革中存在的问题，主要表现在如下方面：

第一，分段式教学模式打乱了传统教学模式形成的教学秩序，必然会影响到其他课程的教学计划安排。分段式教学模式下，教学时段相对集中，教师、教学场所等发生了变化，同时，还有一些不太适用于分段式教学的课程穿插其中，这些都给教学管理造成了不便。为此，应协调好实施分段式教学模式的课程与其他课程之间的关系，做到统筹兼顾。

第二，实施分段式教学模式，将专业基础理论知识和实习实训集中在同一时间段内完成，这虽然激发了学生的学习兴趣，但易使一些学生忽略专业理论基础知识的学习，把兴趣放在实习实训上。另外，分段式教学模式在第五学期

(9月、1月）实行分段集中上课，上完即考，时间较短。学生在较短的时间内消化不了所学的知识内容，缺少系统复习的时间，导致对知识的领悟不够透彻，对重点知识的把握也不好，同时容易产生学习疲劳感。这就要求教师在教学过程中适当把握教学的难度、层级性和趣味性，通过丰富教学内容和采取多样化的教学方法，活跃教学气氛，让学生能在轻松愉快的氛围中乐于学习、主动学习。同时，教师应帮助学生掌握所学知识的重点，加深对知识的理解。

第三，一些专业教师还不太适应分段式教学模式。分段式教学对专业教师提出了更高的要求：教学方法和手段要与之相适应；要考虑如何组织教材，如何整合知识点，如何帮助学生连贯地完成从理论知识的学习到实践训练的掌握；要厘清哪些专业基础知识是理论课重点讲授的内容，哪些难点内容在实训过程中需做补充讲授等。如果专业教师不能适应新的教学模式，仍然沿用传统的教学模式，这将会极大地影响教学效果。目前，在高职教育教学中，分段式教学还是一种较新的模式，没有与之相适应的教材，可供借鉴的经验也较少，这都需要专业教师在教学过程中付出更多的时间和精力去钻研。

综合上述，分段式教学改革突出了教学的系统性与完整性，有利于实践性课程的开展等，可解决高职教育教学存在的一些问题。同时，分段式教学由于是一种较新的模式，还需在实践中不断完善。

一是建立健全与之相适应的教学管理方式，并根据实际情况调整具体实施细节。

二是编订与之相适应的教材，制定与之相适应的培养方案、课程标准、教学项目（载体）等。

三是改革传统的考核机制，根据分段式教学的实际情况，制定与之相适应的考核制度。

第三部分
典型案例与教学成果

第五章　典型案例

第一节　职业教育“课堂革命”典型案例建设方案

一、项目基本情况简介

（一）教学团队及成果简介

项目负责人是安徽省卓越教学新秀、校级教学名师，省级资产评估与管理教学团队、校级资产评估与管理名师工作室的负责人，从教13年来始终工作在教学一线，教学经验丰富，教学水平高，教学能力强。另外两名团队教师教龄分别为23年和8年，老教师经常指导、帮助年轻教师，“传帮带”效果显著。通过改革教学内容和方法、开发教学资源、经验交流推进教学工作，团队整体教学水平显著提升。教学团队近年来取得了显著的教学成果：教学团队成员主持和参与国家级、省级课题20余项，其中服务安徽省审计行业的重点课题8项；教学团队成员共发表论文20多篇。2020年《新冠疫情下“双线混融”教学的优化实践》获评安徽省线上教学成果一等奖。团队教师在2020年安徽省高职院校教学能力大赛上获得二等奖1项、三等奖2项；在2020年安徽省高职院校教学能力大赛上获得三等奖1项。

戴小凤、李娜、王佳、李程妮等老师2018年、2019年、2020年指导学生参加“国元证券杯”安徽省大学生金融投资创新大赛，获得6个一等奖、12个二等奖、29个三等奖。戴小凤、李娜、周姗颖老师指导学生参加2020年安徽省大学生财税技能大赛，获得3个一等奖、7个二等奖、2个三等奖，3位教师获评优秀指导教师。王佳等老师2019年指导学生参加安徽省职业院校技能大赛银行综合业务项目，两支队伍均获团体二等奖；2018年指导学生参加安徽省职业院校技能大赛银行综合业务项目获团体二等奖。李程妮等老师2019年指导学生参加“安徽省职业学院银行综合业务技能大赛”，获得了2个二等奖；2019 年指导学生参加“2019 年全国高等职业院校银行业务综合技能大赛”获得三等奖。高洁老师指导学生参加第四届安徽省“互联网+”大学生创新创业大赛，获得就业组铜奖。王宏莹等老师指导学生在 2018 年安徽省职业院校技能大赛工程测量中获得 4 个团体三等奖。高洁等老师在 2018 年安徽省职业院校技能大赛识图比赛中指导学生获得团体二、三等奖。王宏莹等老师在 2018 年安徽省职业院校技能大赛中指导学生获得数字测图三等奖、一级导线三等奖、二等水准三等奖、工程测量二等水准三等奖。高洁等老师在第四届全国高等院校工程造价技能及创新竞赛工程计量中指导学生获得软件应用一等奖、团体三等奖。

（二）课程简介

目前课程线上资源已经初步完成。

教学资源平台链接如下：

（1）中联教育智能估值：https://zledusx.cailian.net/#/home。

（2）智慧职教云平台：https://zjy2. icve.com.cn/portal/login.html。

（3）腾讯课堂 https://ke.qq.com/webcourse/index.html#cid=1076204&term_id=101172230&taid=15957367&lite=1&vid=5285890800680410182。

（4）问卷星：https://www.wjx.cn/newwjx/manage/myquestionnaires.aspx。

（5）e 会学：http://www.ehuixue.cn/index/Orgclist/course？cid=32327&tdsourcetag=s_pctim_aiomsg。

1. 教学对象

资产评估基础与实务课程主要面向资产评估与管理专业的大二学生，他们思维活跃，具备一定的实操技能。通过大一阶段的学习，他们掌握了基本的专业知识，为本课程的学习打下坚实的基础。

2. 教学目标

本课程是资产评估与管理专业核心课程，依据 2017 年财政部印发的《资产评估基本准则》、2019 年教育部印发的《高等职业学校资产评估与管理专业教学标准》、资产评估与管理专业人才培养方案、课程标准、学情分析拟定教学目标，要求学生通过学习后达到评估师助理岗位要求和考核要求，培育学生职业能力、信息素养、精益求精的工匠精神和爱岗敬业的劳动态度。

3. 教材选用

课程选用的是国家“十二五”精品规划教材《资产评估学》和校企双元开发的新型活页式、工作手册式教材《评估操作手册》（图 5-1）。教材结构体系完整、内容科学，遵循最新颁布的资产评估准则，借鉴评估实践的最新成果，从理论介绍、程序操作、案例讲解、评估实操四个环节组织内容，旨在培养学生对岗位的职业胜任力。校企双元开发教材突出应用性与实践性，有利于推进模块化、项目式教学。

图 5-1　教材选用

4. 教学内容分析

依据模块化教学理念，根据资产评估师助理职业岗位典型工作任务分析，课程重组为三大教学模块（图 5-2）：认识资产评估、构建资产评估和资产评估应用。

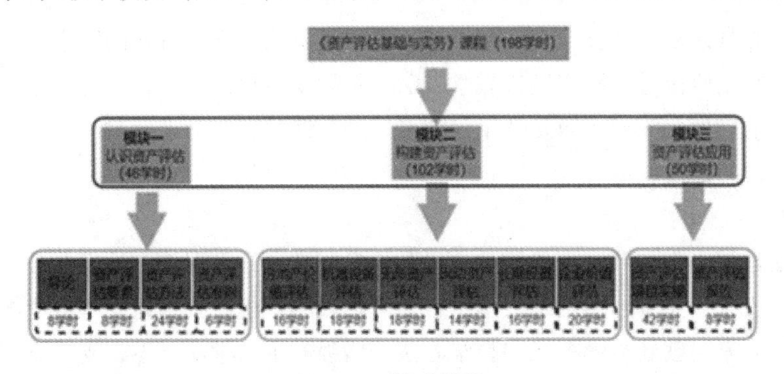

图 5-2　教学模块

二、项目建设目标

目前我国已进入数字经济、智慧职教的新时代。企业对新“匠人型”人才的需求、院校对教师能力的需求、智慧职教对智能立体化教学资源的需求正在引领着高职教育改革的方向。针对资产评估与管理专业，教学团队以上述“三需”为引领，创新、扩容产教融合，构建专业、企业、“双创”三元融合平台，以资产评估基础与实务课程为依托，进行课堂革命，借后疫情时代“双线混融”教学的优化实践开展了资产评估与管理专业“三教”改革，建设课程资源（包括课程大纲、试题库、电子教案、课程 PPT 教案、课程教学互动资源、校企合作教材等），实施翻转课堂教学，促进教育教学观念转变，努力实现教学内容和教学方法改革，促使资产评估基础与实务课程教学资源通过现代信息技术手段，实现共建共享，助力我省提高评估类人才培养质量，服务学习型社会建设。

（一）明确教学目标

1. 因材施教

坚持以学生为中心的教学理念，根据教学活动的内容，悉心研究教学对象，了解学生的有关情况，注重因材施教，合理组织教学内容，选用科学有效的教学方式和方法，力求做到教学内容与方法的优化组合。

2. 着力培养学生能力

注意教学活动与其他相关教学活动内容的衔接和配合，重视授课效果的信息反馈，在教学中精益求精，突出重点，处理好难点，着力培养学生的自学能力、实践能力和创新能力。

（二）创新教学方式

1. 启发式教学

在教学活动中加强互动环节设计，采用启发式教学，融入问题引导、创设情境、师生研讨等多种启发式教学方法，引导学生积极思考，拓展学生参与课堂教学的广度和深度，激发学生保持良好的听课状态，力求使教与学两方面协调一致、共同发展。

2. 信息化教学

在教学中充分利用现代信息技术和信息资源，开发课件、视频、教学软件等教学资源，充分运用网络教学平台，优化教学过程，科学地安排教学的各个环节和要素，创新教学模式和教学方法，增强学生的学习兴趣，支持学生的自主探究学习，提高教学质量和效率。

3. 多元化结合

突破传统教学模式，根据教学内容开展多种教学方式、教学环节的互动结合：课堂教学与课后辅导（答疑）相结合；课堂教学与课后练习相结合；课堂教学与实践教学相结合；课堂教学与创新创业教育相结合。

（三）完善教学资源，提升教学效果

1. 教学资源方面

以教学专题为框架，建设包括视频、文字、PPT、作业、测试题等形式多样化的课程资源库，满足线上自主学习与线下课堂教学的需要；积极探索开发校企合作教材。

2. 教学效果方面

通过课程建设，充分发挥线上教学与线下教学的优势，适应时代发展，满足线上自主学习与线下课堂教学的双重需要，改造传统授课模式，合力推动新时代资产评估基础与实务课程的建设与改革，推动教学质量提升。

（四）积极开展教学研究工作

1. 积极推动教学改革

积极推动教学改革，重视教学研究，不断提高教学团队成员的学术水平和业务水平。在保证完成教学大纲规定的教学内容的前提下，积极推进课程思政，推进课程融合，把最新相关研究成果融入课堂教学；积极组织申报校级以上教学改革研究立项项目。

2. 做好教学活动总结及反思

教学活动结束后，做好教学文件的收集整理，认真总结教学情况，分析学生学习情况，研究各教学环节的配合，反思整个教学安排，总结教学过程中的经验教训，提出改进办法和完善建议。搜集整理并完善所授课程的教学总结材料，依托教学成果发表与所授课程相关的科研论文。

（五）坚持“三教”改革，提升学生的综合职业能力

1. 教师积极参加企业实践、“1+X”、创新创业线上培训

后疫情时代，各种防疫物资需要进行评估鉴定，财政资金的使用也面临绩效审计工作。团队教师将利用业余时间，到校企合作的评估事务所、审计事务所企业参加各类业务，积累业务资料和教学经验，建立专业教师和企业业务骨干相互交流学习的机制。

2. 打造线上教学典型案例，完成校企合作活页教材

后疫情时代，教学团队将边实践边总结，及时撰写审计案例和教学案例，下一步还将与企业深度合作，与企业合作编写校企合作活页教材，研发出更多

符合人才培养需求的新形态教学资源。

3. 改革创新教学方法，采用新型教育技术手段

后疫情时代，团队教师将及时调整教学策略、组织形式，完善线上线下混合式教学方式，教学活动贯穿“理、虚、实”三阶段，扩展传统课堂教与学的时空；提供优质的数字化资源支撑：采用腾讯课堂、腾讯会议同步直播、微课、企业连线、思维导图等信息化手段突出教学重点，采用评估软件、动画、抖音小课堂，引入行业和企业标准攻克教学难点；充分利用国家精品在线开放课程学习平台“e 会学”中资产评估学的丰富资源；“1+X”证书智能估值数据采集与应用平台、职教云在线平台、移动端 App、微信群、QQ 群等多工具并用，使沟通无处不在。多方发力，重构传统课堂教学，优化教学过程，学生通过学习掌握“价值发现、价值判断、价值估计”价值链管理的现代评估手段。

（六）坚持立德树人、五育并举，融课程思政于专业教育

团队教师将从学生需求出发，把全民战“疫”与立德树人有机结合，协同构建德育战“疫”课程，并运用于教学实践。

“一切为了每一位学生的发展”，这是新课程的核心理念，其本质就是“以生为本”。构建德育战“疫”课程，出发点是“基于学生需求”，课程内容的呈现坚持“以生为本，激活思维”，课程的最终目标是立德树人，课程依据课程实施中学生的反馈、教学成效进行完善改进，即课程建设自始至终坚持源于学生、服务学生和“以生为本”的理念。

三、项目建设方案（含项目成果在全省高校示范推广计划）

（一）创新教学模式

树立以学生为中心的教学理念，探索构建符合课程特点与学情特点的“精讲理论—虚拟操练—实践提升”的“理虚实”一体化教学模式：以《资产评估基本准则》和《智能估值数据采集与应用职业技能等级标准》为“理”，以校内多媒体智慧教室和资产评估综合实训室模拟房地产评估项目情境为“虚”，以省级校企合作实践教育基地和评估现场为“实”，虚实结合，扬长避短。辅以国家精品在线开放课程学习平台“e 会学”中资产评估学的丰富资源和“1+X”证书智能估值数据采集与应用平台，运用职教云移动学习端，实现理论点拨、虚拟仿真、现场实操的衔接融合，切实解决资产评估职业能力培养过程中存在的理论抽象、方法应用难、实操复杂、团队合作难等难点问题，有效提高人才培养质量。

（二）改革创新教学方式方法

日常将采用案例教学、情境教学、模块化教学、现场教学等方式，运用启发式、探究式、讨论式、参与式、任务驱动式等方法开展教学。

（三）开发优质数字资源，有效重构传统课堂

教学过程将充分利用国家精品在线开放课程学习平台“e 会学”中团队名师讲授的资产评估学的丰富资源；“1+X”证书智能估值数据采集与应用平台、职教云在线平台等多工具并用，优化教学过程，重构传统课堂，提升教学效果。后疫情时代，教学团队将结合疫情期间的教学经验，对部分知识的讲授采用播放团队名师授课视频与团队年轻教师网上辅导相结合的“双师课堂”方式线上教育教学。优质的数字资源和共享平台，对课程的教学和推广具有积极意义。

（四）教学活动组织

教学过程采用任务驱动式教学、任务情境教学。日常将授课班级分成 4 个小组，在教师指导下学习，每个教学模块分为若干个任务情境，每个情境按照课前准备、课中导学、课后拓展组织教学活动。

以房地产价值评估子情境任务交流与拓展为例（图 5-3），2 学时的教学内容以任务为驱动开展混合式教学，以小组讨论、组间互评、企业专家点评、校内老师总结的课堂教学模式将教学过程分解为课前准备、课中导学、课后拓展。学生课前自学线上资源，观看抖音小视频，熟悉任务评价内容，对各组任务完成情况进行打分。课中聚焦重难点，带着任务学习探究、讨论、思考、总结。教师抽取得分最高的一组进行现场汇报；有针对性地进行组间互评、提问、教师点评；课后学生总结学习心得，拓展提升，完善资产评估报告。三个环节环环相扣，课前提交评估任务成果并根据标准评价打分，课中突破重难点，课后能力得到拓展提升。

（五）完善多元评价系统

课程采用多元化的评价模式，调动学生主动学习的积极性。教师、学生、家长多主体参与考核，考核方式包括主讲老师、助教老师的评价，学生互评、自评，家长反馈等。教师主体评价主要通过网络教育平台数据，包括课堂表现、课前准备情况、回答问题、进门测试、参与课堂互动等数据评价学生的综合表现；学生评价主要通过互评表、自评表、课程小结、分析报告等资料进行评价；家长评价主要通过网络问卷调查等形式进行。

评价过程包括诊断性评价、过程性评价和总结性评价三个阶段。

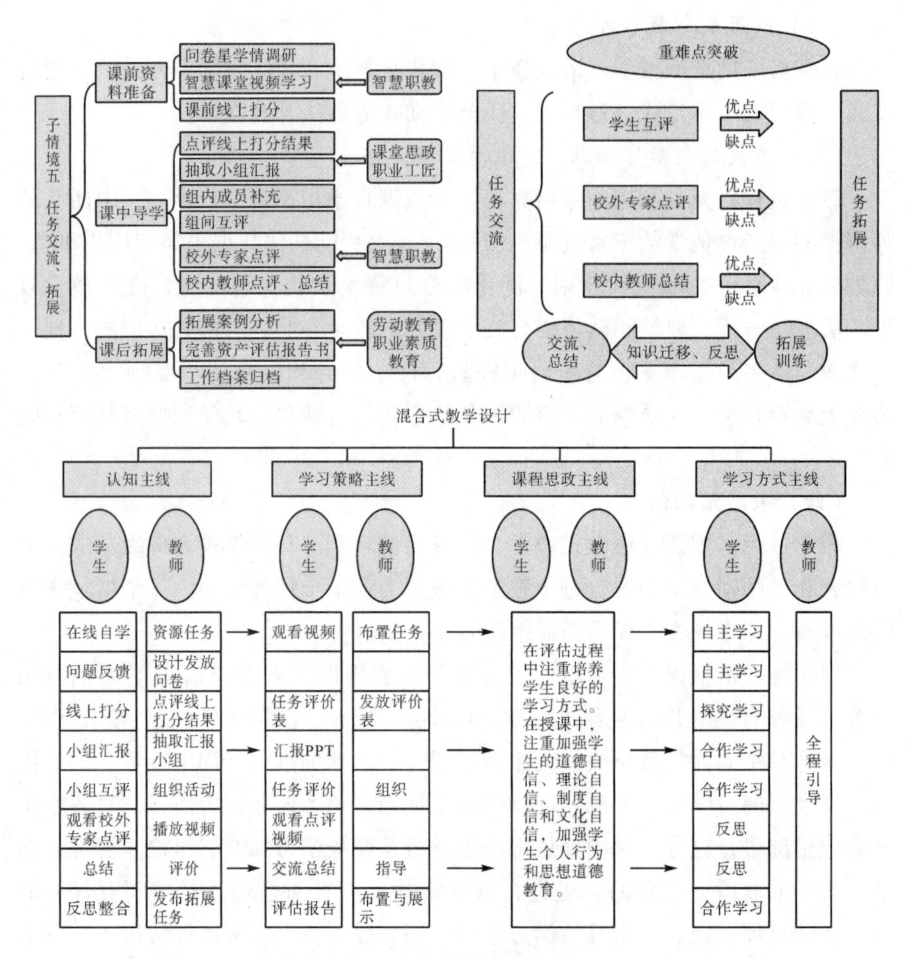

图 5-3　子情境教学设计

（1）诊断性评价。进行具体实训任务安排之前，先对学生的知识水平、学习风格等情况做出诊断分析，并作出相应难度的实训任务设计。

（2）过程性评价。教学过程中，学生单元任务的完成情况的评价分析，根据平台数据对学生出勤、参与讨论、课堂表现及提交作业情况进行过程考核。

（3）总结性评价。随着实训任务的推进，对学生进行阶段考核，通过在线考试、课程小结等方式进行评价。实训全部结束后，需要提交实训总结和财务分析报告，必要时进行课程答辩。

（六）培养技能型、操作型资产评估专业人才，不断提高人才培养质量

为了培养技能型、操作型资产评估专业人才，本课程将研究构建教学理念先进、实训方法科学、实训内容贴近实务的，基于评估实务的资产评估专业实

训体系，以实现“学习—就业”零距离衔接。真正做到重视市场人才要求，实施以能力为向导“资产评估职业岗位全面仿真实训”的资产评估专业人才培养模式。

（七）构建基于评估实务的实践教学课程体系

将以专业人才培养方案和教学目标为依据，明确适应目前学校人才培养方案的总体要求和课程特点的课程目标，并在此基础上，逐步完善课程体系，形成由资产评估理论教学与实践教学两大模块构成的课程体系，其中理论教学模块主要由资产评估基本理论、评估方法和评估实务三大部分构成，实践教学模块主要由案例分析、模拟评估和评估实践三大部分构成。同时，注重各教学模块和各部分内容的协调。

在课程的实践教学方面，将采取课上实践与课后实践相结合的教学方式。通过课上增加案例分析内容，锻炼学生分析问题的能力；通过单元学习后开展模拟评估练习，培养学生综合运用所学知识的能力；通过课后参与评估实践活动，增强学生分析和解决实际问题的能力。

（八）积极组织线上线下混合教学，推动重大线上教学改革研究

随着网络技术和信息技术的发展，QQ、微信等即时通信与社交工具的普及，云课堂—智慧职教、中国大学 MOOC、蓝墨云班课等教育类 App 已屡见不鲜，推动了职业院校对双线混融教学模式的探索实践。

教学团队结合职教云线上教学平台，对资产评估基础与实务等课程进行线上教学和线上线下混合式教学的方案设计提出了以教师为主导、以学生为主体的教学理念。

1. 职教云的线上教学实践

第一，基础课程建设。建立一个生动有趣、内容丰富、学习便捷的教学资源库是有效实施教学的关键。通过导入智慧职教中优秀资源和自建资源互相结合的方式，搭建“资产评估基础与实务”课程平台，整合与课程相关的课件、教学视频、题库、作业等教学资源。在建设课程的过程中，教学视频精简且有吸引力，适合学生的学习特点。

第二，教学实施过程。职教云和云课堂智慧职教 App 的“资产评估基础与实务”课程教学实施过程分为课前、课中、课后三个阶段。

课前，教师通过职教云网页端推送教学资源，进行课前讨论、测试，学生通过云课堂智慧职教 App 或网页端进行自主学习，观看教学视频、发表观点、完成课前测试，检验自学效果。教师能够准确把握学生的参与和学习情况，及时发现学生的学习问题，根据学生掌握的情况备课，确定课堂讲授内容。对于

不同班级的学生，学生掌握的程度会有所不同，教师要因材施教。

课中，结合腾讯课堂直播软件进行线上教学，总结学生自学对主要内容和知识点的掌握情况，课堂上详细讲解学生掌握不牢的知识点、重点和难点内容，并答疑解惑，将课堂上有限的时间用在难题上。通过设置讨论、随机点名、头脑风暴等互动形式，调动学生的学习积极性，设置课中测试，检验学生对知识点的掌握情况。

课后，通过作业、测试等方式，巩固教学的重难点，从而达到教学的目标。在这三个环节中，学生的每一点表现都以积分的形式呈现出来，教师要将学生课堂表现的积分 top10 发到班级 QQ 群上，激发学生的学习热情，营造你争我赶的学习氛围。在整个教学过程中，学生主动探究学习的气氛浓厚，充分体现教师的主导地位和学生的主体地位。

2. 职教云的“双线混融”教学模式

疫情期间全国各学校只能进行线上教学，即学习者的全部学习过程都是在线完成的，师生的互动和交流也是通过平台来实现的，是“完全虚拟模式”。当疫情结束后，教师和学生都回归到校园，面对职教云建设的课程平台，学生的课堂表现怎么处理？经过发放问卷、面对面访谈等形式，团队成员仍然决定利用已有的资源采取双线混融教学。

课程教学实施过程仍然分为课前、课中、课后三个阶段。课前、课后方案与疫情发生前的教学方法完全一样，不同的是课中环节，不再借助腾讯课堂直播软件，而是在教室跟同学们面对面进行交流互动，学生的课堂表现仍然可以记录在职教云平台上。这就是传统的线下教学与在线教学交替学习的“交替模式”。教师根据线上学习效果和学生在学习中存在的问题进行线下教学，根据线下教学效果更新线上的学习资源库，线上线下优势互补，充分利用平台资源和信息技术，提升整体教学效果。

采用线上线下混合式教学能够全过程了解学生的学习情况，将课堂上宝贵的时间用于重难点的讲解，大大提升了课堂的教学效果，同时，学生的表现可以以积分的形式存储在职教云上，通过云平台上大数据进行汇总，为教师评价学生提供更加多元化的依据。

（九）高校示范推广计划

1. 教学活动组织管理经验的影响辐射

总结教学活动组织管理的经验，部分研究成果以论文形式公开发表，为其他高校开展资产评估基础与实务课程教学改革提供借鉴。

2. 教学资源影响辐射

优质教学资源体现现代教育思想和教育教学规律，展示了教师先进的教学理念和方法。

3. 社会服务影响辐射

服务社会方面，教学资源可用于评估相关的各类培训。加强校企合作，团队教师为校企合作单位提供技术支持与指导。加强政校合作，继续与亳州审计局合作，联合申报审计厅重点科研课题，研究成果将进一步推动亳州市审计信息化建设。

四、项目建设进度安排

（一）项目准备阶段（2021.03—2021.03）

（1）召开项目组会议，明确目标和任务分工。及时召开项目组会议，带领团队成员认真研究推荐表、任务书，明确研究目标和研究内容，围绕目标和需要完成的内容，合理划分并固化研究任务，细化分工及完成时间节点，规划好课题研究的步骤。

（2）系统学习资产评估最新理论成果，思考其对课程教学与改革的指导意义，探索其与教学的内在联系。

（3）资料收集。动员团队成员围绕研究目标，以自己的任务分工为依托，制作调查表，收集相关资料和数据，为课题的后续顺利开展夯实基础。

（二）项目实施初步阶段（2021.04—2022.10）

以项目研究目标为依据，围绕项目建设方案，全面开展项目建设工作。同时，开展资产评估基础与实务课程线上线下混合式教学实践。以研究指导实践，以实践推动研究。

（1）以规划教材为基础，积极开发校企合作教材，合理划分教学专题模块，根据教学内容的特点明确教学内容的线上线下教学具体形式。

（2）首先教学团队集思广益，共同研究确立各教学模块的基本建设要求，树立统一性；其次以任务分工为基础，分头推进各模块从教学内容整合到课后反馈的整体设计及建设，经过教学团队审核后，在教学团队内部推广使用；最后，授课教师在教学实践中根据学生实际来具体化教学资源及授课方式，推动教学个性化。

（3）在第一轮教学实践的基础上，总结课程建设经验教训，撰写相关论文。

（三）项目实施的深入阶段（2022.10—2023.09）

（1）积极组织线上线下混合教学，推动重大线上教学改革研究，在讲授资产评估基础与实务课程时实施课堂改革，一切从学生出发，着力转变课堂观念，让课堂教学活动更好地满足企业岗位发展的需求。实现教师、教材、教室、教案、教风“五教合一”，从而实现产教深度融合。

（2）第二轮教学实践。在第一轮教学实践及总结的基础上，继续推动第二轮教学实践，在实践中发现问题并解决问题。

（3）以资产评估基础与实务课程为依托，坚持“三教”改革，构建基于评估实务的实践教学课程体系，提升学生的综合职业能力。

（4）针对项目前期研究中出现的问题进行专题式研究。课程建设的重难点，前期研究中尚未完成的、新出现的问题，根据其情况组织力量进行专项攻关，并在实践中不断改进、总结。

（四）项目结题阶段（2023.10—2023.12）

（1）召开项目组会议，进行全面总结。根据课题研究状况召开项目总结会议，根据建设任务书进行全面梳理总结，明确建设重点，发表相关论文，为结题做准备。

（2）汇集项目立项以来的各方面研究的资料和成果，为结题做好准备。

（3）撰写结题报告。

（4）及时推广课题研究成果，扩大影响力。

（5）按时完成项目结题验收工作。

五、预期成果（含主要成果、特色）

（一）预期成果

第一，不断完善国家精品在线开放课程学习平台“e 会学”中资产评估学的教学资源。课程建设过程中，确定符合学情的课程标准、教学大纲、课时计划；不断完善电子教案、课后习题库、试题库、课程视频等教学资料；探索开发校企合作教材。

第二，加强教学改革和教学研究，以资产评估与管理相关专业为依托，项目组成员积极申报省、校两级教学研究项目；发表 1~3 篇相关研究论文，并将研究成果融入课堂教学。

第三，设计开展多种形式的第二课堂，实现互动式学习。开展开放综合实训室、课堂教学反馈、网上教学辅导、专题讨论等活动加强学生第二课堂，增强师生间的互动。

第四，初步完成课程教学改革，创新教学方式方法。教学活动结束后，做好教学文件的收集整理，认真总结教学情况，分析学生学习情况，研究各教学环节的配合，反思整个教学安排，总结教学过程中的经验教训，提出改进办法和完善建议。

（二）主要特色

1. 教学研究成果融入课堂教学

积极参与教学研究，进一步探索教学改革的新思路，最终形成适合专业培养方向和课程目标的教学模式，即“知识掌握—知识应用—知识创新”层次递进式教学模式。该模式按照学生对知识的学习、知识的运用到知识的不断创新的进程进行设计。教学内容和过程分三个层次来设置与实践，层层递进，逐步深入，最终实现培养学生实践能力和创新能力的目标。

2. 开发优质数字资源，有效重构传统课堂

教学过程充分利用国家精品在线开放课程学习平台“e 会学”中团队名师讲授的资产评估学的丰富资源；“1+X”证书智能估值数据采集与应用平台、职教云在线平台等多工具并用，优化教学过程，重构教学内容，提升教学效果。结合疫情期间的教学经验，部分知识的讲授采用播放团队名师授课视频与团队年轻教师网上辅导相结合的“双师课堂”方式进行线上教育教学。为激发学生学习兴趣，增强学习氛围，引入“抖音小课堂”。优质的数字资源和共享平台，对课程的教学和推广具有积极意义。

3. 线上线下混合式教学与专题教学相结合

在教学设计方面，课程专题教学立足线上线下混合教学场景，以满足教师教学与学生自主学习的双向需求为导向进行教学设计，专题教学的成果可直接用于线上线下混合式教学。在教学资源建设方面，以教学专题为框架，建设包括文字、图片、教学视频、教师讲解微视频在内的“多位一体”的多样化专题教学资源，满足线上线下混合式教学与专题教学的需要。

4. 线上与线下教学有机结合的模式

首先，思路方面，本课程建设改变了以平台优劣为导向的思路，回归到以内容研究为核心的思路。在遵守课程基本规范的前提下，以实现教学目标为价值导向，以教学内容的特点为基础，探索教学内容与线上线下教学的最佳结合方式。其次，具体教学环节方面，线下课堂教学重点讲解重难点、学生疑点，线上教学则着重满足知识的全面性，满足学生自主学习、个性化学习的需要，相互协调，有机结合，共促教学质量的提升。最后，课堂教学方面，围绕教学重难点，充分发挥线上教学的作用，恰当运用教学资源，开展学情分析、评测学习效果，从而与线下教学形成合力。

5. 组织播放系列视频，将课程思政融入专业教育

教学中，通过播放全国人民“众志成城抗击疫情”的系列视频、评估项目实操演练视频等，潜移默化地培养学生的爱国、爱家情怀，培养他们精益求精、吃苦耐劳、永不言败的工匠精神。

6. 积极推进政校合作、校企合作

资产评估与管理专业已与安徽宝申会计师事务所、安徽中辉资产评估有限公司、安徽中永联邦资产评估事务所有限公司等 14 家企业签订了“安徽审计职业学院会计系校外实习实训基地合作协议”，实现了松散式订单培养。目前，资产评估与管理专业拥有省级实践教育基地：安徽审计职业学院安徽中永联邦资产评估事务所有限公司实践教育基地。课程选用的是校企双元开发的新型活页式、工作手册式教材《评估操作手册》。校企双元开发教材突出应用性与实践性，有利于推进模块化、项目式教学。

加强政校合作，继续与亳州审计局合作，联合申报审计厅重点科研课题，研究成果将进一步推动亳州市审计信息化建设。

六、所在单位支持与保障措施

（一）政策保障

学校在技能型高水平大学建设过程中，加大对特色专业、教学示范课程建设、三教改革的扶持，加强对课程信息化建设的支持，这也为本课程的开发与建设奠定了基础。学院出台教科研项目管理办法，在立项、过程管理等方面给予政策保障。

（二）经费保障

学院在“十四五”规划中，给课程类资源项目建设提供专项拨款；同时本项目还可以依托省级示范课等项目建设的费用来保障建设成果。

（三）人员保障

本项目团队成员结构合理，分工明确，教学经验丰富，教学水平高，教学成果显著，完全能够胜任此项目的建设。

（四）技术保障

本项目技术团队来自中国科学技术大学先进技术研究院团队创新企业、高新技术企业、安徽省教育厅校企合作实践教育基地，专业从事慕课教学平台建设。

第二节　职业教育提质培优　增值赋能典型案例

守初心 担使命 课堂革命 化危为机

——后疫情时代“双线混融”教学的优化实践

一、守初心，担使命

2020年1月，突如其来的新冠肺炎疫情，给人们的生活、经济、教育带来严重的影响和挑战。戴小凤、李娜、周姗颖老师为了积极应对新冠肺炎疫情给教育教学带来的影响，落实“停课不停学”要求，及时调整教学策略、组织形式，重构传统课堂教学，完善线上线下混合式教学方式（图5-4），优化教学过程，用实际行动诠释了立德树人的初心使命。

图5-4　线上线下混合式教学

三位老师线上教学效果显著，混合式教学方式受同行、学生、学校一致认可和好评。教学内容有机融入思政元素、美育、劳动教育。通过播放全国人民“众志成城抗击疫情”的系列视频、评估项目实操视频，潜移默化地培养学生的爱家、爱国情怀，培养他们精益求精、吃苦耐劳、永不言败的工匠精神。

经过疫情期间完全线上教学，后疫情时代线上线下混合教学实践与探索，三位老师认为与传统“线上线下混合教学”相比，“混融教学”更加强调“融合”或“融通”，注重混融中的“共生”，并将其作为“混融教学”的根本特性和核心追求。

二、深化职业教育产教融合，探索校企合作新路径

（一）校企双方，相互交融

资产评估与管理专业与安徽安铝科技发展有限公司、安徽中永联邦资产评估事务所有限公司、合肥昂和资产评估有限公司等13家单位建立校企合作关系，实行“共建共享”的管理模式，企业和校方相互派遣人员参与教学和企业实践（图5-5）。戴小凤、李娜、周姗颖老师积极参与企业实践（图5-6），提高了实践教学水平，也间接反哺了理论课教学，使二者相得益彰，从总体上提升了人才培养水平。

图5-5　资产管理专业群与安徽安铝科技发展有限公司共建校企合作实践基地

图 5-6　戴小凤、李娜、周姗颖老师深入企业实践

疫情期间，企业导师通过视频连线的方式对学生进行线上指导（图 5-7）。

图 5-7　企业导师在线点评学生评估报告

（二）合作共赢，开放共享

戴小凤、李娜、周姗颖老师制定了岗位实习工作方案，并利用新技术、新手段跟踪学生实习情况。对于进入合作企业实习的学生，老师们均制作专门的名片（图 5-8），用微信扫一扫就可以了解学生基本信息。

三位老师充分利用网络，建立校企合作的网络信息平台、微信小程序，以扩大社会影响力，更好地服务社会。

此外，三位老师将校企合作开发的教学资源发布在微信小程序上，通过微信扫一扫就可以获取新形态教学资源（图 5-9）。

图 5-8　学生进企业电子名片

图 5-9　校企合作开发教材（新型教材二维码）

三、课堂革命，化危为机

（一）编写新型活页教材，打造线上教学典型案例

戴小凤、李娜、周姗颖老师边实践边总结，撰写了审计案例、教学案例（图5-10、图5-11、图5-12），与企业合作编写了校企合作活页教材，对学生的执业行为有了规范性的指导，使用效果好。

线上教学典型案例

来源：会计系　　浏览次数：60　　发布时间：2020-05-29

为认真贯彻落实教育部、省教育厅关于做好疫情防控期间线上教学工作相关文件精神，实现延期开学期间"停课不停教、停课不停学"。根据《安徽审计职业学院2019-2020学年第2学期开展线上教学工作方案》的要求，学院自2月17日开始启动线上教学。结合《初级会计实务》课程的特点，我将谈谈对线上教学的一些感受。

一、教学方法

《初级会计实务》课程作为会计专业的核心课程，也是初级会计职称考试的考试科目之一，我主要采用了"腾讯课堂+职教云"进行直播授课，利用职教云平台推送MOOC资源、进行课前任务发布、录制微视频、签到、作业布置及批阅。为获得更好的教学效果，考虑到学生缺乏教材，利用QQ群与学生分享了电子教材、电子习题册、教学PPT等素材，形成了"腾讯课堂+职教云+QQ群+MOOC"的混合教学方式，很好的满足了线上教学的需要。截止目前，已经完成52次直播授课。周姗颖

首页 > 历史课程

图 5-10　线上教学典型案例

诚实守信　精益求精

——房地产价值评估教学案例

1. 教学分析

1.1 授课信息			
教学内容	房地产评估基础知识	课程名称	资产评估基础与实务
授课形式	混合式教学、移动学习、协作探究、任务驱动	专业名称	资产评估与管理
授课对象	18级资产评估与管理	授课学时	2学时
授课地点	多媒体智慧教室	授课时长	90分钟
教材介绍	（1）《资产评估学》[illegible]主编，吉林大学出版社，2017.7.国家"十二五"精品规划教材。 （2）《资产评估模拟实训》[illegible]主编，北京科学出版社，2017.6 高等职业教育"十二五"规划教材。 （3）《校企合作教材》评估实务操作手册。 本课程教材选用的是《资产评估学》，该教材结构体系完整，按照最新颁布资产评估准则的要求，科学设计教材结构，共分为十章，分别从资产评估基本理论、基本方法、评估实务三个方面进行全面、系统、细致地阐述。本次课选择的是其中的第五章——房地产价值评估。该教材理论知识准确，内容科学，遵循国家有关的法律法规，对资产评估的基本理论和基本方法做了系统、深入的论述，并突出重点。此外，本书在资产评估实务中，借鉴评估实践的最新成果，从理论介绍、程序操作、案例讲解、课后练习四个环节组织内容，循序渐进、环环相扣，帮助学生系统掌握各类资产评估实务操作。 课后的任务拓展部分，我们选用与合肥[illegible]资产评估有限公司、安徽[illegible]资产评估有限公司合作编制的《评估操作手册》，根据课程内容，学生可以直接选用适合的工作底稿，便于了解和掌握规范的评估工作流程。 国家规划教材　项目式教材　实训教材 资产评估学			

图 5-11　上报教育厅典型教学案例

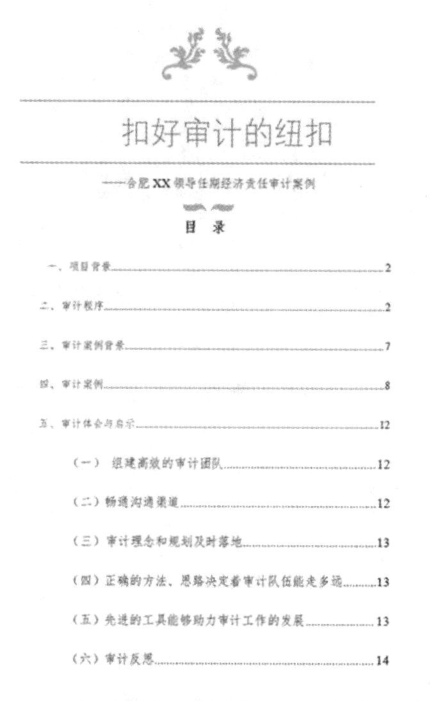

扣好审计的纽扣

——合肥 XX 领导任期经济责任审计案例

目　录

图 5-12　上报合肥市审计局经济责任审计案例

（二）重构传统课堂教学，优化教学过程

疫情期间，戴小凤、李娜、周姗颖老师及时调整教学策略、组织形式，教学活动贯穿“理、虚、实”三阶段（图 5-13），扩展了传统课堂教育学的时空；提供优质数字化资源支撑；采用腾讯课堂、腾讯会议同步直播、微课、企业连线、思维导图等信息化手段突出教学重点，采用评估软件、动画、抖音小课堂、引入行业和企业标准等方式攻克教学难点；充分利用国家精品在线开放课程学习平台“e 会学”的丰富资源；“1+X”证书智能估值数据采集与应用平台、职教云、微信群、QQ 群等多工具并用，使沟通无处不在。多方发力，重构传统课堂教学，优化教学过程。

图 5-13　理、虚、实一体化教学模式

（三）转变传统教育思想，创新教育理念

为了积极应对新冠肺炎疫情给教育教学带来的影响，有效突破教学重难点，完成教学目标，戴小凤、李娜、周姗颖老师采用线上线下混合式教学、案例教学、情境教学、模块化教学、现场教学等方式，运用启发式、探究式、讨论式、参与式、任务驱动式等方法开展教学（图 5-14）。

图 5-14　改革创新教学方式、方法

（四）营造有效的课堂互动，提升教学效果

戴小凤、李娜、周姗颖老师不断探究教师与学生双向互动，学生与学生多形式互动（小组讨论、组间互评、学生汇报、企业专家点评、校内老师点评、学生录制抖音小视频等）的形式，充分调动师生双方的积极性（图 5-15）。老师通过探究任务和问题的提出，引导学生进行自主学习和探索，提升学生分析、解决问题能力，同时培养学生的团队合作意识；现场勘察实操演练有效降低了评估风险，同时腾讯会议在线同步直播让疫情防控期间不能到现场参加实操演练的同学通过观看直播，掌握现场勘查实操技能。现场教学增加了实践操作的真实性、趣味性，达到了寓学于乐的目的，使得学生乐于参与，增强了课堂教学效果。

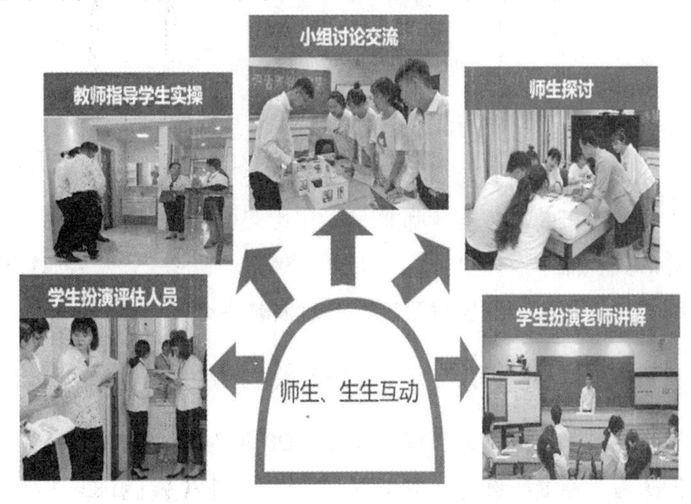

图 5-15　师生、生生互动营造有效课堂

（五）有效融入课程思政，构建德育战役课程

戴小凤、李娜、周姗颖老师从学生需求出发，把全民战“疫”与立德树人有机结合，协同构建德育战役课程（图5-16），并运用于教学实践。

人才培养是育人和育才相统一的过程，建设高水平人才培养体系，必须将思想政治工作体系贯彻其中。后疫情时代的课程思政从抗“疫”精神开始，让学生深深体会到学习机会的来之不易，只有学好专业知识，才能做一个能胸怀家国、有能力有担当的人。与专业课程相结合，课堂思政春风化雨，深入人心，真正达到育人的效果。

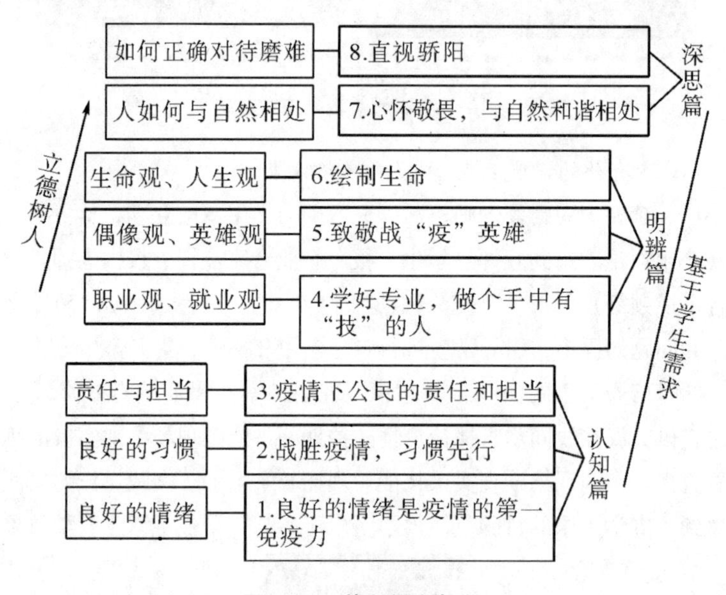

图5-16 战役课程框架

（六）注重教学全过程信息采集，实现全方位评价

戴小凤、李娜、周姗颖老师在教学中始终关注教与学全过程的信息采集，重视对学生学习效果的评价和教师教学工作过程的评价。课前通过学情分析、课前测评等形式，课中通过出勤、课堂参与度统计等形式，课后通过作业完成情况、在线考核等形式，实现对学生学习效果的评价。

四、积极参加教学能力大赛，取得显著教学成果

戴小凤、李娜、周姗颖老师积极参加2020年安徽省教学能力大赛，探索线上线下混合教学模式，助力“互联网+”课堂教学模式创新，作品“爱家之约——房地产价值评估”获得二等奖（图5-17），达到了“以赛促教、以赛

促改、以赛促研”的竞赛目的。团队教学成果《新冠疫情下“双线混融”教学的优化实践》，获评安徽省线上教学成果一等奖（图 5-18），教学成果在全国高职高专校长联席会议中作为优秀案例展出（图 5-19）。

图 5-17　2020 年安徽省教学能力大赛线上决赛现场

安徽省线上教学成果奖

证　书

为表彰安徽省线上教学成果奖获得者，特颁发此证书。

项目名称：新冠疫情下“双线融合”教学的优化实践

奖励等级：一等奖

获 奖 者：李 娜

二〇二〇年十二月二十一日

证书号：2020xsjxcgj32-01

图 5-18　2020 年安徽省教育厅教学成果一等奖

2020 年在“安徽省高等学校卓越教学新秀风采展示活动”中戴小凤老师入选（图 5-20），周姗颖老师获评“省级线上教学新秀”（图 5-21）。

图 5-19　全国高职高专校长联席会议优秀案例

证　书

安徽审计职业学院戴小凤同志入选安徽省高等学校卓越教学新秀风采展示活动。

特发此证，以资鼓励。

安徽省教育厅
2020年9月10日

图 5-20　卓越教学新秀风采展示

戴小凤、李娜、周姗颖老师忠诚于教育事业，在平凡的岗位上默默奉献毕生精力，为促进中国高等职业教育事业的发展贡献力量。

省级线上教学新秀证书

周姗颖同志在我省高等学校人才培养和教育教学改革工作中成绩突出，被评为安徽省线上教学新秀，特发此证，以资鼓励。

安徽省教育厅

二〇二〇年十二月[illegible]日

证书号：2020xsjxxx091

图 5-21　周姗颖老师获评
“省级线上教学新秀”

第三节　线上教学典型案例

为认真贯彻落实教育部、省教育厅关于做好疫情防控期间线上教学工作相关文件精神，实现延期开学期间“停课不停教、停课不停学”。根据《安徽审计职业学院 2019—2020 学年第 2 学期开展线上教学工作方案》的要求，学院自 2020 年 2 月 17 日开始启动线上教学。结合初级会计实务课程的特点，笔者将浅谈对线上教学的一些感受。

一、教学方法

初级会计实务课程作为会计专业的核心课程，也是初级会计职称考试的考试科目之一，笔者主要采用了“腾讯课堂+职教云”进行直播授课（图 5-22），利用职教云平台推送 MOOC 资源、进行课前任务发布、录制微视频、签到、作业布置及批阅。为获得更好的教学效果，考虑到学生缺乏教材，笔者利用 QQ 群与学生分享了电子教材、电子习题册、教学 PPT 等素材，形成了“腾讯课堂+职教云+QQ 群+MOOC”的混合教学方式，很好地满足了线上教学的需要。

课程序号	授课内容	授课时间	授课时长
55	期末考试说明会	2020-06-10 10:18	17分钟
54	应交税费（一）	2020-06-03 10:08	87分钟
53	应付职工薪酬（二）	2020-06-01 14:03	84分钟
52	应付职工薪酬（二）	2020-05-27 10:09	69分钟
51	应付职工薪酬	2020-05-26 14:05	73分钟
50	应付款项及预付款项（3班）	2020-05-25 14:02	81分钟
49	负债（二）	2020-05-20 10:09	66分钟

课程序号	授课内容	授课时间	授课时长
6	第二章货币资金（库存现金）	2020-02-24 15:03	20分钟
5	第二章货币资金（库存现金）	2020-02-24 14:14	14分钟
4	初级会计实务2.19（34）	2020-02-19 10:26	51分钟
3	第一章 会计概述2.18（78）	2020-02-18 15:43	57分钟
2	第一章 会计概述2.18	2020-02-18 14:04	59分钟
1	第一章 会计概述	2020-02-17 14:03	71分钟

图 5-22　腾讯课堂授课记录

二、教学实施过程

（一）课前认真备课

为做好线上教学，笔者开学前对新学期的授课内容进行规划，编制授课计划。每次课前先对课堂内容进行梳理，制作 PPT，录制某些知识点的微课，提前在职教云平台发布课前通知，推送相关资料或视频（图 5-23 和图 5-24），便于学生预习。

图 5-23　腾讯课堂教学平台

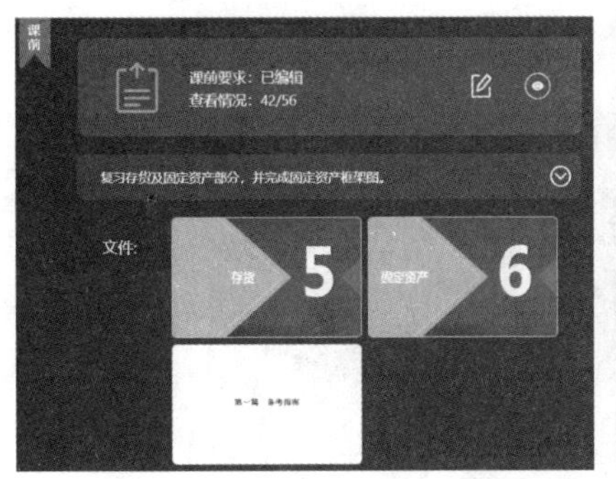

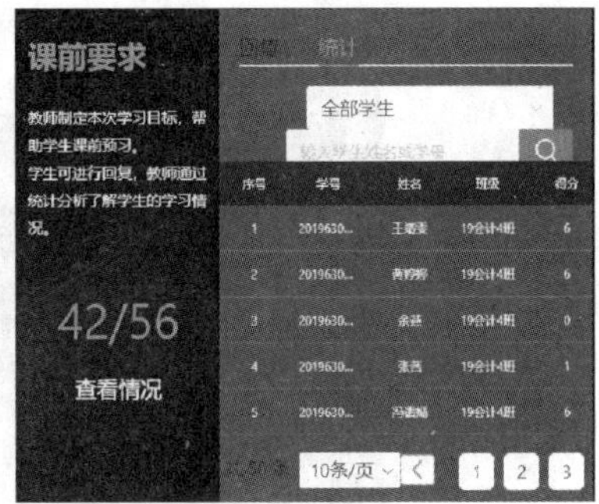

图 5-24　课前发布任务及完成情况

（二）“直播+录播”授课

基于腾讯课堂教学平台，通过分享屏幕，教师可演示 PPT、板书、发起答题，实时监控学生参与学习情况；对于部分知识点，提前录制微课，推送给学生（图 5-25 至图 5-28）。学生通过自主学习，完成相应随堂练习，锻炼学生自主学习能力。

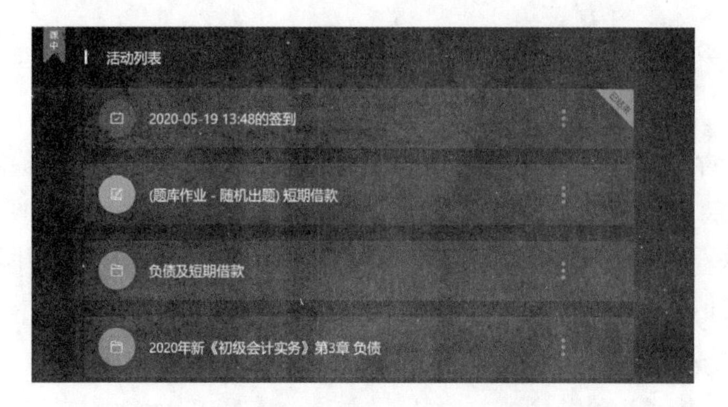

图 5-25　课前十分钟开始签到

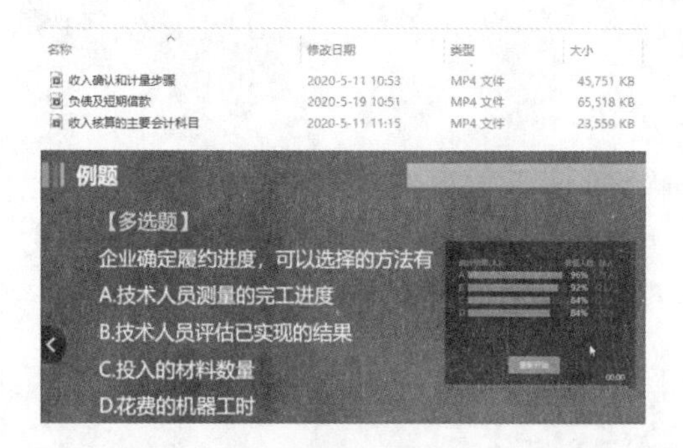

图 5-26　部分录播视频及课堂互动

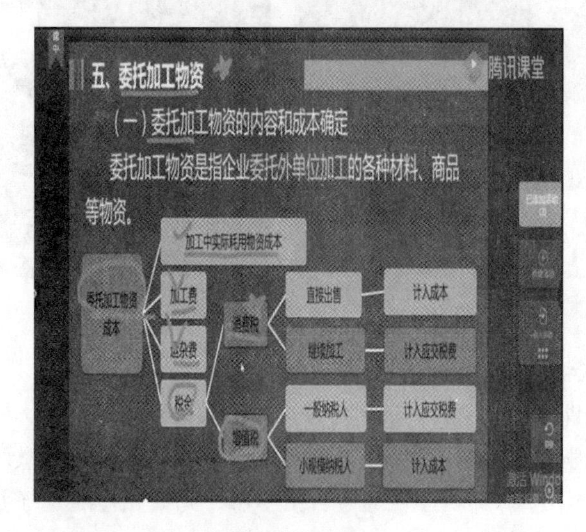

图 5-27　授课中

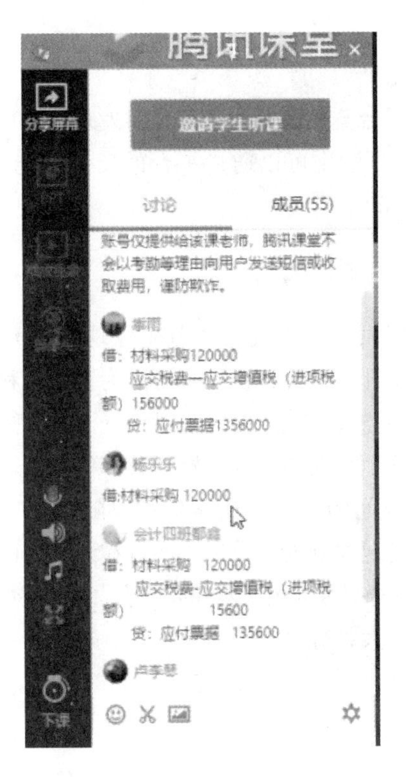

图 5-28　课堂互动

（三）课后及时答疑及作业批阅

学生课后利用 QQ、微信等软件与老师互动。老师利用职教云平台，布置作业并及时批阅，见图 5-29。

图 5-29　作业布置及批阅情况

三、教学效果

通过作业反馈及后台监控数据，老师及时发现每位同学的学习效果，并在班级 QQ 群反馈或答疑。学生可以通过平台的反馈功能对教师授课进行评价，形成教学互动的良好循环。

四、教学反思

我们通过教学实践发现，在线教学首先体现出巨大的统计优势，上课签到、学习时长、作业统计、试卷分析等，可以为教学的科学决策提供参考。其次，灵活性多样性的教学方式优势明显，利用屏幕分享可方便地实现语音直播、视频分享、在线演示、问卷调查、资料共享等，全面便捷地为师生提供教学服务，突破时间和空间的限制，让学生可以随时学、随地学、重复学。最后，线上教学可以快速地检测教学效果，通过在线平台的数据收集及时反馈教学效果，帮助教师及时整改教学中存在的问题。线上教学与传统教学的混合教学方式必将成为教学的大趋势。

第六章　教学成果

第一节　2021年安徽省教学成果一等奖成果简介

产教融合 提质赋能——资产管理高水平专业群“三教”改革探索与实践

一、成果简介

2019年，《国家职业教育改革实施方案》指出：促进产教融合校企“双元”育人。2020年，《职业教育提质培优行动计划（2020—2023年）》指出，深化职业教育产教融合、校企合作，实施职业教育“三教”改革攻坚行动。“大智移云物区”背景下的产教融合与数字化技术赋能提质培优，资产管理专业群为更好服务“三地一区”建设，以产教融合作为实现人才培养目标的有效途径，将“三教”改革作为深化产教融合的核心内容，不断提升人才培养质量，推动教育教学改革与产业转型升级配套，打造了2支高水平、结构化、双师型教学创新团队，建成长三角地区具有示范引领作用的高水平专业群。图6-1展示了教学成果的架构。

（一）“大智移云物区”背景下教育教学理论创新

1. 基于多元智能理论创新异质分组合作学习模式

重构“多元智能特质观察量表”，从学习需求、学习方法、学习难点、性格特点等方面对学生进行全面分析，发现学生不同的智能优势组合。由性别、学习成绩、性格、智能强项等方面不同的成员构成学习小组，采用异质分组合作学习方式，促进学生全面成长。

2. 创新 PBL 项目式、ISTM 沉浸式情景教学法

落实立德树人根本任务，以《职业教育专业目录（2021 年）》为引领，对接新经济、新业态、新技术、新职业，以服务经济社会发展和学生全面发展为目标，教学过程始终瞄准岗位需求，融入技能大赛元素，对接工作过程，聚焦“1+X”证书要求；以项目为驱动，工作流程为主线，基于真实的场景，培养七大关键能力；基于沉浸式案例体验，提出“价值引领、知识探究、能力建设、情商养成”的四位一体育人理念，培养工匠精神、职业道德和就业创业能力。通过场景重现、情景模拟、角色互换游戏等教学方式，形成课程教学的“1-2-3-4”模式。

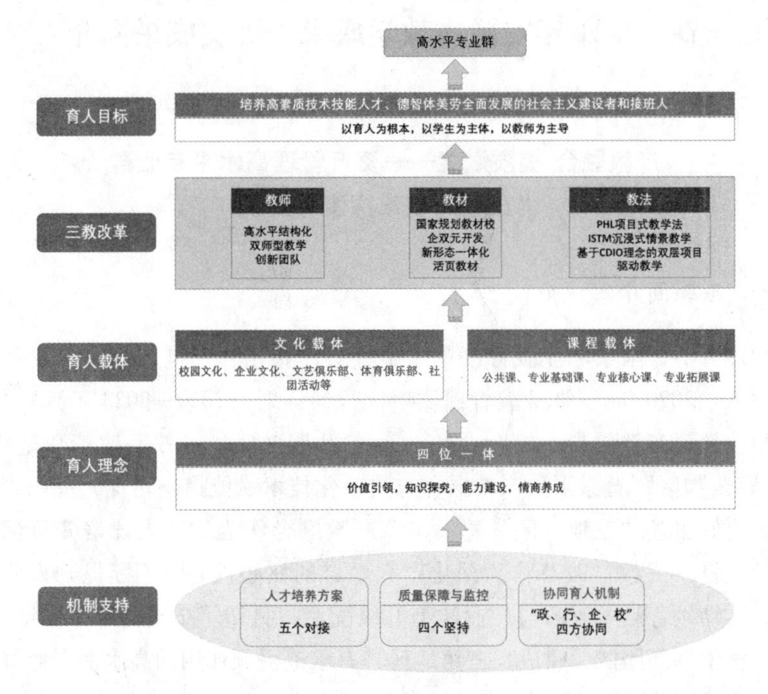

图 6-1　成果架构

创新教学理念，显著提升人才培养质量。近五年来，资产管理专业群学生在安徽省职业院校技能大赛、安徽省“互联网+”大学生创新创业大赛、安徽省大学生电子商务创新、创意及创业挑战赛中获得一、二、三等奖多项。资产评估与管理专业毕业生首次就业率均在95%以上，毕业生得到用人单位一致好评。2020 年资产评估与管理专业 44 名学生参加专升本考试，42 名学生被录取，录取率达到 95.5%。

（二）产教融合视域下“三教”改革成果显著

1.“政、行、校、企”四方协同，共建实践教育基地

“政、行、校、企”四方协同，共建国家提升资产评估与管理专业服务能力、中央财政支持的国家级实践教育基地。基地拥有资产评估综合实训室、案例讨论室、情景模拟实训室、虚拟仿真中心、评估培训中心、17 个校企合作实习基地，为课程的项目化教学提供了强大的教学保障。2 项省级校企合作实践教育基地项目结题均为优秀，项目成果作为先进典型材料提交。《校企融合共育技能型人才》在安徽省第五届职业教育校企合作典型案例征集活动中获二等奖。《现代学徒制视域下校企协同育人培养模式在装饰工程技术专业的探索与实践》获安徽省教学成果三等奖。

2. 校企双元开发新形态一体化教材体系

校企共建体验式学习案例资源库，校企双元开发的新形态一体化活页教材，教材植入二维码和图文识别码，实现交互式资源学习。新形态活页教材不仅被安徽多个高职院校作为实训教材使用，还被多个评估事务所作为新进人员培训教材。

金融教学团队在省内率先参与国家教学资源库建设，承建的子项目获国家教学资源库课程资源中心建设成果二等奖。《金融基础》教材（团队老师参编）先后被评为国家“十二五”“十三五”规划教材。2021 年 7 月，《金融基础》（第二版）被评为首届“全国优秀教材（职业教育与继续教育类）一等奖”。资产评估名师工作室成员主编了国家级规划教材《期货投资与实务》、省级高水平高职教材《经济学基础》，参编了省级规划教材《证券投资实务》。

3. 校企共建高水平结构化双师型教学团队

通过校企“双向挂职”“老带新”师徒结对活动，实施“三个一”工程，团队教师全部成长为“熟专业、强技能、精实践”的“双师型”教师。近三年，教学团队的教师在安徽省高等职业院校教学能力大赛中取得一等奖 1 项，二等奖 1 项，三等奖 3 项；教学团队 4 名老师获评省级教学名师，6 名老师获评省级教坛新秀。

4. 实施基于 CDIO 理念的双层项目驱动教学

实施基于 CDIO 理念的双层项目驱动教学，深度融合重构课堂：在“课堂”和“课外”两个层次以项目为驱动实施教学，通过“学中做、做中学、项目学习”，提升学生的创新应用能力和规范其职业态度。

5. 校企共育构建“四元四维度四主体”评价体系

利用职教云、雨课堂等教学平台，实现教与学全过程的信息采集，强化过

程评价。探索增值评价，建立“以学生为中心”的项目教学多元化多维度评价体系，以“学生、教师、技能大师、评估专家”为评价主体，采用“学习过程+学生评价+校企教师评价+项目考核”的多元评价方式，

从“学生学、教师教、考试考、项目完成度”四个维度，实现教学与实践的考核与评价。

（三）“双线混融”教学成果丰硕

采用“1+X”平台虚拟仿真、腾讯会议在线连线等信息化手段，720 云 VR、区块链等信息技术实施双线混融教学，微课、抖音小课堂让学生乐学趣学、学有所用。《新冠疫情下“双线混融”教学的优化实践》获评安徽省线上教学成果一等奖，教学成果入选 2020 年全国高职高专校长联席会议优秀案例。课堂革命成果《守初心 担使命 课堂革命 化危为机——后疫情时代“双线混融”教学的优化实践》，入选教育部 2021 年职业教育提质培优增值赋能典型案例。

二、成果主要解决的教学问题及解决教学问题的方法

（一）成果解决的教学问题

问题一：高职院校“双师型”教师普遍不足，教师缺乏企业实践锻炼经验，授课时难以做到理论联系实际；

问题二：高职院校的教材建设存在重理论轻实践，教材内容更新不及时，教材形式不够丰富、立体化程度不高，教材与职业资格证书未能有效对接等问题；

问题三：高职院校生源多样化，但教学方法相对单一，教学模式相对落后。

（二）解决教学问题的方法

1. 校企共建结构化创新团队，提升教师综合素质和实践能力

以校企联合组建高水平、结构化、创新型教学团队为着力点，大力强化师德师风，提升教师实践技能水平、创新能力、信息化应用能力；以提升教师整体素质为目标，完善教师评价体系；结合产教融合的推动，充分利用行业企业资源，建立“双师”培养机制。

2. 以课程建设为统领，校企合作开发新形态高质量教材体系

（1）结合课程建设与教学实际，将教材与教学内容、教法、手段等改革相结合。

（2）联合企业共同开发，使专业教材能紧跟产业升级、企业岗位需求和信息技术发展，能够将行业企业技术标准、工艺规范、评估案例等引入课程教

学内容，使教材更具职业教育特色。

（3）注重教材形式的多样化，建立立体化、形式多样的新形态教材和教学资源。

（4）适应“1+X”证书制度，使教材内容对接职业资格标准，促进学生技能提升。

（5）教材突出育人作用，将课程思政元素有机融入。

3. 深化校企融合，以教法改革推动“课堂革命”

（1）结合学生职业发展规划和个性化学习需要，打造基于企业真实生产环境的项目化、任务式教学模式，在教学过程中积极引入典型生产案例，普及推广项目教学、情景教学、模块化教学等教学方式，鼓励教师实施启发式、讨论式、参与式等教学方法。

（2）开展信息化教学资源和智慧化学习环境建设，构建信息化教学新生态，满足学生随时随地及个性化学习的需要。

（3）创新校企共育、双师课堂等实践教学模式，通过校企共建校中厂、厂中校、产业学院、产教融合平台等方式，深入实施现代学徒制等人才培养模式，为推进“双主体”育人提供重要实践载体。

（4）充分用好课堂教学主渠道，通过课程思政建设，将“立德树人”基本要求贯彻课堂教学全过程，可通过融入企业案例促进“工匠精神”培育和创新能力培养，以润物无声的方式将思政教育与专业知识培养有机融合。

三、成果的创新点

（一）基于“三教”改革创新策略，创新高水平专业群建设路径

如图6-2所示，以构建的“三教”改革创新策略为主线，创新高水平专业建设的实施路径：优化教育教学创新团队，开发新形态系列教材和信息化教学资源平台，创设“互联网+教学”的专业课程群建设计划，创新“以学生为中心”的多元化教学模式，制定专业评估机制和质量诊改机制。

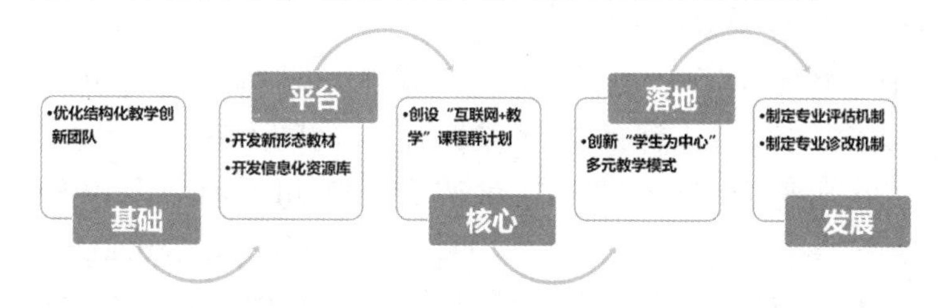

图6-2　基于“三教”改革创新策略的高水平专业建设路径

（二）树立“四位一体”育人理念

基于沉浸式案例体验，坚持以学生为中心，设计与实践课程混合教学，确立“以立德树人为引领，以岗位胜任力培养为导向，以项目为驱动，以工作流程为主线”的“价值引领、知识探究、能力建设、情商养成”四位一体育人理念，培养学生扎实的理论基础和实操技能。通过场景重现、情景模拟、角色互换游戏等教学方式，形成课程群教学的“1-2-3-4”模式，以实现教学目标。

（1）“1 个目标”：以创新人才培养为目标。

（2）“2 个层面”：着力构建学生认知领域和情感领域的学习体系。

（3）“3 个阶段”：课前自学、课中内化和课后拓展。

（4）“4 项方法”：基于沉浸式案例体验的案例教学、游戏化学习、翻转课堂、情景模拟 4 项混合教学方法。

（三）构建“校企共育、双线混融、理虚实一体”教学模式

重构“多元智能特质观察量表”，分析学生智能优势组合，确定学习小组，采用异质分组合作学习方式，实施以“学习+服务”“爱心+技能”“兴趣+成长”为特色的实践育人举措。以课程和文化为育人载体，聚焦学校内外、线上线下，校企联动，为学生创造实践机会。“理虚实”一体化教学模式让学生在潜移默化中修身立德。

（四）首创校企共育“四元四维度四主体”评价体系

利用职教云、雨课堂等平台，实现教与学全过程的信息采集，强化过程评价。探索增值评价，建立“以学生为中心”的项目教学多元化多维度评价体系，以“学生、教师、技能大师、评估专家”为评价主体，采用“学习过程+学生评价+校企教师评价+项目考核”的多元评价方式，从“学生学、教师教、考试考、项目完成度”四个维度，实现教学与实践的考核与评价。

四、成果的推广应用效果

（一）教学质量效益明显提升

资产评估基础与实务、建设工程造价管理以及投资审计等 10 门课程在 2020 年被认定为省级示范课程，在全省发挥示范引领作用；人才培养质量大大提高，学生职业资格获证率 94%，就业率 95%，用人单位好评率 95%以上；学生实践动手能力强，专业竞争力强，可持续发展能力强。“校企共育、双线混融”教学模式的互动机会较多，使学生也有了更多的思考和线下拓展时间。教学质量、效益等方面提升显著，学生在技能大赛中屡获殊荣。

资产管理专业群已与北京海天装饰集团、安徽宝申会计师事务所、安徽中永联邦资产评估事务所有限公司、合肥昂和资产评估有限公司等17家企业签订了校外实习实训基地合作协议，实现了松散式订单培养。

团队教法改革在业内也产生了广泛影响，《以学业竞赛支撑教学体系的高职教育探索——以金融专业为例》被刊发在《高教探索》（CSSCI）杂志。教研论文《职业教育技能大赛制度亟待改革》在《人民政协报》发表后，被“求是网”“中国日报网”和国家教育行政学院《职业教育改革探索》等媒体转载，在职业教育领域引起了广泛共鸣。

（二）专业群辐射带动作用显著增强

基于高水平专业群的专业建设共识，资产管理专业群以资产评估与管理专业为龙头，以金融类专业和房地产类专业为两翼，形成了平台化、结构化、模块化的课程建设思路，各专业的专业建设、课程建设、实训室与实训基地建设优势互补，成果共享，取得了显著的辐射效应。

资产管理专业群的建设带动了学院专业群建设，建成中央财政支持专业高等职业学校提升专业服务产业发展能力项目2项，省级特色专业3个，省级教学团队2个。在资产评估与管理特色专业建设过程中对现代物业管理、房地产经营与估价及学校专业课程体系建设起到了带动作用；为兄弟院校提供专业建设指导；与合作企业完成了大量科研项目，多项研究成果在审计行业推广应用，并取得了一定的社会经济效益。

金融专业与深圳银雁、国诚投资、安徽黄埔三家企业开设了校企合作“订单班”，从民生银行、大童保险、中银商务聘任了校外专业带头人和校外讲师、兼职教师参加人才培养方案讨论，参加教研课题及教师教学能力比赛，参与技能竞赛与实习指导，有效保证了在专业调整、教学计划调整、授课形式变动、生源变化的情况下完成既定人才培养目标。

团队教师培养方式得到了资源库共建院校的认可，也得到教育主管部门和省内兄弟院校的认同。资源库主持单位浙江金融职业学院曾专门向我院发来感谢信，感谢成果团队的优异表现；安徽省教育厅多次抽调团队成员参加中等职业院校评估指标体系开发、现场评估、技能竞赛裁判等工作；安徽财贸职业学院聘任团队成员担任其金融类专业教学指导委员会委员。

（三）校企共建高水平结构化“双师型”教学团队

通过校企“双向挂职”“老带新”师徒结对活动，实施“三个一”工程，团队教师全部成长为“熟专业、强技能、精实践”的“双师型”教师。近三年，教学团队教师在安徽省高等职业院校教学能力大赛中取得一等奖1项，二等奖1项，三等奖3项。教学团队4名老师获评省级教学名师，6名老师获评省级教坛新秀。团队成员多次应邀做相关主旨报告，并承担多种社会服务角色，为我国职业教育的高质量发展做出了积极的贡献。资产评估与管理、金融管理与服务教学团队已建成省级教学团队，资产管理专业群已建设成为在长三角地区具有示范引领作用的高水平专业群。

（四）“校企共育、双线混融”教学成果丰硕

“政、行、校、企”四方协同共建1个国家提升资产评估与管理专业服务能力、中央财政支持的国家级实践教育基地，2个省级校企合作实践教育基地。省级校企合作实践基地项目结题均为优秀，项目成果作为先进典型材料提交。

资产管理专业群于2016年与北京海天装饰集团达成合作。随着校企合作的深入，“海天班”教学运行模式也日渐成熟。在2018年省级重点项目“产教融合，三重一创”背景下，建筑装饰创新型校企合作工作室建设研究立项。2019年学院“双高”建设项目重点支持装饰工程技术专业建设和安徽审计职业学院湖北海天时代科技发展有限公司实践教育基地建设。2019年5月装饰工程技术专业校企合作案例《校企融合 共育技能型人才》获安徽省校企合作典型案例二等奖。2020年建筑装饰工程技术专业教学成果《现代学徒制视域下校企协同育人培养模式在装饰工程技术专业的探索与实践》获安徽省教学成果三等奖。2021年学院依托建筑装饰工程技术专业校企合作案例，获批安徽省第二批校企合作示范学校，为省内其他院校的校企合作人才培养模式提供了实践参考。

现代物业管理专业在与保利物业服务公司安徽分公司校企合作框架协议下，创新人才培养模式。《校企联动精准扶贫 产教助力现代服务》在安徽省第五届职业教育校企合作主题征文中获得一等奖。

采用“1+X”平台虚拟仿真、腾讯会议在线连线等信息化手段，720云VR、区块链等信息技术实施双线混融教学。《新冠疫情下“双线混融”教学的优化实践》获评安徽省线上教学成果一等奖，教学成果入选2020年全国高职高专校长联席会议优秀案例。课堂革命成果《守初心 担使命 课堂革命 化危为机——后疫情时代“双线混融”教学的优化实践》，入选教育部2021年职业教育提质培优增值赋能典型案例。

五、获奖情况

获奖情况见表6-1。

表 6-1　获奖情况

获奖时间	获奖种类	获奖等级	授奖部门
2021 年	职业教育提质培优增值赋能典型案例	国家级	教育部职业教育与成人教育司
2020 年	全国高职高专校长联席会议优秀案例	国家级	教育部职业教育与成人教育司
2021 年	全国优秀教材（职业教育与继续教育类）	一等奖	教育部、国家教材委员会
2020 年	“十三五”职业教育国家规划教材	国家级	教育部
2021 年	安徽省高等职业院校教学能力大赛	一等奖	安徽省教育厅
2021 年	安徽省高等职业院校教学能力大赛	三等奖	安徽省教育厅
2020 年	安徽省高等职业院校教学能力大赛	二等奖	安徽省教育厅
2020 年	安徽省高等职业院校教学能力大赛	三等奖	安徽省教育厅
2019 年	安徽省高等职业院校教学能力大赛	三等奖	安徽省教育厅
2020 年	安徽省线上教学成果奖	一等奖	安徽省教育厅
2019 年	安徽省教学成果奖	二等奖	安徽省教育厅
2019 年	安徽省教学成果奖	三等奖	安徽省教育厅
2019 年	教学名师	省级	安徽省教育厅
2020 年	卓越教学新秀风采展示	省级	安徽省教育厅
2020 年	教坛新秀	省级	安徽省教育厅
2020 年	线上教学新秀	省级	安徽省教育厅
2020 年	课程思政教学名师	省级	安徽省教育厅
2020 年	安徽省科学技术奖	三等奖	安徽省人民政府
2021 年	安徽省科技成果	省级	安徽省科学技术厅
2021 年	安徽省科技成果	省级	安徽省科学技术厅
2021 年	安徽省“三项课题”研究成果优秀奖	省级	安徽省社科联
2020 年	安徽省重点审计科研课题	三等奖	安徽省审计学会
2020 年	安徽省大学生财税技能大赛优秀指导教师	省级	安徽省教育厅
2019 年	安徽省第五届职业教育校企合作典型案例	二等奖	安徽省教育厅

表6-1(续)

获奖时间	获奖种类	获奖等级	授奖部门
2021 年	安徽审计职业学院安徽中永联邦资产评估事务所有限公司实践教育基地	结题优秀	安徽省教育厅
2020 年	安徽审计职业学院安徽世强项目管理有限公司实践教育基地	结题优秀	安徽省教育厅
2019 年	安徽省高校人文社科研究重点项目	结题优秀	安徽省教育厅
2020 年	安徽省大学生财税技能大赛	一等奖	安徽省教育厅
2020 年	安徽省大学生财税技能大赛	二等奖	安徽省教育厅
2020 年	安徽省大学生财税技能大赛	三等奖	安徽省教育厅
2020 年	安徽省服务外包创新创业大赛	一等奖	安徽省教育厅
2020 年	安徽省服务外包创新创业大赛	二等奖	安徽省教育厅
2018 年	“国元证券杯”安徽省大学生金融投资创新大赛	一等奖	安徽省教育厅
2018 年	“国元证券杯”安徽省大学生金融投资创新大赛	三等奖	安徽省教育厅
2019 年	“国元证券杯”安徽省大学生金融投资创新大赛	一等奖	安徽省教育厅
2019 年	“国元证券杯”安徽省大学生金融投资创新大赛	二等奖	安徽省教育厅
2019 年	“国元证券杯”安徽省大学生金融投资创新大赛	三等奖	安徽省教育厅
2020 年	“国元证券杯”安徽省大学生金融投资创新大赛	三等奖	安徽省教育厅
2021 年	“国元证券杯”安徽省大学生金融投资创新大赛	一等奖	安徽省教育厅
2021 年	“国元证券杯”安徽省大学生金融投资创新大赛	三等奖	安徽省教育厅
2018 年	第八届全国大学生市场调查与分析大赛	二等奖	安徽省教育厅
2020 年	安徽省“互联网+”大学生创新创业大赛	铜奖	安徽省教育厅
2016 年	安徽省“互联网+”大学生创新创业大赛	银奖	安徽省教育厅

表6-1（续）

获奖时间	获奖种类	获奖等级	授奖部门
2017年	安徽省“互联网+”大学生创新创业大赛	铜奖	安徽省教育厅
2020年	第九届“挑战杯”安徽省大学生创业计划竞赛	银奖	安徽省教育厅
2017年	安徽省大学生电子商务“创新、创意及创业”挑战赛	三等奖	安徽省教育厅
2018年	安徽省大学生电子商务“创新、创意及创业”挑战赛	三等奖	安徽省教育厅
2019年	安徽省大学生力学竞赛	二等奖	安徽省教育厅
2020年	安徽省大学生力学竞赛	三等奖	安徽省教育厅
2021年	安徽省大学生力学竞赛	二等奖	安徽省教育厅
2019年	安徽省职业院校技能大赛高职组测绘项目	二等奖	安徽省教育厅
2019年	安徽省职业院校技能大赛高职组测绘项目	三等奖	安徽省教育厅
2016年	安徽省职业院校技能大赛高职组测绘项目	三等奖	安徽省教育厅
2018年	安徽省职业院校技能大赛高职组建筑工程识图比赛	二等奖	安徽省教育厅
2019年	安徽省职业院校技能大赛高职组建筑工程识图比赛	二等奖	安徽省教育厅
2019年	安徽省职业院校技能大赛高职组建筑工程识图比赛	三等奖	安徽省教育厅
2019年	安徽省职业院校技能大赛高职组建筑装饰技术应用	二等奖	安徽省教育厅
2020年	安徽省职业院校技能大赛高职组建筑装饰技术应用	三等奖	安徽省教育厅
2020年	全国大学生英语竞赛（安徽赛区）	一等奖	高等学校大学外语教学研究会
2019年	第六届全国大学生房地产经营管理大赛	三等奖	全国大学生房地产经营管理大赛组委会
2017年	第五届全国大学生房地产经营管理大赛	二等奖	全国大学生房地产经营管理大赛组委会

表6-1(续)

获奖时间	获奖种类	获奖等级	授奖部门
2016年	第四届全国大学生房地产经营管理大赛	一等奖	全国大学生房地产经营管理大赛组委会
成果起止时间	起始：2016年10月 实践检验时间：4年 完成：2021年10月		

第二节　2021年安徽省教学成果一等奖教学成果报告

产教融合 提质赋能——资产管理高水平专业群“三教”改革探索与实践

一、成果形成背景

2019年，《国家职业教育改革实施方案》指出：促进产教融合校企“双元”育人。《职业教育提质培优行动计划（2020—2023年）》指出：深化职业教育产教融合、校企合作；实施职业教育“三教”改革攻坚行动。

“大智移云物区”背景下的产教融合与数字化技术赋能提质培优，资产管理专业群为更好服务“三地一区”建设，以产教融合作为实现人才培养目标的有效途径，“三教”改革作为深化产教融合的核心内容，不断提升人才培养质量，打造了一支高水平、结构化、“双师型”教学创新团队，建成长三角地区具有示范引领作用的高水平专业群。

二、成果主要内容

资产管理专业群以“产教融合、校企合作、工学结合、知行合一”的人才培养模式创新为主线，健全对接产业、动态调整、自我完善的专业群建设发展机制，促进专业群资源整合和结构优化；充分发挥专业群的集聚效应和服务功能，实现人才培养供给侧和产业需求侧结构要素全方位融合；在高水平专业群、教学创新团队、校企合作、“三教”改革、课程思政、“岗课赛证”、学生成长、社会服务等方面取得丰硕成果，显著提高办学效益和人才培养质量。

（一）“大智移云物区”背景下教育教学理论创新

1. 基于多元智能理论创新异质分组合作学习模式

重构“多元智能特质观察量表”，从学习需求、学习方法、学习难点、性格特点等方面对学生进行全面分析（图 6-3），发现学生不同的智能优势组合，由性别、学习成绩、性格、智能强项等方面不同的成员构成学习小组。以 2019 级资产评估与管理专业为教学改革试点班，采用异质分组合作学习方式。

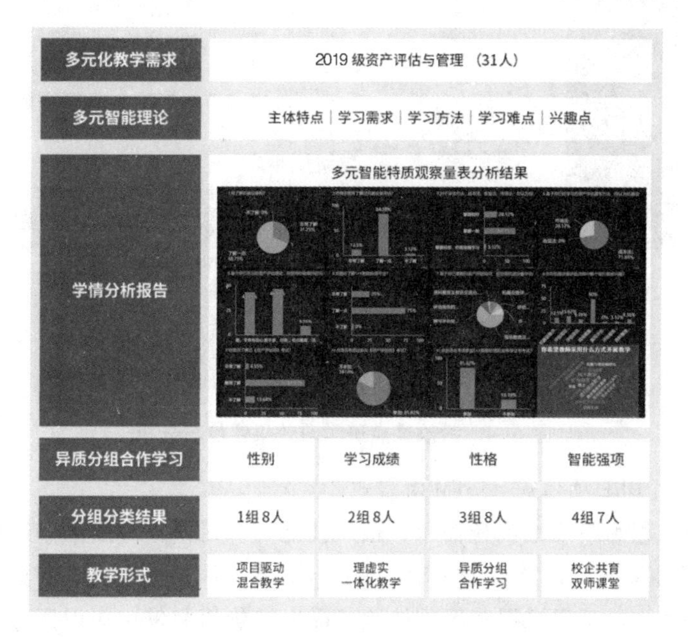

图 6-3　多元智能理论创新与应用

如图 6-4 所示，在李克特五级量表测量体系下，使用 SPSS26.0 进行统计分析，50%的专业知识技能均值在 4 分以上，通用职业能力和综合素质均值也都超过了 4 分。学习效果描述性统计分析结果显示，异质分组合作学习方式不仅能够使学生获得专业知识技能，还能够提升学生通用职业能力和综合素质，促进其全面发展，有效达成教学目标。

学习收获		极小值	极大值	均值	标准差
专业知识技能	制订评估工作方案	2	5	4.19	0.690
	完成评估工作底稿	3	5	3.93	0.688
	运用“1+X”平台	3	5	4.03	0.640
	运用成本法	2	5	4.14	0.632
	现场勘查内容	1	5	3.41	0.797
	评估工作流程	1	5	3.32	0.804
	评估报告的内容	2	5	4.03	0.770
	编写评估报告	2	5	3.88	0.823
通用职业技能	数据处理能力	2	5	4.28	0.719
	语言表达能力	2	5	4.14	0.764
	书面表达能力	2	5	4.10	0.677
综合素质	创新能力	2	5	4.11	0.726
	自信心	2	5	4.06	0.745
	学习能力	3	5	4.11	0.632
	团队合作能力	3	5	4.40	0.655
	交流能力	2	5	4.16	0.686
	评价能力	2	5	4.86	0.749
	反思能力	3	5	4.44	0.683

个体学习投入与学习效果之间的相关系数			
学习投入	专业知识技能	通用职业技能	综合素质
按时到课	0.396	0.095	0.218
上课认真听讲	0.478	0.214	0.331
主动参与讨论	0.389	0.230	0.267
上课积极发言	0.318	0.294	0.344
认真完成项目任务	0.349	0.368	0.428
通过多种渠道搜集资料	0.500	0.580	0.621

图 6-4　教改试点班学习效果评价与分析

2. 创新 PBL 项目式、ISTM 沉浸式情景教学法

教学过程始终瞄准岗位需求，融入技能大赛元素，对接工作过程，聚焦“1+X”证书要求。以项目为驱动，工作流程为主线，基于真实的场景，培养七大关键能力。基于沉浸式案例体验，提出“价值引领、知识探究、能力建设、情商养成”的四位一体育人理念。通过场景重现、情景模拟、角色互换游戏等教学方式，形成课程教学的“1-2-3-4”模式。

创新教学理念，显著提升人才培养质量。近五年来，资产管理专业群学生在安徽省职业院校技能大赛、安徽省“互联网+”大学生创新创业大赛、安徽省大学生电子商务“创新、创意及创业”挑战赛中获得一、二、三等奖多项（图 6-5 至图 6-9）。资产评估与管理专业毕业生首次就业率均在 95%以上，毕业生得到用人单位一致好评。2020 年资产评估与管理专业 44 名学生参加专升本考试，42 名学生被录取，录取率达 95.5%。

获奖证书

安徽审计职业学院：

你校 周姗颖 老师在 2020 年安徽省教育厅主办的安徽省大学生财税技能大赛（高职案例组）中指导的参赛团队，荣获 一等奖 。周姗颖 被评为优秀指导教师。

团队成员：王敏、邵佳楠、吴怡

特发此状，以资鼓励。

安徽省教育厅

二〇二〇年十二月

图 6-5　安徽省大学生财税技能大赛一等奖

获奖证书

孙浩楠等同学在 2018 年“国元证券杯”安徽省大学生金融投资创新大赛中，荣获股票虚拟仿真交易组竞赛

一等奖

团队成员：孙浩楠、王馨玥、李敏、梁志伟、刘洁

指导教师：戴小凤

安徽省教育厅

安徽省大学生金融投资创新大赛组委会

二〇一八年九月

图 6-6　安徽省大学生金融投资创新大赛一等奖

图 6-7　安徽省“互联网+”大学生创新创业大赛银奖

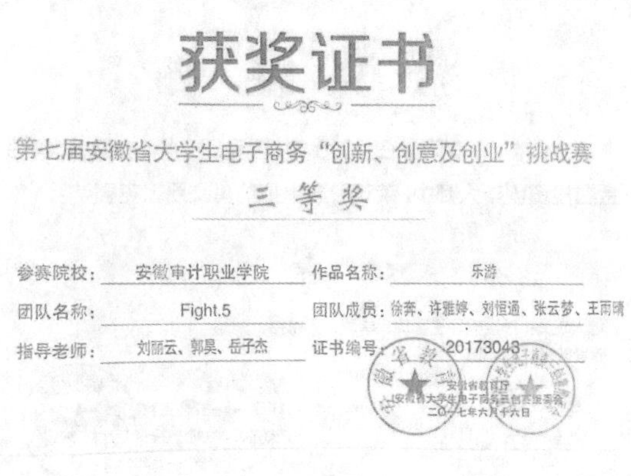

获奖证书

第七届安徽省大学生电子商务“创新、创意及创业”挑战赛

三 等 奖

参赛院校：安徽审计职业学院 作品名称：乐游

团队名称：Fight.5 团队成员：徐莽、许雅婷、刘恒通、张云梦、王雨晴

指导老师：刘丽云、郭昊、岳子杰 证书编号：20173043

安徽省教育厅

安徽省大学生电子商务三创赛组委会

二〇一七年六月十六日

图 6-8　安徽省大学生电子商务“创新、创意级创业”挑战赛三等奖

（二）产教融合视域下“三教”改革成果显著

1.“政、行、校、企”四方协同共建实践教育基地

“政、行、校、企”四方协同共建国家提升资产评估与管理专业服务能力、中央财政支持的国家级实践教育基地。基地拥有资产评估综合实训室、案例讨论室、情景模拟实训室、虚拟仿真中心、评估培训中心、17 个校企合作实践基地，为项目化教学提供了强大的教学保障，如图 6-10 及表 6-2 所示。

获奖证书

安徽审计职业学院

荣获2019年安徽省大学生力学竞赛专科组团体二等奖，特发此证，以资鼓励。

证书编号：2019lxjszt2005

安徽省教育厅

二〇一九年九月

图 6-9　安徽省大学生力学竞赛专科组团体二等奖

图 6-10　校企交流活动

表 6-2　安徽审计职业学院资产管理专业群校企合作实践基地名单

序号	名称	所在城市	可接待实习学生数/人
1	合肥昂合资产评估有限公司	合肥	15
2	北京海天装饰集团	安徽	200
3	北京中证天通会计师事务所安徽分所	合肥	10
4	保利物业服务公司安徽分公司	安徽	100

表6-2(续)

序号	名称	所在城市	可接待实习学生数/人
5	安徽安平达会计师事务所	合肥	5
6	安徽中永联邦资产评估事务所有限公司	合肥	10
7	安徽中辉会计师有限责任公司	宣城	5
8	安徽蓝天会计师事务所	铜陵	5
9	安徽阳光会计师事务所	铜陵	8
10	安徽淮信会计师事务所	淮北	5
11	安徽中城会计师事务所	太湖	7
12	颍上天勤会计师事务所	颍上	5
13	安徽建英会计师事务所	合肥	5
14	安徽安铝科技发展有限公司	合肥	20
15	上会会计师事务所安徽分所	合肥	5
16	北京华瑞行房地产评估咨询有限公司	北京	5
17	北京中企华资产评估有限责任公司安徽分公司	合肥	5
合计			415

2项省级校企合作实践教育基地项目结题为优秀（图6-11和图6-12），项目成果的应用价值和实践推广意义大，项目案例作为先进典型材料提交教育厅。

2020年度省级及以上质量工程项目年度检查验收结果

序号	年度	项目类别	项目名称	所属单位	负责人	检查类型	结论
169	2013	一流本科专业（原特色品牌专业）	物流管理	安徽审计职业学院	吴琳娜	结题验收	A（优秀）
213	2014	一流本科专业（原特色品牌专业）	会计	安徽审计职业学院	徐庆林	结题验收	B（良好）
219	2014	重大教学改革研究项目	以结构化学业竞赛支撑教学体系的高职教学改革研究	安徽审计职业学院	刘彩萍	结题验收	A（优秀）
283	2015	省级教学团队（原教学团队）	物流英语教学团队	安徽审计职业学院	吴鲲	结题验收	B（良好）
374	2015	专业综合改革试点	财务管理专业综合改革试点	安徽审计职业学院	王颖	结题验收	B（良好）
605	2016	技术技能型大师工作室	王来根名师工作室	安徽审计职业学院	王来根	结题验收	A（优秀）
722	2016	教学研究项目	审计核心价值观视域下审计专业学生创业精神的培育	安徽审计职业学院	姚莉	结题验收	C（合格）
723	2016	教学研究项目	“互联网+”背景下对接企业需求的高职物流信息技术人才培养探索	安徽审计职业学院	孙华	结题验收	C（合格）
724	2016	教学研究项目	将实践技能与职业素养融入审计课程教学的探索	安徽审计职业学院	潘胜男	结题验收	C（合格）
725	2016	教学研究项目	职业院校航空英语专业的课程设置和教学管理模式研究	安徽审计职业学院	杨晓莉	结题验收	B（良好）
726	2016	教学研究项目	高职院校辅导员工作课程化模式改革研究	安徽审计职业学院	胡华北	结题验收	B（良好）
1001	2016	示范实验实训中心	会计实验实训中心	安徽审计职业学院	刘旸	结题验收	B（良好）
1068	2016	校企合作实践教育基地	安徽审计职业学院安徽世强工程项目管理有限公司实践教育基地	安徽审计职业学院	程峰	结题验收	A（优秀）

图6-11　安徽审计职业学院安徽世强工程项目管理有限公司实践教育基地项目结题优秀

1205	2018	2018sjjd061	校企合作实践教育基地	安徽农业大学安徽浩悦环境科技有限责任公司实践教育基地	安徽农业大学	樊霆	结题验收	良好
1206	2018	2018sjjd062	校企合作实践教育基地	安徽农业大学安徽省城建设计研究总院股份有限公司实践教育基地	安徽农业大学	管欣	结题验收	同意延期
1207	2019	2019sjjd14	校企合作实践教育基地	安徽农业大学一科大讯飞经济学类专业实践教育基地	安徽农业大学	王艳荣	阶段检查	良好
1208	2019	2019sjjd15	校企合作实践教育基地	安徽农业大学合肥凤岭现代生态农业有限公司实践教育基地	安徽农业大学	贾兵	阶段检查	合格
1209	2018	2018sjjd023	校企合作实践教育基地	安徽农业大学经济技术学院大华会计师事务所实践教育基地	安徽农业大学经济技术学院	李艳萍	结题验收	同意延期
1210	2019	2019sjjd72	校企合作实践教育基地	安徽农业大学经济技术学院北城世纪金源大酒店天鹅湖大酒店实践教育基地	安徽农业大学经济技术学院	王甦	阶段检查	良好
1211	2019	2019sjjd61	校企合作实践教育基地	安徽三联学院安徽三联交通应用技术股份有限公司校企合作实践教育基地	安徽三联学院	凤鹏飞	阶段检查	合格
1212	2018	2018sjjd043	校企合作实践教育基地	安徽商贸职业技术学院中创慧文（北京）科技有限公司实践教育基地	安徽商贸职业技术学院	李忠	结题验收	优秀
1213	2018	2018sjjd083	校企合作实践教育基地	安徽商贸职业技术学院北京账道会计管理有限公司实践教育基地	安徽商贸职业技术学院	鲁学生	结题验收	优秀
1214	2017	2017sjjd083	校企合作实践教育基地	安徽审计职业学院安徽中永联邦资产评估事务所有限公司实践教育基地	安徽审计职业学院	戴小凤	结题验收	优秀
1215	2018	2018sjjd020	校企合作实践教育基地	安徽审计职业学院北京外企人力资源服务安徽有限公司实践教育基地	安徽审计职业学院	李艳阳	结题验收	同意延期

图 6-12　安徽审计职业学院安徽中永联邦资产评估事务所有限公司实践教育基地项目结题优秀

《校企联动精准扶贫 产教助力现代服务》在安徽省第五届职业教育校企合作主题征文中获得一等奖。《校企融合 共育技能型人才》在安徽省第五届职业教育校企合作典型案例征集活动中获二等奖。《现代学徒制视域下校企协同育人培养模式在装饰工程技术专业的探索与实践》获安徽省教学成果三等奖（图 6-13 至图 6-15）。

证书

ZW-2019020

安徽审计职业学院　刘丽云　撰写的《校企联动精准扶贫　产教助力现代服务》在安徽省第五届职业教育校企合作主题征文活动中荣获一等奖，特发此证，以资鼓励。

安徽省教育厅职业与成人教育处　安徽省教育科学研究院

2019 年 5 月

图 6-13　安徽省职业教育校企合作主题征文一等奖

证书

AL-2019055

安徽审计职业学院　高　洁 程　峰 孙成龙　撰写的《校企融合共育技能型人才》在安徽省第五届职业教育校企合作典型案例征集活动中荣获二等奖，特发此证，以资鼓励。

安徽省教育厅职业与成人教育处　安徽省教育科学研究院

2019 年 5 月

图 6-14　安徽省职业教育校企合作主题征文二等奖

安徽省教学成果奖

证　书

为表彰安徽省教学成果奖获得者，特颁发此证书。

项目名称：现代学徒制视域下校企协同育人培养模式在装饰工程技术专业的探索与实践

奖励等级：三等奖

获 奖 者：程 峰

二〇二〇年一月六日

证书号：2019jxcgj639-2

图 6-15　安徽省教学成果三等奖

2. 校企双元开发新形态一体化教材体系

校企共建体验式学习案例资源库，校企双元开发了新形态一体化活页教材（图 6-16），教材植入二维码和图文识别码（图 6-17），实现交互式资源学习。

图 6-16　资产评估与管理专业新形态一体化教材体系

图 6-17　新形态教材二维码（扫码可读）

《依托国家教学资源库探索金融职业教育新路径》被评为高等职业教育金融专业国家教学资源库论文征集一等奖。《金融基础》教材（参编）先后被评为国家“十二五”“十三五”规划教材。2021 年 7 月，《金融基础》（第二版）被评为首届“全国优秀教材（职业教育与继续教育类）一等奖”。

3. 校企共建高水平结构化双师型教学团队

通过校企“双向挂职”“老带新”师徒结对活动，实施“三个一”工程，团队教师全部成长为“熟专业、强技能、精实践”的“双师型”教师。近三年，教学团队教师在安徽省高等职业院校教学能力大赛中取得一等奖 1 项，二等奖 1 项，三等奖 3 项。团队 1 名教师获得安徽省科学技术三等奖。因在人才培养和教育教学改革工作中成绩突出，教学团队 4 名老师获评省级教学名师，6 名老师获评省级教坛新秀（图 6-18 至图 6-23）。

我院在2021年安徽省高等职业院校教学能力大赛中取得优异成绩

来源：教务处　点击数：302　更新时间：2021-08-27

8月26日，省教育厅公布了2021年安徽省高职院校教学能力大赛获奖名单，我院在此次比赛中取得佳绩。经过系部初赛、学院选拔赛，我院共组建7支队伍参加省赛，并荣获一等奖1项、二等奖1项、三等奖4项，其中戴小凤、李娜、周姗颖团队获省赛一等奖，且截至发稿前已进入国赛第二轮选拔赛，陈一乔、王倩、许文慧团队获省赛二等奖。

图 6-18　2021 年教学能力大赛一等奖

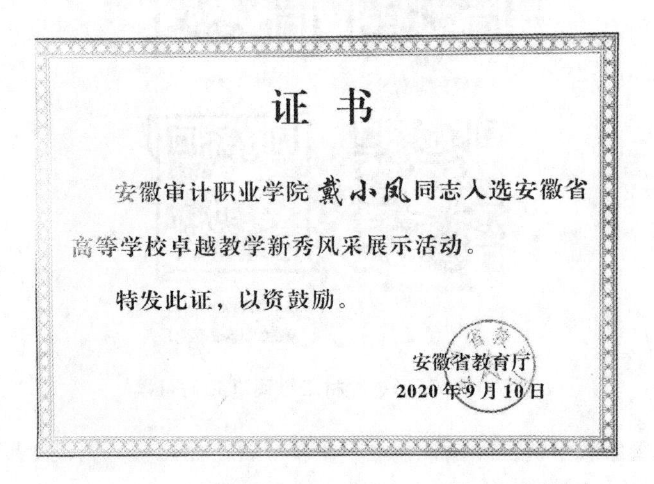

证　书

安徽审计职业学院戴小凤同志入选安徽省高等学校卓越教学新秀风采展示活动。

特发此证，以资鼓励。

安徽省教育厅

2020 年 9 月 10 日

图 6-19　安徽省高等学校卓越教学新秀风采展示

省级教学名师证书

刘丽云同志在我省高等学校人才培养和教育教学改革工作中成绩突出，被评为安徽省教学名师，特发此证，以资鼓励。

安徽省教育厅

2019年4月4日

证书编号：2018jxms032

图 6-20　安徽省教学名师

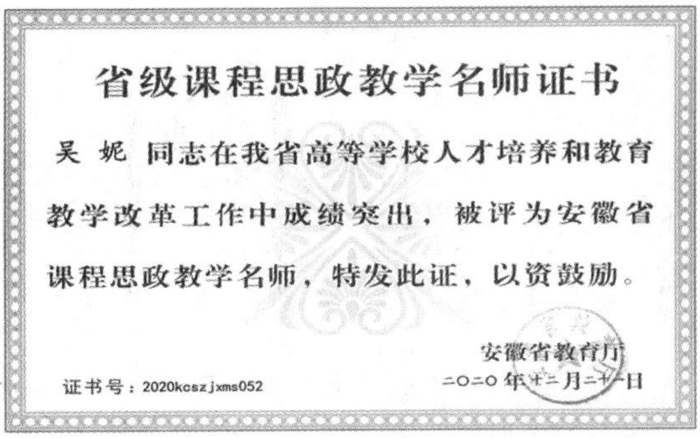

省级课程思政教学名师证书

吴 妮 同志在我省高等学校人才培养和教育教学改革工作中成绩突出，被评为安徽省课程思政教学名师，特发此证，以资鼓励。

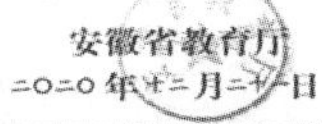

安徽省教育厅

二〇二〇年十二月二十一日

证书号：2020kcszjxms052

图 6-21　省级课程思政教学名师

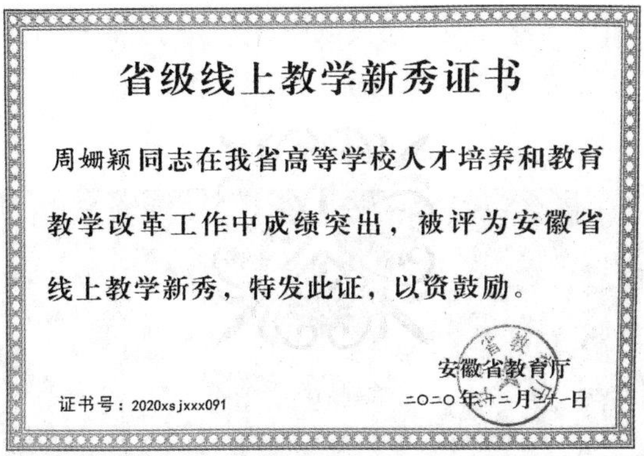

省级线上教学新秀证书

周姗颖同志在我省高等学校人才培养和教育教学改革工作中成绩突出，被评为安徽省线上教学新秀，特发此证，以资鼓励。

安徽省教育厅

二〇二〇年十二月二十一日

证书号：2020xsjxxx091

图 6-22　省级线上教学新秀

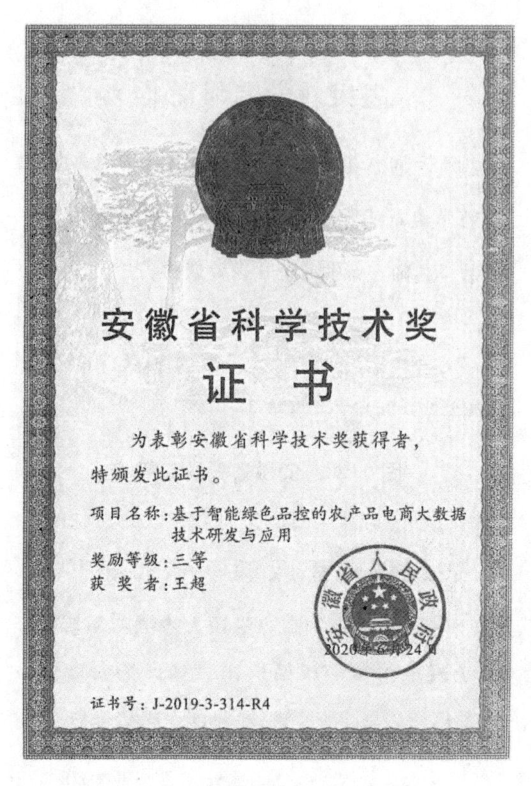
安徽省科学技术奖

证 书

为表彰安徽省科学技术奖获得者，

特颁发此证书。

项目名称：基于智能绿色品控的农产品电商大数据技术研发与应用

奖励等级：三等

获 奖 者：王超

安徽省人民政府

2020年6月24日

证书号：J-2019-3-314-R4

图 6-23　安徽省科学技术三等奖

4. 实施基于 CDIO 理念的双层项目驱动教学

实施基于 CDIO 理念的双层项目驱动教学（图 6-24），深度融合重构课堂：在“课堂”和“课外”两个层次以项目为驱动实施教学，通过“学中做、做中学、项目学习”，提升学生的创新应用能力和职业态度。

图 6-24　基于 CDIO 理念的双层项目驱动教学

5. 校企共育构建“四元四维度四主体”评价体系

利用职教云、雨课堂等教学平台，实现教与学全过程的信息采集，强化过程评价。探索增值评价，建立“以学生为中心”的项目教学多元化多维度评价体系，以“学生、教师、技能大师、评估专家”为评价主体，采用“学习过程+学生评价+校企教师评价+项目考核”的多元评价方式，从“学生学、教师教、考试考、项目完成度”四个维度，实现教学与实践的考核与评价。

如图 6-25 所示，将采用“四元四维度四主体”评价体系的教改试点班与采用传统评价方法的教学班进行对照，用雷达图对比分析结果，反映实施多元化多维度评价体系后，学生职业技能水平、解决实际问题能力、沟通协作能力显著提升。

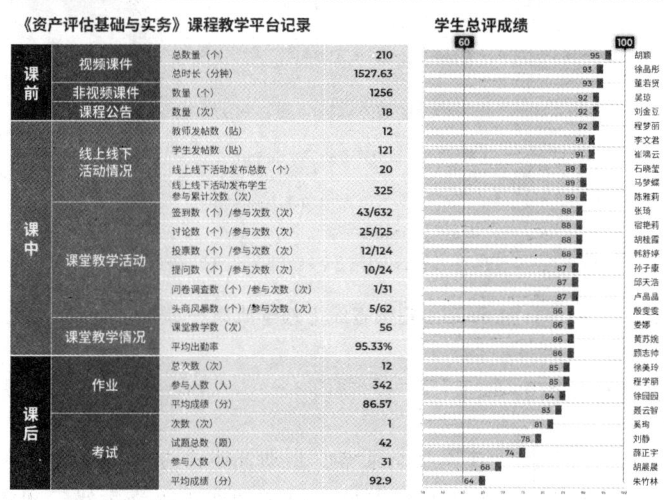
《资产评估基础与实务》课程教学平台记录

课前	视频课件	总数量（个）	210
		总时长（分钟）	1527.63
	非视频课件	数量（个）	1256
	课程公告	数量（次）	18
课中	线上线下活动情况	教师发帖数（贴）	12
		学生发帖数（贴）	121
		线上线下活动发布总数（个）	20
		线上线下活动发布学生参与累计次数（次）	325
	课堂教学活动	签到数（个）/参与次数（次）	43/632
		讨论数（个）/参与次数（次）	25/125
		投票数（个）/参与次数（次）	12/124
		提问数（个）/参与次数（次）	10/24
		问卷调查数（个）/参与次数（次）	1/31
		头脑风暴数（个）/参与次数（次）	5/62
	课堂教学情况	课堂教学数（次）	56
		平均出勤率	95.33%
课后	作业	总次数（次）	12
		参与人数（人）	342
		平均成绩（分）	86.57
	考试	次数（次）	1
		试题总数（题）	42
		参与人数（人）	31
		平均成绩（分）	92.9

图 6-25 “四元四维度四主体”评价体系

6. “双线混融”教学成果丰硕

团队教师调整教学策略、组织形式，完善线上线下混合教学方式，教学活动贯穿“理、虚、实”三阶段，拓展了传统课堂教与学的时空；提供优质数字化资源支撑，如采用腾讯课堂、腾讯会议同步直播、微课、企业连线等信息化手段突出教学重点，采用评估软件、动画、抖音小课堂、引入行业和企业标准攻克教学难点；充分利用国家精品在线开放课程学习平台“e 会学”中的丰富资源；“1+X”证书智能估值数据采集与应用平台、职教云在线平台、移动端 App、微信群、QQ 群等多工具并用，使沟通无处不在。多方发力，重构传统课堂教学，优化教学过程。

《新冠疫情下“双线混融”教学的优化实践》获评安徽省线上教学成果一等奖（图 6-26），教学成果入选 2020 年全国高职高专校长联席会议优秀案例。课堂革命案例入选教育部 2021 年职业教育提质培优增值赋能典型案例。

安徽省线上教学成果奖

证 书

为表彰安徽省线上教学成果奖获得者，特颁发此证书。

项目名称：新冠疫情下“双线融合”教学的优化实践

奖励等级：一等奖

获 奖 者：戴小凤

二〇二〇年十二月二十一日

证书号：2020xsjxcgj32-02

图 6-26　安徽省线上教学成果一等奖

三、成果特色创新

（一）基于“三教”改革创新策略，创新高水平专业群建设路径

如图 6-27 所示，以构建的“三教”改革创新策略为主线，创新高水平专业建设的实施路径：优化教学创新团队，开发新形态系列教材和信息化教学资

源平台，创设“互联网+ 教学”的专业课程群建设计划，创新“以学生为中心”的多元教学模式，制定专业评估机制和质量诊改机制。

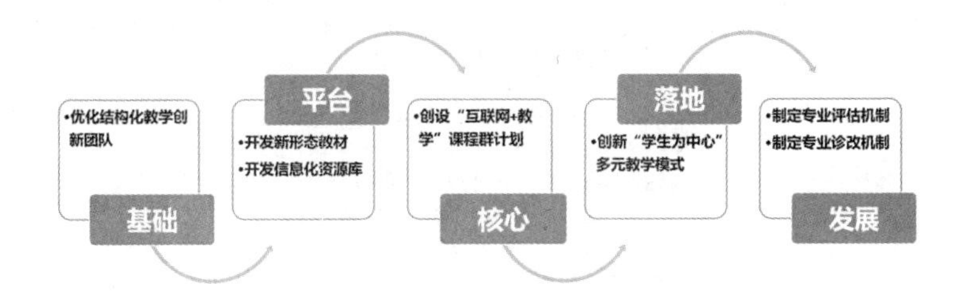

图 6-27　基于“三教”改革创新策略的高水平专业建设路径

（二）树立“四位一体”育人理念

基于沉浸式案例体验，坚持以学生为中心，设计与实践课程混合教学，树立“以立德树人为引领，以岗位胜任力培养为导向，以项目为驱动，以工作流程为主线”的“价值引领、知识探究、能力建设、情商养成”四位一体育人理念，培养学生扎实的理论基础和实操技能。通过场景重现、情景模拟、角色互换游戏等教学方式，形成课程群教学的“1-2-3-4”模式。

（三）构建“校企共育、双线混融、理虚实一体”教学模式

重构“多元智能特质观察量表”，分析学生智能优势组合，确定学习小组，采用异质分组合作学习方式，实施以“学习+服务”“爱心+技能”“兴趣+成长”为特色的实践育人举措。聚焦学校内外、线上线下，校企联动为学生创造实践机会，“理虚实”一体化教学模式让学生在潜移默化中修身立德。

（四）首创校企共育“四元四维度四主体”评价体系

利用职教云、雨课堂等平台，实现教学全过程信息采集，强化过程评价。探索增值评价，首创校企共育“四元四维度四主体”评价体系，提高人才培养质量。

四、成果推广应用

经过 5 年多的教学研究和 4 年多的教学实践，完成了产教融合视域下资产管理高水平专业群“三教”改革探索与实践，成果丰硕，应用价值高，发挥示范引领作用。

（一）教学质量效益明显提升

“校企共育、双线混融”教学模式，显著提升教学质量、教学效果，学生在技能大赛中屡获殊荣。人才培养质量大大提高，学生职业资格获证率 94%，就业率 95%，毕业生得到用人单位一致好评（图 6-28）。

安徽审计职业学院

毕业生质量评价调查表

各用人单位：

您们好！

首先对贵单位给予我校就业工作的大力支持和帮助表示衷心的感谢！为充分了解我校毕业生在实际工作中的思想政治表现、工作能力、操作技能、综合素质等情况，便于我院根据各企业的需求，采取相应的教学模式和管理方法，进一步提高学生质量，特向贵单位寄发《安徽审计职业学院毕业生质量评价反馈表》。敬请各用人单位提出宝贵意见。

谢谢合作！

通信地址：合肥市经济开发区方兴大道 509 号

邮政编码:230601

联系电话：0551-63617016　　安徽审计职业学院

毕业生质量评价调查表

安徽审计职业学院：

贵校学生工作认真，勤奋好学，踏实肯干，体现出比较扎实的物业管理专业知识和技能基本功。具有创造性、建设性地独立开展工作的思维；有一定的开拓和创新精神，接受新事物较快，涉猎面较宽，希望贵校多输送优秀学子。

深圳市恒基物业管理有限公司合肥分公司

二〇[illegible]年十月二十四日

图 6-28　第三方（深圳市恒基物业管理有限公司合肥分公司）对学生评价

资产管理专业群已与北京海天装饰集团、安徽中永联邦资产评估事务所有限公司等 17 家企业签订了校企合作实践教育基地（图 6-29 和图 6-30）。

图 6-29　“海天班”实践教学

图 6-30　校企合作参观活动

（二）专业群辐射带动作用显著增强

基于高水平专业群的专业建设共识，形成了平台化、结构化、模块化的课程建设思路，各专业的专业建设、课程建设、实训室与实训基地建设优势互补，成果共享，取得了很好的辐射效应（图 6-31 至图 6-33）。

资产管理专业群的建设带动了学院专业群建设，建成中央财政支持专业高等职业学校提升专业服务产业发展能力项目 2 项，省级特色专业 3 个，省级教学创新团队 2 个。在资产评估与管理特色专业建设过程中对现代物业管理、房地产经营与估价及学校专业课程体系建设起到了带动作用；为兄弟院校提供专业建设指导；与合作企业完成了大量教科研项目，3 项省级课题结项优秀；多项研究成果审计行业推广应用，服务经济社会发展。

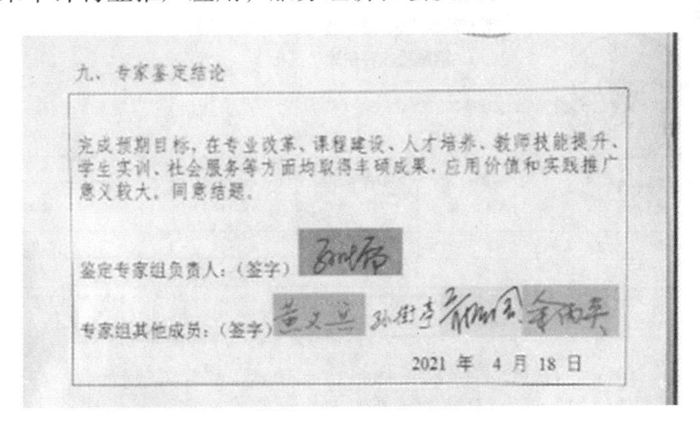
九、专家鉴定结论

完成预期目标，在专业改革、课程建设、人才培养、教师技能提升、学生实训、社会服务等方面均取得丰硕成果，应用价值和实践推广意义较大，同意结题。

鉴定专家组负责人：（签字）

专家组其他成员：（签字）

2021 年　4 月 18 日

图 6-31　省级实践教育基地项目结项优秀：专家鉴定应用价值和实践推广意义

“大数据环境下审计变革及审计模式创新研究”

项目研究报告的采纳证明

安徽审计职业学院戴小风老师和亳州审计学会合作，开展安徽省审计厅2016年重点科研课题“大数据环境下审计变革及审计模式创新研究”（项目编号：AHSJ20160402）的研究工作。戴小风老师撰写的项目研究报告《大数据环境下审计变革及审计模式创新研究》，内容详实，观点明确，成果显著：以大数据不断发展对信息处理产生巨大影响为切入点，结合政府审计的目标、特点、和业务模式，深入分析了大数据环境下审计变革，包括审计对象变革、审计风险变革、审计证据变革、审计方法变革、审计报告变革等六个方面存在的问题，并进一步从六个方面研究了应对变革的对策建议，论述了大数据环境下审计模式创新的目标，提出了大数据环境下审计模式创新的具体措施，并通过大量客观真实数据的验证，证明了措施的可行性和有效性，对审计工作具有指导意义。研究成果已被亳州市审计局采纳使用，对于进一步推动亳州市审计信息化建设具有重要的理论价值和实践意义。“大数据环境下审计变革及审计模式创新研究”课题已于2017年顺利结项，研究报告作为课题成果提交安徽省审计厅。

2019年5月7日

图6-32　项目成果采纳应用证明

安徽省高校人文社科研究重点、重大项目

结题验收评价表（试行）

学校名称（盖章）：

项目名称：大数据环境下两维语义证据理论在审计判断中的应用研究

项目主持人：戴小风

项目批号：SK2015A644

目标任务完成情况（40分）	项目研究创新性（30分）	学风和人才培养情况（10分）	成果转移转化情况（10分）	验收材料完备性及答辩情况（10分）	总评	
					总分（100分）	验收结果
38	28	10	6	10	92	优秀
建议						
项目组对大数据环境下两维语义证据理论在审计判断中的应用进行了较深入的研究，在理论研究及实践应用方面均取得了较优秀成果，完成预期研究目标，同意结题。						

专家签字：史峰、孙晓雷、凌双英、孙衔亭、王海龙、季书鸿、余丙炎

日期：2019年4月22日

备注：1.专家每人填写一份评价表；汇总相对应的各项分值经算术平均处理后作为最终验收结果，专家组长签字；

2.验收结果分值界定：优秀（100-90分）；合格(89-61分)；不合格：(60-0分)。

图6-33　安徽省高校人文社科重点项目结项优秀

（三）校企共建高水平结构化双师型教学团队

通过校企“双向挂职”“老带新”师徒结对活动，实施“三个一”工程，团队教师全部成长为“熟专业、强技能、精实践”的“双师型”教师，资产管理专业群已建设成为在长三角地区具有示范引领作用的高水平专业群。

（四）“校企共育、双线混融”教学成果丰硕

“政、行、校、企”四方协同共建1个国家提升资产评估与管理专业服务能力、中央财政支持的国家级实践教育基地，2个省级校企合作实践教育基地。省级校企合作实践基地项目均结题优秀，项目成果作为先进典型材料提交教育厅。

资产管理专业群于2016年与北京海天装饰集团达成合作。2018年省级重点项目“产教融合，三重一创”背景下建筑装饰创新型校企合作工作室建设研究立项。2019年学院“双高”建设项目重点支持装饰工程技术专业建设和安徽审计职业学院湖北海天时代科技发展有限公司实践教育基地建设。2021年学院依托建筑装饰工程技术专业校企合作案例，获批安徽省第二批校企合作示范学校，示范辐射效果凸显。

现代物业管理专业在与保利物业服务公司安徽分公司校企合作框架协议下，创新人才培养模式。

采用“1+X”平台虚拟仿真、腾讯会议在线连线等信息化手段，720云VR、区块链等信息技术实施双线混融教学。2020年，戴小凤老师在新冠肺炎疫情期间的线上教学活动受同行、学生、学校一致认可，在学校和社会具有较高影响，入选安徽省高等学校卓越教学新秀风采展示活动（图6-34）。《新冠疫情下“双线混融”教学的优化实践》获评安徽省线上教学成果一等奖，教学成果入选2020年全国高职高专校长联席会议优秀案例（图6-35）。课堂革命成果《守初心 担使命 课堂革命 化危为机——后疫情时代“双线混融”教学的优化实践》，入选教育部2021年职业教育提质培优增值赋能典型案例（图6-36）。

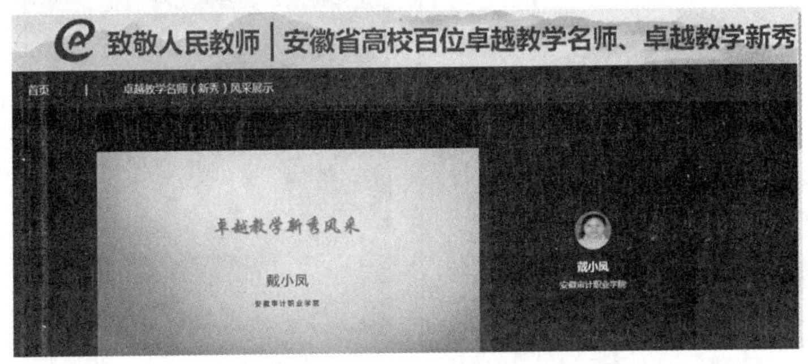

图6-34 戴小凤老师入选安徽省高等学校卓越教学新秀风采展示

图 6-35　教学成果入选 2020 年全国高职高专校长联席会议优秀案例

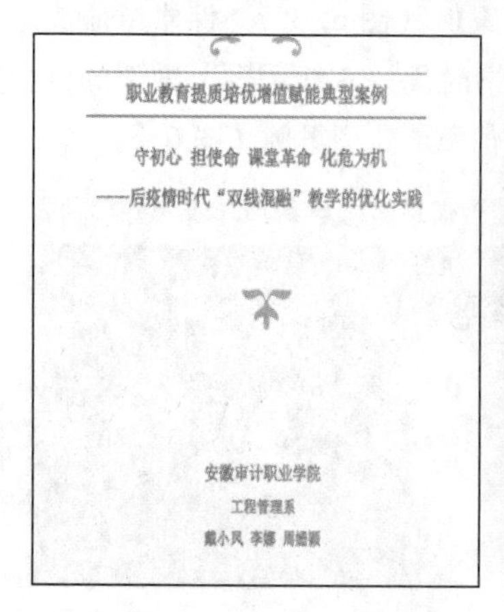
职业教育提质培优增值赋能典型案例

守初心 担使命 课堂革命 化危为机

——后疫情时代“双线混融”教学的优化实践

安徽审计职业学院

工程管理系

戴小凤 李娜 周姗颖

图 6-36　课堂革命成果入选教育部 2021 年职业教育提质培优增值赋能典型案例

第三节　2020年安徽省线上教学成果一等奖成果简介

新冠疫情下“双线混融”教学的优化实践

一、成果主要内容

（一）转变传统教育思想，创新教育理念

2020年1月，突如其来的新冠肺炎疫情肆虐全国，给人们的生活、经济、教育带来严重的影响和挑战，全国启动重大突发公共卫生事件一级响应。教育部要求高校“停课不停教、停课不停学”，做到线上与线下课程教学质量“实质等效”。全国各高校积极响应号召，全面开启“云教学”线上教学模式，大规模的在线教学在全国展开，取得了显著的教学效果和丰富经验。

对于职业教育而言，新冠肺炎疫情的出现是一个分界线把职业教育分为“前疫情时代的职业教育”和“后疫情时代的职业教育”。教育将全面进入“双线教学”的时代，深度进入“线上教学与线下教学混融共生”，即“双线混融教学”的新时代。教学团队经过疫情期间完全线上教学，后疫情时代线上线下混合教学的实践与探索，认为与传统“线上线下混合教学”相比，“混融教学”更加强调“融合”或“融通”，注重混融中的“共生”，并将其作为“混融教学”的根本特性和核心追求。

（二）积极调整专业结构，构建高水平专业群

2020年学院成功立项为安徽省技能型高水平大学建设单位，资产评估与管理专业作为国家级重点专业、省级特色专业，围绕建设技能型高水平大学和专业群建设新要求，遵循高等职业教育发展规律和学生成长规律，根据学院发展规划与专业群建设要求，结合各专业特点，以资产评估与管理专业为龙头，以金融类专业、税务专业为两翼，以“产教融合、校企合作、工学结合、知行合一”的人才培养模式创新为主线，健全对接产业、动态调整、自我完善的专业群建设发展机制，促进专业群资源整合和结构优化；充分发挥专业群的集聚效应和服务功能，实现资产评估人才培养供给侧和产业需求侧结构要素全方位融合，支撑区域支柱产业发展；在校企合作、专业联动、专业发展、教学条件、课程建设、双师队伍、三教改革、学生成长等方面获得提高，积极将资产评估专业群建设成为在省内具有示范引领作用的高水平专业群。

（三）深化校企合作，创新人才培养模式

疫情阻断了校企双方的见面，但阻断不了校企合作的深化，为更好地适应社会形势和大环境，教学团队在互联网方面加大探索力度，基于“互联网+”思维的应用、积极探索高校校企合作人才培养新模式，保障人才有效培养的同时，也为人才培养途径的不断拓宽提供有利条件。

为保障校企深度合作有效实现，团队在校企共建师资队伍方面加大力度，“互联网+”背景下校企共建师资环节开展过程中，针对当前社会中的一些微信、QQ 等软件来保障校企双方工作人员双向的挂职锻炼与合作交流等得以有效实现，进而借助企业的实践操作和锻炼等提高学校教师专业技能，保障高校教师能够突破时间和空间限制、借助互联网来促进自身专业能的不断提升。这一过程中，企业的工作人员也可与学校教师之间开展互相交流、经验分享和不断学习，并对学校具体教学任务进行一定承担，达到双向挂职和合作交流这一目的。

“互联网+”下多样化虚拟交流途径在校企双方的有效开展，能够使得双方工作人员与自身情况相结合，探讨双方都感兴趣的话题，并对双方工作人员的参与行为及时调整。

与以往的传统挂职锻炼方式相比，应用互联网下的双向合作交流及挂职锻炼这一模式，能促进双方工作人员参与积极性的不断提升，同时针对双方沟通面的广阔发展也能够提供有利条件，保障校企双方工作人员的学习效率和学习质量不断提升，实现“互联网+”下校企共培师资的有效性。

（四）坚持“三教”改革，提升学生的综合职业能力

1. 教师积极参加企业实践、“1+X”、创新创业线上培训

后疫情时代各种防疫物资需要进行评估鉴定，财政资金的使用也面临绩效审计工作。团队教师利用业余时间，到校企合作的评估事务所、审计事务所企业参加各类业务，积累了大量的业务资料和教学经验，建立了专业教师和企业业务骨干相互交流学习的机制。戴小凤、李娜老师兼任安徽中安会计师事务所咨询顾问、安徽世强工程项目管理有限公司高级顾问，同时入选合肥市财政局预算评审专家库，并参与多个财政预算项目的公开评审。

李娜等老师多次参加审计项目：合肥市审计局开发区运行情况审计调查，合肥市蜀山经济开发区产业发展扶持政策资金绩效评价，关于合肥蜀山经济开发区管理委员会期间土地流转费支付情况专项审计，合肥市蜀山经济开发区生产力运行有限公司年报审计，合肥市蜀山经济开发区科创资产运营有限公司年报审计，蜀山区审计局关于小庙镇书记兼镇长吴成运同志任职期间经济责任履

行情况审计，2020 年主持合肥蜀山经济开发区蜀山开发区管委会安全监管体系绩效评价项目，2020 年参加合肥市文旅局财政奖补资金项目线上评审，合肥市中小企业局财政奖补资金项目线上评审。

2. 成功打造线上教学典型案例，编写校企合作活页教材

新冠肺炎疫情下，教学团队通过边实践边总结，及时撰写了审计案例和教学案例，并与企业合作编写了校企合作活页教材，对于学生的执业行为有了规范性的指导，使用效果较好。下一步还将与企业深度合作，研发出更多符合人才培养需求的校企合作教材。

3. 改革创新教学方法，采用新型教育技术手段

疫情期间，为保障“停课不停教、停课不停学”，教学团队开展了“互联网+教学”模式的线上教学工作，教师通过直播和录播的方式授课，并通过网络互动平台进行答疑解惑。团队教师及时调整教学策略、组织形式，完善线上线下混合式教学方式，教学活动贯穿“理、虚、实”三阶段，扩展了传统课堂教与学的时空；优质数字化资源支撑：采用腾讯课堂、腾讯会议同步直播、微课、企业连线、思维导图等信息化手段突出教学重点，采用评估软件、动画、抖音小课堂、引入行业和企业标准攻克教学难点；充分利用国家精品在线开放课程学习平台“e 会学”中《资产评估学》的丰富资源；“1+X”证书智能估值数据采集与应用平台、职教云在线平台、移动端 App、微信群、QQ 群等多工具并用，使沟通无处不在。多方发力，重构传统课堂教学，教学过程得以优化，学生通过学习掌握“价值发现、价值判断、价值估计”价值链管理的现代评估手段。

（五）完善教育教学资源库建设

根据学科特点系统地建立教育教学资源库，目前资产评估专业核心课程资源库已建成并不断完善。2020 年 4 月，已建设基础会计、税法、资产评估学 3 门在线课程。学生登录安徽省网络课程学习中心平台“e 会学”即可学习。网络互动交流助力实现优质教育教学资源的共享。

疫情防控期间，资产评估与管理专业群四个专业的各门课程线上开学情况良好，授课教师通过课前在教学平台推送教学资源、课上直播教学、演示操作流程、在线测试、答疑互动、课后布置作业等方式进行组织教学，学生线上到课率达到 100%。

为有效解决教学重点和难点，高效执行课堂教学策略，运用多种信息技术手段开展教学活动。结合疫情情况，适合进行爱国主义教育、职业素养教育。将课程思政有机融合到课堂教学中去，让课堂成为育人的主要阵地。

教学资源平台链接：

（1）中联教育智能估值：https://zledusx.cailian.net/#/home。

（2）智慧职教云平台：https://zjy2. icve.com.cn/portal/login.html。

（3）腾讯课堂 https://ke.qq.com/webcourse/index.html#cid=1076204&term_id=101172230&taid=15957367&lite=1&vid=5285890800680410182。

（4）问卷星：https://www.wjx.cn/newwjx/manage/myquestionnaires.aspx。

（5）e 会学：http://www.ehuixue.cn/index/Orgclist/course? cid=32327&tdsourcetag=s_pctim_aiomsg。

（六）坚持立德树人、五育并举，融课程思政于专业教育

团队教师从学生需求出发，把全民战“疫”与立德树人有机结合，协同构建德育战疫课程，并运用于教学实践。

“一切为了每一位学生的发展”，这是新课程的核心理念，其本质就是“以生为本”。构建德育战“疫”课程，出发点是“基于学生需求”，课程内容的呈现坚持“以生为本，激活思维”，课程的最终目标是立德树人，课程的完善改进还是依据课程实施中学生的反馈、教学成效，即课程建设自始至终坚持源于学生、服务学生和“以生为本”的理念。

1. 基于学情，构建战“疫”课程框架

疫情下，学生存在哪些困惑？对哪些话题兴趣浓厚？经问卷调查，教师了解到抗疫情绪、良好习惯、责任担当、专业技能、献身精神、家国情怀、生命观念、人与自然等，都是这次疫情引发学生思考的课题。团队成员分析汇总学生需求，并结合战“疫”实况，围绕立德树人这个目标，在“开学第一课——磨难背后是阳光”的统领下，形成了三个层次、八大主题的课程框架。其中，三个层次为认知篇、明辨篇和深思篇，每个层次包含 2~3 个主题，由表及里，梯度展开，符合学生认知规律。课程框架具体如图 6-37 所示。

团队成员根据各自所长，选择自己擅长的主题，多角度引导学生深度思考，读懂、读透战“疫”，有力地将课程思政融入专业教育，并将优势转化为支持防疫斗争的强大力量。

在教学实施过程中，始终坚持以下两点。第一，选题坚持基于学生需求。构建德育战“疫”课程，最终是为了服务广大学生，帮助学生读懂、读透战“疫”，使学生在潜移默化中形成正确的世界观、人生观、价值观，真正实现立德树人的教学目标。为此，在课程主题的选取中，教师坚持基于学生的需求，充分了解学生的疑惑点、兴趣点、盲点等，始终围绕学生、关注学生、服务学生。第二，内容坚持生活化、系统化。生活是课堂最好的活教材，生活即

教育。在课程构建过程中，团队教师始终坚持课程内容源于生活，源于学生对生活中战“疫”现象的困惑与思考。碎片化的几个主题简单组合不是课程，只是资源库。学校教师坚持课程内容的系统化、理论化，注重梳理内在的逻辑结构，助力学生系统化学习。

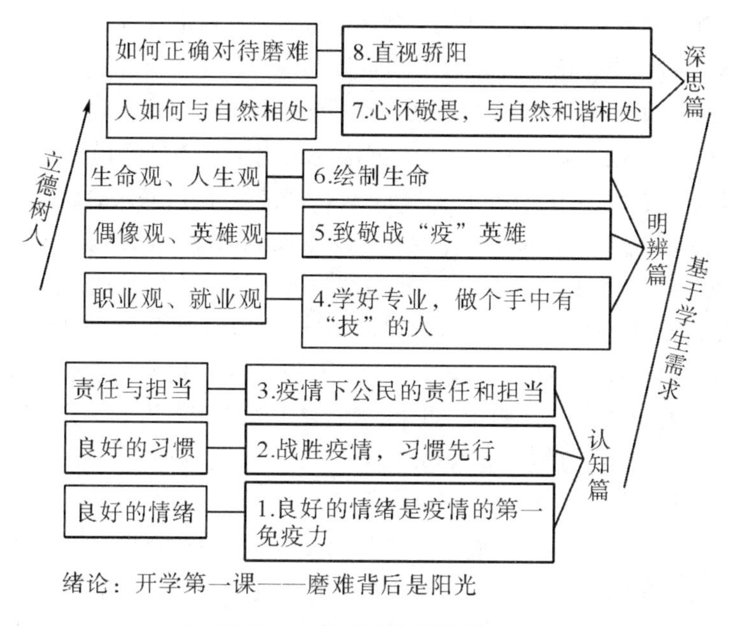

图 6-37　战“疫”课程框架

2. 科学设计，精彩呈现

在特殊情况下，线上教学尤为重要。线上教学如何更好地吸引学生，激发学生自主学习的热情，如何真正引发学生感悟，帮助学生明辨是非，促使学生深度思考，要实现这些与课程资源的设计制作理念、取材适用程度及素材呈现形式等息息相关。

经过团队探索研究，思想达成一致：坚持“以生为本，激活思维”的设计理念，全方位、多形式呈现战“疫”实况，从现象到本质帮助学生读懂读透，教学设计与配套微课共同推出。统一思想后，大家共同完成教学设计和微课的模板，并结合自己选择的主题，广泛搜集资料，精心设计教案，用心制作微课，完成了一件件符合学生需求的教学视频。比如李娜老师通过“知责任”“明责任”“担责任”，引导学生思考疫情下，高职学生可以做些什么，应该做些什么。刘旸老师从疫情下学生情绪的现状出发，引发学生思考如何保持良好的情绪。戴小凤老师以战“疫”中关键力量是专业力量为切入口，引导学生思考为什么要手中有“技”、如何手中有“技”。周姗颖老师通过战“疫”中涌现出的众多“奋战一线、为国为民”的英雄事迹，引导学生思考如何树立正确的偶像观、英雄观。

一份份科学的教学设计，一件件精彩的微课作品，使学生自主活学战“疫”这部新教材成为可能，也为完善学生行为习惯奠定基础。

在实施过程中，始终坚持以下两点。第一，教学设计坚持“以生为本，激活思维”。为更好地激活学生思维，教师坚持基于学情确定教学目标、重难点，取材贴近社会、贴近学生，教学方法的运用坚持问题导向，激发学生兴趣，点燃学生思维，引导学生自觉探究，深入思考。层层深入的设问，带着学生一起从了解战“疫”现象、探索背后的本质到对学生的启发，顺其自然，水到渠成，避免灌输式教学。第二，微课呈现坚持“立体生动，浓缩精华”。根据学情以及网上教学的特点，微课时长一般在15分钟左右，时间虽然不长，但呈现的内容坚持立体生动、丰富多彩，有战“疫”相关的典型素材，也有疫情下学生身边的案例、视频、图片、调查统计图表等，有利于充分激发学生的兴趣，吸引学生，引起学生共鸣。

3. 混合教学，立德树人

课程资源的价值在于有效服务学生。为充分发挥德育战“疫”课程的教育作用，团队教师坚持线上线下相结合的混合教学形式。在寒假“停课不停学”期间，团队成员完成的教学设计、系列微课通过班级公众号、职教云日常教学平台分享给学生，教师还在线上教学平台组织学生针对相关主题展开讨论，互评互论，深化认识。线上教学，很好地把战“疫”引发的思考带给宅在家里的学生。

所有的危机，其实也是教育和学习的最好契机。此次疫情中，团队成员真正以生为本，立足生命，抓住精神，构建战“疫”课程，切实承担起塑造灵魂、塑造生命、塑造新人的时代重任。今后，团队成员将继续与国家发展同向，与时代同声，有效推动课程改革，落实立德树人，助力学生健康成长。

（七）积极组织线上线下混合教学，推动重大线上教学改革研究

随着网络技术和信息技术的发展，QQ、微信等即时通信与社交工具的普及，云课堂智慧职教、中国大学 MOOC、蓝墨云班课等教育类 App 已遍布网络，推动了职业院校对双线混融教学模式的探索实践。

教学团队结合职教云线上教学平台，对资产评估基础与实务等课程进行了线上教学和线上线下混合式教学的方案设计，提出以教师为主导、以学生为主体的教学理念。

1. 职教云的线上教学实践

（1）基础课程建设。建立一个生动有趣、内容丰富、学习便捷的教学资源库是有效实施教学的关键。通过导入智慧职教中优秀资源和自建互相结合的方式搭建“资产评估基础与实务”课程平台，整合与课程相关的课件、教学视频、题库、作业等教学资源。在建设课程过程中，教学视频短小且有吸引力，适合学生的学习特点。

（2）教学实施过程。职教云和云课堂智慧职教 App 的“资产评估基础与实务”课程教学实施过程分为课前、课中、课后三个阶段，具体内容如下。

①课前，教师通过职教云网页端推送教学资源，进行课前讨论、测试，学生通过云课堂智慧职教 App 或网页端进行自主学习，观看教学视频、发表观点、完成课前测试，检验自学效果。教师能够准确把握学生的参与和学习情况，及时发现学生的学习问题，根据学生掌握的情况备课，确定课堂讲授内容。对于不同班级的学生，学生掌握的程度会有所不同，教师要因材施教。

②课中，结合腾讯课堂直播软件进行线上教学，总结学生自学的主要内容和知识点的掌握情况，课堂上详细讲解学生掌握不牢的知识点、重点和难点内容，并答疑解惑，将课堂上有限的时间用在难题上。通过设置讨论、随机点名、头脑风暴等互动形式，调动学生的学习积极性，设置课中测试，检验学生对知识点的掌握情况。

③课后，通过作业、测试等方式，巩固教学的重难点，从而达到教学的目标。在这三个环节中，学生的每一点表现都以积分的形式呈现出来，教师要将学生课堂表现的积分前十名发到班级 QQ 群上，激发学生的学习热情，营造你争我赶的学习氛围。在整个教学过程中始终萦绕着学生主动探究学习的气氛，充分体现教师的主导地位和学生的主体地位。

2. 职教云的“双线混融”教学模式

受新型冠状病毒肺炎疫情的影响，疫情期间全国各学校只能进行线上教学，即学习者的全部学习过程都是通过在线完成，师生的互动和交流也是通过平台来实现的“完全虚拟模式”。当疫情结束后，教师和学生都回归到校园，面对职教云建设的课程平台，学生的课堂表现怎么处理？经过发放问卷、面对面访谈等形式，团队成员仍然决定利用已有的资源采取双线混融教学。

课程教学实施过程仍然分为课前、课中、课后三个阶段，课前、课后方案与疫情发生前的教学方法完全一样，不同的是课中环节，不再借助腾讯课堂直播软件，而是在教室跟同学们面对面进行交流互动，学生的课堂表现仍然可以记录在职教云平台上。这就是以传统的线下教学与在线教学交替学习的“交替模式”。教师根据线上学习效果和学生在学习中存在的问题进行线下教学，根据线下教学效果更新线上的学习资源库，线上线下优势互补，充分利用平台资源和信息技术，提升整体教学效果。

采用线上线下混合式教学能够全过程了解学生的学习情况，将课堂上宝贵的时间用于重难点的讲解上，大大提高了课堂的教学效果，同时，学生的表现可以积分的形式存储在职教云上，通过云平台上大数据的汇总，为教师评价学生提供更加多元化的依据。

3. 省级质量工程支持疫情防控期间高校线上教学工作特需项目——重大线上教学改革项目成功立项

“互联网+教育”对高职教育发展带来了机遇和挑战。《教育部关于加强网络学习空间建设与应用的指导意见》（教技〔2018〕16号）强调促进信息技术与教育教学实践深度融合，到2022年实现基于实名制空间的教与学应用、教学管理、教育治理的常态化。《教育信息化十年发展规划（2011—2020年）》强调“融合”的核心，是用信息技术去创新教学，引领教育体系变革。随着现代教育技术和能力的逐步发展和提升，依托网络教学平台的MOOC、翻转课堂、微课等线上教学方式和教学资源大量涌现，丰富了传统的课堂教学内容，拓展了课堂教学的时间和空间，满足了突发性线上教学应急需求。安徽省教育厅《关于做好新冠肺炎疫情防控期间高校及时组织线上开学的通知》（皖教工委函2020〔23〕号）要求，面对突发的新冠肺炎疫情，充分发挥“互联网+教育”的作用，所有课程都进行线上教学，减轻疫情对教育教学的影响。正是在这一代背景下，我们从高职专业教育特点出发，结合安徽审计职业学院税务专业线上教学实践，进行高职税务专业线上教学改革研究，促进高职专业建设与发展。以此为契机，省级质量工程支持疫情防控期间高校线上教学工作特需项目——重大线上教学改革项目：“‘互联网+教育’时代背景下高职税务专业线上教学改革研究——以安徽审计职业学院税务专业为例”成功立项。项目已取得显著成果。基于“互联网+教育”时代背景，依据疫情期间我院税务专业线上教学活动实践，在此基础上，总结经验，探索研究线上教学改革，创新教学模式和教学方式，对于我省高职税务专业线上教学和专业建设具有一定的借鉴作用和参考价值。

（八）积极参加安徽省教学能力大赛，教学成果显著

团队成员积极参加2020年安徽省教学能力大赛（图6-38），经过精心设计、充分准备、稳定发挥，经过最终线上决赛，最终获得二等奖一项、三等奖两项（图6-39），达到了“以赛促教、以赛促改、以赛促研”的竞赛目的。

在本次比赛中，团队教师积极探索线上线下混合式教学形式，助力“互联网+”课堂教学模式创新。

图 6-38　2020 年安徽省教学能力大赛线上决赛现场

财经商贸大类

序号	学校名称	作品名称	参赛教师（排名不分先后）	专业大类	奖项
1	安徽工商职业学院	费用与薪酬管理数字化应用	刘玥，张竹云，欧艳军，费玄淑	财经商贸大类	一等奖
2	安徽商贸职业技术学院	个人所得税纳税实务	鲁静，凤娜，赵春宇	财经商贸大类	一等奖
3	安徽商贸职业技术学院	仓库匠人，让仓储管理更高效	吴竟鸿，孙培英，汪晔，王超	财经商贸大类	一等奖
4	安徽工商职业学院	中药香囊祛时疫，电商直播助扶贫——网店运营综合实训	刘亚男，张瑛，郭晓晨，马妮娜	财经商贸大类	一等奖
5	安徽财贸职业学院	普惠金融活水，精准浇灌三农——农户小额贷款实务	方晓雄，刘岚，周阳，查静	财经商贸大类	一等奖
6	安徽财贸职业学院	立足成本岗　聚焦收发存——存货业务核算	孙徽平，倪丽，张婧菁，金梦玲	财经商贸大类	二等奖
7	安徽财贸职业学院	基于现代学徒制的“双主体”育人实践——超市生鲜部门跟岗实训	夏承龙，刘大俊，童瑞霞，陈慧岚	财经商贸大类	二等奖
8	安徽审计职业学院	爱家之约——房地产价值评估	戴小凤，周媛颖，李娜	财经商贸大类	二等奖
9	安徽商贸职业技术学院	企业存货的核算	徐瑞，杨承承，钟鼎丞，鲁学生	财经商贸大类	二等奖
10	安徽国际商务职业学院	因时而变——门店线上线下销售设计	马洁，叶娜，苏伯文	财经商贸大类	二等奖

图 6-39　2020 年安徽省教学能力大赛获奖名单

（九）完善多元评价系统

课程采用多元化的评价模式，调动学生主动学习的积极性。教师、学生、家长多主体参与考核，包括主讲老师、助教老师的评价、学生互评、自评、家长反馈等方式进行。教师主体评价主要通过网络教育平台数据，包括课堂表现、课前准备情况、回答问题、进门测试、参与课堂互动等数据评价学生的综合表现；学生评价主要通过互评表、自评表、课程小结、分析报告等资料进行评价；家长评价主要通过网络问卷调查等形式进行。

评价过程包括诊断性评价、过程性评价和总结性评价三个阶段。

诊断性评价：进行具体实训任务安排之前，先对学生的知识水平、学习风格等情况做出诊断分析，并作出相应难度的实训任务设计。

过程性评价：教学过程中，学生单元任务的完成情况评价分析，根据平台数据对学生出勤、参与讨论、课堂表现及提交作业情况进行过程考核。

总结性评价：随着实训任务的推进，对学生进行阶段考核。采用在线考试、课程小结等方式进行评价。实训全部结束后，需要提交实训总结和财务分析报告，必要时进行课程答辩。

（十）后疫情时代教学反思与改进

“前疫情时代”线上教学的良好开端为“后疫情时代”线上教学提供了很好的教学经验，我们应及时总结经验，认真进行学情、教情分析，进而梳理及调整新的教学方案。“后疫情时代”的线上教学需要反课堂教学实景和线上教学资源的优势结合起来，充分利用教学媒介，重视师生之间的联系，老师不断反思自己的教学过程，找到学生真实所需，激发学生的学习热情。具体思路如图 6-40 所示。

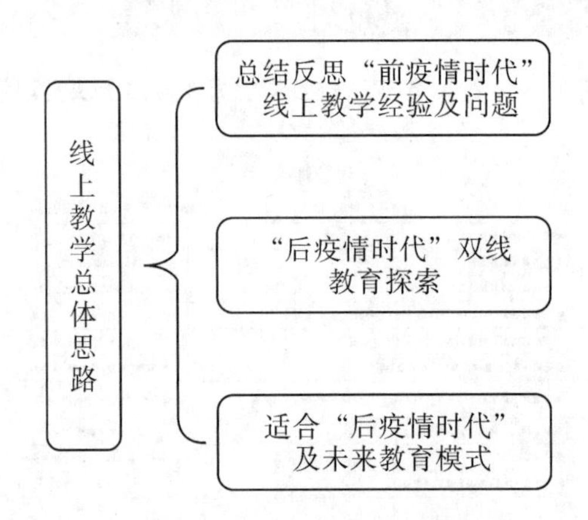

图 6-40　教学总体思路

2020 年春季线上教学工作具体成果总结如表 6-3 所示。

表 6-3　2020 年春季线上教学工作具体成果

获奖时间	获奖名称	授奖部门
2020 年	教学能力大赛二等奖	安徽省教育厅
2020 年	卓越教学新秀	安徽省教育厅

表6-3（续）

获奖时间	获奖名称	授奖部门
2020 年	e 会学国家精品教学资源 《资产评估学》 《会计》《税法》	安徽省教育厅
2020 年	线上教学典型案例	安徽省教育厅
2020 年	“1+X”证书试点工作典型案例：以安徽审计职业学院会计系为例	安徽省教育厅
2020 年	“资产评估学”课程线上教学改革方案	安徽审计职业学院
2020 年	师德高尚奖	安徽审计职业学院
2020 年	教学成果三等奖	安徽审计职业学院

二、创新点

（一）双线并行，教学场景变换，课堂组织灵活有序

疫情防控期间，课程组采取线上线下混合式教学方式，教学活动贯穿“理、虚、实”三阶段，扩展了传统课堂教与学的时空。学生未返校期间，搭建师生学习平台，建立 QQ 学习群，利用腾讯课堂积极开展线上教学，讲授理论知识，授课老师每次课均采取录屏形式保存课程内容，使学生在课后能够根据自身需求反复观看。网络教学将信息化时代给予学习的便利发挥到最大程度，适应“互联网+”时代的教育生态，具有较大借鉴和推广价值。学生返校后，教师在多媒体智慧教室开展课程总结交流分享会，便于学生现场汇报、展示成果，师生、生生互动营造有效课堂。

（二）建设突出学生职业能力培养的校内外实训基地

通过分析职业岗位能力要素，资产评估与管理专业已构建了校内综合实训、校外顶岗实习的实训体系，实训内容主要侧重学生综合职业能力和素质培养；同时，建设了多个校外实训基地，提高了学生的动手实践能力。本专业以建设校外实践基地为主，充分利用校内已有设备，确保把实践性教学落到实处。资产评估专业将利用资产评估综合实训室模拟机电设备评估、房地产评估等。同时，资产评估专业已与安徽宝申会计师事务所、安徽中辉资产评估有限公司、安徽中永联邦资产评估事务所有限公司、合肥昂和资产评估有限公司等单位建立校企合作关系，实行“共建共享”的管理模式，初步实现了校企合

作。建立校外实习基地，为学生提供可以从事实践活动的机会。并且在整个实践过程中给学生充分的指导，确保学生在实践过程中不仅得到专业能力的锻炼，而且接受初步的工作态度、职业道德的规范。

疫情期间由校外导师通过视频连线的方式进行专业指导点评。

（三）"后疫情时代"课程思政与课堂教学有机融合

人才培养是育人和育才相统一的过程。建设高水平人才培养体系，必须将思想政治工作体系贯通其中。"后疫情时代"的课程思政从抗"疫"精神开始，让学生深深体会到学习机会的来之不易，只有学好专业知识，才能做一个能胸怀家国、有能力有担当的人。与专业课程相结合，课堂思政春风化雨，深入人心，真正达到育人的效果。

三、应用情况

（一）教学质量效益明显提升

双线教育互动机会较多，学生也有了更多的思考和线下作业时间，教学质量、效益等方面提升显著，学生在相关技能大赛中屡获殊荣。人才培养质量大大提高，学生职业资格获证率 92%，就业率 95%，用人单位好评率 90%以上，学生实践动手能力强，专业竞争力强，成才时间短，可持续发展能力强。

资产评估与管理专业已与安徽宝申会计师事务所、安徽中辉资产评估有限公司、安徽中永联邦资产评估事务所有限公司等 17 家企业签订了校外实习实训基地合作协议，实现了松散式订单培养。

（二）专业辐射带动作用显著增强

资产评估与管理专业的建设带动了学院专业群建设，建成中央财政支持专业高等职业学校提升专业服务产业发展能力项目 2 项，省级特色专业 3 个，省级教学团队 2 个。在特色专业建设过程中对金融管理与实务、房地产经营与估价及学校专业课程体系建设起到了带动作用；为兄弟院校提供专业建设指导；与合作企业完成了大量科研项目，多项研究成果审计行业推广应用，并取得了一定的社会经济效益。

（三）有效推动师资团队建设

团队成员积极申报教科研课题，通过参与教科研课题不断提升自身教学水平和科研能力。项目负责人组织工作室成员与亳州审计局合作，2018 年、2019 年连续两年成功申报安徽省审计厅重点课题，积极申报 2020 年安徽省审计厅重点课题。工作室负责人申报并成功立项 2 项省级重点课题：2018 年高等学校省级质量工程项目——安徽审计职业学院安徽中永联邦资产评估事务所有限公司实践教育基地；2019 年度安徽省高校优秀青年人才支持计划重点项目。李娜老师申报并成功立项 1 项省级重点课题。刘旸老师申报并成功立项 2020 年安徽省重大线上教学改革研究项目《“互联网+教育”时代背景下高职税务专业线上教学改革研究——以安徽审计职业学院税务专业为例》。

参考文献

高武，吴庆国，2020. “双高计划”的价值取向及其实现路径——以芜湖职业技术学院为例［J］. 职业技术教育（21）：31-35.

郭福春，许嘉扬，王玉龙，2020. 中国特色高水平高职学校和专业建设项目分析［J］. 中国高教研究（1）：98-103.

郭福春，2019. 高水平专业群在高水平高职院校建设中的现实意义分析［J］. 中国职业技术教育（5）：20-23.

吴儒练，2018. 2017 年全国职业院校信息化教学大赛的特征分析［J］. 职业技术教育（15）：44-49.

邵建东. 高职院校教学团队建设的误区及对策［J］. 中国高教研究，2013（4）：99-101.

邓丽萍，2018. 多元智能结构理论在高职财务管理教学中的应用探析［J］. 财会学习（1）：217-218.

本书编委会，2016. 中国高等职业教育质量年度报告 2016 版［M］. 北京：高等教育出版社.

上海市教育科学研究院，麦可思研究，2015. 2015 中国高等职业教育质量年度报告［M］. 北京：高等教育出版社.

孙善学，2019. 对“1+X”证书制度的几点认识［J］. 中国职业技术教育（7）：72-76.

刘婧玥，李亚军，2021. “双高计划”背景下高职“双师型”教师胜任力框架构建——基于 706 位教师的实证研究［J］. 职教论坛，37（12）：86-94.

蔡跃，2020. 职业教育活页式教材开发指导手册［M］. 上海：华东师范大学出版社.

苏重来，刘霞，2021. 理虚实立体化融合的职业院校新商科活页式教材开发［J］. 中国职业技术教育（11）：92-96.

许远，2019. 职业教育专业建设与课程教材开发［M］. 北京：中国人民大学出版社.

张丽颖，张学军，2021. 高职课堂革命：内涵、动因与策略［J］. 中国职业技术教育（2）：18-22.

刘振天，2020. 高校课堂教学革命：实际、实质与实现［J］. 高等教育研究，41（7）：58-69.

别敦荣，2019. 大学课堂革命的主要任务、重点、难点和突破口［J］. 中国高教研究（6）：1-7.

宋宇，丁莹，朱佳等，2021. 基于序列模式挖掘的多类教师群体互动式课堂教学研究［J］. 现代教育技术，31（10）：40-48.

姜丽萍，钱东东，2020. 2020 年全国职业院校技能大赛教学能力比赛方案解读［J］. 中国职业技术教育（35）：9-12，32.

王扬南，2020. 持续深化教学方式方法变革 推动职业教育更高质量发展——2020 年全国职业院校技能大赛教学能力比赛述评［J］. 中国职业技术教育（35）：5-8.

姜丽萍，2020. 新方案、新要求、新作为——对 2019 年全国职业院校技能大赛教学能力比赛的思考［J］. 中国职业技术教育（11）：37-44.

邢晖，2020.《职业教育法》修订历程回顾与《职业教育法修订草案（征求意见稿）》分析［J］. 中国职业技术教育（10）：5-13.

姜大源，2018. 高校要提升深度参与产教融合的能力［J］. 中国高等教育（2）：23-24.

李淑君，刘毅，2017. 高职院校学生创新创业能力培养途径研究［J］. 职教论坛（14）：27-30.

吴岩，2018. 建设中国"金课"［J］. 中国大学教学（12）：4-9.

崔佳，宋耀武，2019."金课"的教学设计原则探究［J］. 中国高等教育（5）：46-48.

附件

因篇幅有限，附件以二维码的形式列举了五个学生优秀作品案例，分别是《机器设备评估报告》《股票组合投资策略设计报告》《汽车制造业税务筹划案例分析》《贵州茅台股票投资分析报告》《现代年轻人的空调设计项目详细方案》。

股票组合投资策略设计报告

贵州茅台股票投资分析报告

机器设备评估报告

汽车制造业税务筹划案例分析

现代年轻人的空调设计项目详细方案

其中，《股票组合投资策略设计报告》获2019年“国元证券杯”安徽省大学生金融投资创新大赛二等奖，《汽车制造业税务筹划案例分析》获2021年安徽省大学生财税技能大赛（案例赛）二等奖，《贵州茅台股票投资分析报告》获2019年“国元证券杯”安徽省大学生金融投资创新大赛一等奖，《现代年轻人的空调设计项目详细方案》《现代年轻人的空调设计项目详细方案》获第十三届大学生服务外包创新创业大赛全国赛三等奖。

以上案例和荣誉只是我校资产评估与管理专业多年教学成果的一部分，反映了人才培养过程中，校企共育方式，完善能力培养体系，创新能力与专业能力培养相结合的有效性，有助于全面提高人才培养质量，培养具备较强的综合分析与决策能力，具有良好的职业道德和敬业精神、较强的市场经济意识和社会适应能力的高素质技术技能人才。